제3판

# 기초
# 전자통신실험

김장권 / 박병권 공저

B.C.Info

# Preface

## 이 책을 시작하며

오늘날 우리나라는 자타가 공인하는 IT선진국인데 이러한 밑바탕에는 전자통신기초기술이 있었기에 가능한 것이 아니가! 즉 기초기술을 바탕으로 이론이 발전하고 진보한다고 볼 수 있으므로 전자공학기술의 기본인 기초실험은 대학생활에서 반드시 거치고 지나야하는 필수중의 필수 과목이다.

정보통신분야의 비약적인 발전은 경제사회 발전의 핵심 기술로서 그 중요성은 나날이 더해가고 있으며 그 발전 속도는 이 분야에 종사하는 사람들 조차 미래를 예측하기 어려운 실정이다.

이러한 환경의 변화로 정보통신 관련 인력의 수요는 나날이 급증하고 있으며 시대적 요구에 부흥하기 위하여 정보통신 분야에서 강의하며 필요한 부분이라 판단된 내용들을 기록한 노트와 실습실에서 강의 경험을 참조하여 정보통신을 공부하는 학생에게 꼭 필요한 내용만을 모아 이 책을 편찬하게 되었다.

본 교재는 총7장으로 구성되며 정보통신과 전자 전기 컴퓨터 등 IT 분야를 공부하는 학생과 이 분야에 단기간으로 기초실험지식을 습득하기를 희망하는 비전공자들의 수준에 맞추었다.

제1장은 기본이론으로서 각종단위와 기호등에 대한 내용을 다루었으며, 제2장은 부품의 종류와 부품의 값을 읽을 수 있는 판독법을 취급하였으며, 제3장은 실험을 위한 기초지식으로 브레드보드 사용법과 납땜하는 방법에 대해 설명하였다. 제4장은 계측기 사용법으로 테스터기와 오실로스코프, 전원공급기, 신호발생기 등에 관해 상세히 설명하였다. 제5장은 기초전기 분야의 실험으로 옴의 법칙과 키르히호프의 법칙 등 각종 법칙, 및 정리에 대해 이론과 실험을 병행할 수 있도록 기술하였으며 RLC소자를 이용한 회로연결에 따른 제반 현상을 실험을 통해 이해하도록 하였다. 제6장은 기초전자통신실험으로 다이오드에 대한 이해와 활용으로 정류회로, 클리퍼와 클램프의 원리, 배전압회로 및 각종 필터회로에 대해 실험한다. 제7장은 신호해석과 통신회로해석의 가장 기초가 되는 스펙트럼 분석기에 관해 기술하였다.

본 교재는 전자통신 분야를 공부하는 후학들을 위해 기초실습용으로 집필하였으나 저자의 관련지식의 미흡으로 인해 부족한 점이 많이 있을 것으로 생각되며, 앞으로 계속 보완하여 나갈 것이다.

끝으로 교재 집필을 위해 국내와 많은 서적을 참고하였으므로 원저자분들에게고 감사를 드리며, 이 책의 출판을 기꺼이 맡아 주신 복두 출판사 송광헌 사장님이하 직원 여러분께 감사를 드리며, 이 책이 정보통신교육을 위한 작은 밑알이 되기를 바랍니다.

2007년 2월

대방동에서 저자 씀

# Contents

# 이 책의 목차

# Part 1

# 기본이론

## 1.1 각종 단위 및 기호

### 1.1.1 "SI"단위

#### 1) 개요

- Le Système International d'Unités(佛)에서 온 약어(略語)
  ↔ "*國際單位系*" ↔ "*The International System of Units*"
- 현재 세계 대부분의 국가에서 채택하여 국제 공동으로 사용하고 있는 단위계
- "**미터계**"(또는 "미터법")라고 부르고 사용하여 오던 **단위계가 현대화**된 것
- 1960년 제 *11차 국제도량형총회(CGPM)*에서 "**국제단위계**"라는 명칭과 그 약칭 "SI"를 채택 결정

  ☞ 이 단위계의 명칭은 각 나라의 언어에 따라 다르지만
  ("國際單位系", "The International System of Units" 등) 그 약칭 "SI"는 세계 공통임

#### 2) SI의 배경 및 발달

- 1790년경 프랑스에서 "**미터계**" 발명
- 1875년 17개국이 **미터협약**(Convention du Mètre)에 조인함으로써 공식화
- 1881년 **CGS계** (센티미터-그램-초에 바탕을 둠) ← 과학분야에서 사용
- 1900년경 **MKS계** (미터-킬로그램-초에 바탕을 둠) ← 실용적 측정에 사용
- 1901년 Giovanni Giorgi가 **전기 기본단위** 하나를 새르 **도입**할 것을 **제의**
  → 역학 및 전기단위들이 통합된 일관성 있는 체계의 형성
- 1935년 국제전기기술위원회(IEC)가 전기단위로 ampere, coulomb, ohm, volt 중 하나를 채택하여 역학의 MKS와 통합할 것을 추천

→ 뒤에 **암페어**(ampere)가 선정됨, ***MKSA계 형성***

- 1954년 제 10차 CGPM에서 MKSA의 4개의 단위와 온도의 단위 "**켈빈도**", 광도의 단위 "**칸델라**"의 모두 6개의 단위에 바탕을 둔 일관성 있는 단위계를 채택
- 1960년 제 11차 CGPM에서 이 단위계에 공식적인 명칭 "**국제단위계**"를 부여하고, 약칭 "SI"를 부여하여 모든 언어에서 사용하도록 함
- 1967년 온도의 단위가 켈빈도(°K)에서 켈빈(K)으로 바뀜
- 1971년 7번째의 기본단위인 **몰**(mole)이 추가

  → *현재의 SI 가 됨.*

### 3) SI의 특징

- 각 **속성**(또는 물리량)에 대하여 **한가지 단위**만 사용한다. 예로서, 길이에 대하여는 미터만 사용한다. (자(尺) 또는 피트(foot) 같은 단위를 사용하지 않음)

  → 전반적으로 단위의 수가 대폭 감소하게 된다.
- **모든 활동분야**에 적용
  - 과학이나 기술 또는 상업 등 모든 분야에 적용 가능하다.
  - 전 세계가 동일한 방법으로 사용할 수 있다.

  → 상호 교류나 이해를 쉽게 함
- **일관성** 있는 체계

  몇 가지 기본단위를 바탕으로 이들의 곱이나 비의 형식으로 모든 물리량을 나타내는 일관성 있는 체계가 형성된다.

  → 다른 체계와의 혼합에서 오는 인자들이 없어지게 됨
- 배우기와 사용하기가 **쉽다** : SI는 그 명칭이 뜻하는 대로 "**국제**" 단위계이다.

### 4) SI의 구조

국제단위계(SI)는 **기본단위**와 **유도단위**의 2가지 부류의 단위로 형성되어 있다

(1) **기본단위** : 관례상 독립된 차원을 가지는 것으로 명확하게 정의된 단위들을 선택하여 SI의 바탕을 형성한다.

→ *미터, 킬로그램, 초, 암페어, 켈빈, 몰, 칸델라*의 7개 단위

(2) **유도단위** : 관련된 양들을 연결시키는 대수적 관계에 따라서 *기본단위들의 조합* 또는 *기본단위와 다른 유도단위들의 조합*으로 이루어지며, *평면각과 입체각*을 나타내는 *라디안과 스테*

*라디안*도 이에 포함

(3) **과학적인 관점**에서 볼 때 이와 같이 두 부류로 나누는 것은 *어느 정도 임의적*이다.

(4) **국제관계, 교육 및 과학적 연구활동** 등에 있어서 실용적이며 범세계적인 단일체계의 이점을 고려한 것이며

- 위의 두 부류의 SI 단위들이 문자 그대로 "**일관성**"있는 단위의 집합을 형성하므로 아무 수치적 인자없이 순전히 곱하기와 나누기에 의하여 이루어진 단위의 체계이다.

(5) 한 물리량은 단 하나의 SI 단위만을 가진다. 그러나 그 역은 사실이 아니다.

## 1.1.2. SI 기본단위

- **SI의 가장 기본이 되는 단위**는 **7개**이며 독립적인 차원을 갖도록 정의되어 있다.

표1 기본 7 단위

| 양 | 명 칭 | 기 호 |
|---|---|---|
| 길이 | 미터 | m |
| 질량 | 킬로그램 | kg |
| 시간 | 초 | s |
| 전류 | 암페어 | A |
| 열역학적온도 | 켈빈 | K |
| 물질량 | 몰 | mol |
| 광도 | 칸델라 | cd |

- 현재는 이들 중 질량의 단위인 킬로그램(kg)만 인공적으로 만든 국제원기에 의하여 정의되어 있고, 나머지 6개는 모두 물리적인 실험에 의하여 정의되어 있음
- 이들 정의들은 과학기술의 발달에 따라 바뀌어 왔고, CGPM에 의해서 결정됨

(1) <u>길이의 단위</u> (m)

"미터(meter)는 진공에서 빛이 1/299 792 458 초 동안 진행한 경로의 길이이다."
(1983년 제 17차 CGPM)

이에 따라서 빛의 속력은 정확히 299 792 458 m/s 이며, 길이의 단위가 독립적으로 정의되었을 때처럼 오차를 포함하지 않는 상수이다.

(2) <u>질량의 단위</u> (kg)

"킬로그램(kilogram)은 질량의 단위이며, 국제 킬로그램 원기의 질량과 같다."
(1901년 제 3차 CGPM)

여기서, 질량의 단위라고 강조한 것은 그간 흔히 중량(무게)의 뜻과 혼동되어서 사용되어 왔기 때문에 이를 중지시키고 질량을 뜻함을 명백히 하기 위한 것이다.

(3) <u>시간의 단위</u> (s)

"초(second)는 세슘 133원자 (133Cs)의 바닥 상태에 있는 두 초 미세 준위 간의 전이에 대응하는 복사선의 9 192 631 770 주기의 지속 시간이다." (1967년 제 13차 CGPM)

(4) <u>전류의 단위</u> (A)

"암페어(ampere)는 무한히 길고 무시할 수 있을 만큼 작은 원형 단면적을 가진 두개의 평행한 직선 도체가 진공 중에서 1 미터 간격으로 유지될 때, 두 도체 사이에 매 미터당 2 x 10−7 뉴턴(N)의 힘을 생기게 하는 일정한 전류이다." (1948년 제 9차 CGPM)

(5) <u>열역학적 온도의 단위</u> (K)

"켈빈(kelvin)은 열역학적 온도의 단위로 물의 삼중점의 열역학적 온도의 1/273.16이다."
(1976년 제 13차 CGPM)

이에 부가하여 다음 식으로 정의된 섭씨온도도 사용한다.

(기호 t, 단위 ℃)

$$t = T - T0$$

여기서, T0 = 273.15 K 로 정의되었음.

(6) <u>물질량의 단위</u> (mol)

“몰은 탄소 12의 0.012 킬로그램에 있는 원자의 개수와 같은 수 의 구성요소를 포함한 어떤 계의 물질량이다. 몰을 사용할 때에는 구성 요소를 반드시 명시해야 하며 이 구성요소는 원자, 분자, 이온, 전자, 기타 입자 또는 이 입자들의 특정한 집합체가 될 수 있다."
(1971년 제 14차 CGPM).
몰의 정의에서 탄소 12는 바닥상태에서 정지해 있으며 속박되어 있지 않은 원자를 가르킨다. 또한 이 정의는 몰의 단위를 가진 양의 특성을 부여하는 점에 주의하여야 한다.

(7) **광도의 단위** (cd)
"칸델라(candela)는 주파수 540 x 1012 헤르츠인 단색광을 방출하는 광원의 복사도가 어떤 주어진 방향으로 매 스테라디안 당1/683 와트일 때 이 방향에 대한 광도이다."
(1979년 제 16차 CGPM)

## 1.1.3 SI 유도단위

- *기본단위를 물리법칙에 의해 대수적인 관계식으로 결합*하여 나타내는 것
- 유도단위의 표현에는 기본단위 외의 다른 인자가 나타나지 않음

→ SI 단위가 일관성을 갖게 되고, 또한 계산할 때 다른 환산인자를 필요로 하지 않음

- 이 유도단위 중에서 *21개는 편의상 특별한 명칭과 기호*가 주어 졌으며,
- 경우에 따라 많은 유도단위가 만들어질 수 있으며 이들은 기본단위로만 표현된 경우, 그리고 특별한 명칭을 가진 유도단위를 사용한 경우로 분류할 수 있다.

표 2 기본단위로 표시된 유도 단위

| 유 도 량 | SI 유 도 단 위 | |
|---|---|---|
| | 명 칭 | 기 호 |
| 넓이 | 제곱미터 | $m^2$ |
| 부피 | 세제곱미터 | $m^3$ |
| 속력, 속도 | 미터 매 초 | m/s |
| 가속도 | 미터 매 초 제곱 | $m/s^2$ |
| 파동수 | 역 미터 | $m^{-1}$ |
| 밀도, 질량밀도 | 킬로그램 매 세제곱미터 | $kg/m^3$ |
| 비(比) 부피 | 세제곱미터 매 킬로그램 | $m^3/kg$ |

| 전류밀도 | 암페어 매 제곱미터 | A/㎡ |
|---|---|---|
| 자기장의 세기 | 암페어 매 미터 | A/m |
| (물질량의) 농도 | 몰 매 세제곱미터 | mol/㎥ |
| 휘도 | 칸델라 매 제곱미터 | cd/㎡ |
| 굴절률 | 하나 (숫자) | 1 |

**1) *라디안* (rad)**

"라디안(radian)은 한 원의 원둘레에서 그 원의 반지름과 같은 길이의 호를 자르는 두 반지름 사이의 평면각이다." 즉, 원의 반지름과 같은 길이의 원 둘레에 대한 중심각이다.

→ 예를 들어, 직각은 π/2 rad가 된다.

**2) *스테라디안* (sr)**

"스테라디안(steradian)은 한 공의 표면에서 그 공의 반지름의 제곱과 같은 넓이의 표면을 자르고 그 꼭지점이 공의 중심에 있는 입체각이다." 즉, 공의 반경의 제곱과 같은 넓이를 가진 공의 표면에 대한 중심 입체각이다.

→ 공의 전 표면적은 반지름의 제곱의 4π배이므로 전체 공의 입체각은 4π sr이 된다.

표 3 특별한 명칭과 기호를 갖는 국제단위계(SI) 유도단위

| 유 도 량 | SI 유 도 단 위 | | | |
|---|---|---|---|---|
| | 명 칭 | 기 호 | 다른 SI단위로 표 시 | SI 기본단위로 표 시 |
| 평면각 | 라디안 | rad | | $m \cdot m^{-1} = 1$ |
| 입체각 | 스테라디안 | sr | | $m2 \cdot m^{-2} = 1$ |
| 진동수, 주파수 | 헤르츠 | Hz | | $s^{-1}$ |
| 에너지, 일, 열량 | 줄 | J | N·m | $m^2 \cdot kg \cdot s^{-2}$ |
| 일률, 전력, 복사선속 | 와 트 | W | J/s | $m^2 \cdot kg \cdot s^{-3}$ |
| 전하량, 전기량 | 쿨 롱 | C | | s·A |
| 전위차, 기전력 | 볼 트 | V | W/A | $m^2 \cdot kg \cdot s^{-3} \cdot A^{-1}$ |

| 전기용량 | 패 럿 | F | C/V | $m^2 \cdot kg \cdot s^{-3} \cdot A^{-2}$ |
|---|---|---|---|---|
| 전기저항 | 옴 | Ω | V/A | $m^2 \cdot kg \cdot s^{-3} \cdot A^{-2}$ |
| 전기전도도 | 지멘스 | S | A/V | $m^{-2} \cdot kg^{-1} \cdot s^{3} \cdot A^{2}$ |
| 자기선속 | 웨 버 | Wb | V·s | $m^2 \cdot kg \cdot s^{-2} \cdot A^{-1}$ |
| 자기선속밀도 | 테슬라 | T | Wb/㎡ | $kg \cdot s^{-2} \cdot A^{-1}$ |
| 인덕턴스 | 헨 리 | H | Wb/A | $m^2 \cdot kg \cdot s^{-2} \cdot A^{-2}$ |
| 섭씨온도 | 섭씨도 | ℃ | | K |

표 4 특별한 명칭과 기호가 포함된 유도단위의 예

| 유 도 량 | SI 유 도 단 위 | | |
|---|---|---|---|
| | 명 칭 | 기 호 | 다른 SI단위로 표시 |
| 각속도 | 라디안 매 초 | rad/s | $m \cdot m^{-1} \cdot s^{-1} = s^{-1}$ |
| 각가속도 | 라디안 매 초 제곱 | $rad/s^2$ | $m \cdot m^{-1} \cdot s^{-2} = s^{-2}$ |
| 열속밀도,복사조도 | 와트 매 제곱미터 | $W/m^2$ | $kg \cdot s^{-3}$ |
| 열전도도 | 와트 매 미터 켈빈 | W/(m·K) | $m \cdot kg \cdot s^{-3} \cdot K^{-1}$ |
| 에너지밀도 | 줄 매 세제곱미터 | J/㎥ | $m^{-1} \cdot kg \cdot s^{-2}$ |
| 전기장의 세기 | 볼트 매 미터 | V/m | $m \cdot kg \cdot s^{-3} \cdot A^{-1}$ |
| 전하밀도 | 쿨롱 매 세제곱미터 | C/㎥ | $m^{-3} \cdot s \cdot A$ |
| 전기선속밀도 | 쿨롱 매 제곱미터 | C/㎡ | $m^{-2} \cdot s \cdot A$ |
| 유전율 | 패럿 매 미터 | F/m | $m^{-3} \cdot kg^{-1} \cdot s^{4} \cdot A^{2}$ |
| 투자율 | 헨리 매 미터 | H/m | $m \cdot kg \cdot s^{-2} \cdot A^{-2}$ |
| 복사도 | 와트 매 스테라디안 | W/sr | $m^4 \cdot m^{-2} \cdot kg \cdot s^{-3} = m^2 \cdot kg \cdot s^{-3}$ |
| 복사휘도 | 와트 매 제곱미터 스테라디안 | W/(㎡·sr) | $m^2 \cdot m^{-2} \cdot kg \cdot s^{-3} = kg \cdot s^{-3}$ |

### 1.1.4 보조단위

#### 1) SI 접두어

**킬로그램(kg)을 제외**한 모든 *SI 단위의 십진배수 및 분수의 명칭과 기호*를 형성하기 위하여 접두어를 사용한다.

**십진 배수**는 10을 양의 정수 제곱한 것(103, 105 등)을 말하며 **십진 분수**는 10을 음의 정수 제곱한 것(10−3, 10−6)을 말한다.

현재 사용되는 접두어는 몇 차례에 걸쳐 CGPM에서 채택된 것인데 여기에 실린 접두어는 제19차 CGPM(1991)에서 채택된 것까지 포함된 것이다.

#### 2) 질량의 단위

SI 단위 중에서 질량의 단위 (kg)만이 역사적 이유에서 그 명칭에 접두어가 포함되어 있다.

그러나, *질량의 단위의 십진 배수 및 분수의 명칭*은 *"**그램**"이라는 단어에 ("킬로그램"이 아니라)* 접두어를 붙여서 형성한다.

#### 3) 배수 및 분수의 명칭

접두어나 그 기호는 단위의 명칭이나 기호에 직접 붙여서 그 단위의 십진 배수 및 분수를 형성한다. 이렇게 형성된 단위는 원칙적으로 "*SI 단위의 배수 또는 분수*"라 고 불러야 되지만, 통상적으로는 기본단위, 유도단위 또 이들의 배수와 분수 모두 "SI **단위**"라고 부른다.

표 5 국제단위계(SI)의 접두어

| 인 자 | 접 두 어 | 기 호 | 인 자 | 접 두 어 | 기 호 |
|---|---|---|---|---|---|
| $10^{24}$ | 요타 | Y | $10^{-1}$ | 데시 | d |
| $10^{21}$ | 제타 | Z | $10^{-2}$ | 센티 | c |
| $10^{18}$ | 엑사 | E | $10^{-3}$ | 밀리 | m |
| $10^{15}$ | 페타 | P | $10^{-6}$ | 마이크로 | μ |
| $10^{12}$ | 테라 | T | $10^{-9}$ | 나노 | n |
| $10^{9}$ | 기가 | G | $10^{-12}$ | 피코 | p |
| $10^{6}$ | 메가 | M | $10^{-15}$ | 펨토 | f |
| $10^{3}$ | 킬로 | k | $10^{-18}$ | 아토 | a |
| $10^{2}$ | 헥토 | h | $10^{-21}$ | 젭토 | z |
| $10^{1}$ | 데카 | da | $10^{-24}$ | 욕토 | y |

표 6 국제단위계(SI)와 함께 사용이 허용된 단위

| 명 칭 | 기 호 | SI 단위로 나타낸 값 |
|---|---|---|
| 분 | min | 1 min = 60 s |
| 시간 | h | 1 h = 60 min = 3 600 s |
| 일 | d | 1 d = 24 h = 86 400 s |
| 도 | ° | 1°= (π/180) rad |
| 분 | ' | 1' = (1/60)° = (π/10 800) rad |
| 초 | " | 1" = (1/60)' = (π/648 000) rad |
| 리터 | l, L | 1 L = 1 d㎥ = 10-3 ㎥ |
| 그램 | g | 1 g = 10-3 kg |
| 톤 | t | 1 t = 103 kg |
| 네퍼 | Np | 1 (Np) = 1 |
| 벨 | B | 1 B = (1/2) ln 10(Np) |

## 1.1.5. SI 단위의 사용법

(1) SI 단위 기호의 사용법

언어에 따라 단위 명칭은 다를지라도, **단위기호는 국제적으로 공통**이며 같은 방법으로 사용한다. 즉 본문의 활자체와는 관계없이, **단위 기호**는 *로마체(Roman, 직립체)*로 쓰며, **양의 기호**는 *이탤릭체(Italic, 사체)*로 쓴다.

**단위기호**는 일반적으로 *소문자*이나, 다만 단위의 명칭이 **고유명사에서 유래된 것**이면 *기호의 첫 글자는 대문자*이다. (타자로 칠 경우, 단위의 기호와 혼동이 될 염려가 있으면 양의 기호에 밑줄을 긋는다.)

보기) − 양 : m 또는 m(질량), t 또는 t(시간)

− 단위 : kg, s, K, Pa, GHz, 등

(2) 단위기호는 *복수의 경우에도 변하지 않으며*, *마침표 등 다른 기호나 다른 문자를 첨가해*

*서는 안된다.* (다만 문장의 끝에 오는 마침표는 예외이다.)

보기) - kg 이며 Kg이 아님 (비록 문장의 시작이라도)

- 5 s 이며 5 sec., 5 sec, 또는 5 secs 가 아님
- gauge 압력을 표시할 때 600 kPa (gauge)이며 600 kPag 가 아님

(3) 어떤 양을 수치와 단위기호로 나타낼 때 그 사이를 *한 칸 띄어야* 한다.
(다만 평면각의 도, 분, 초의 기호와 수치 사이는 띄지 않는다.)

보기) - 35 mm 이며 35mm 가 아님

- 32 ℃ 이며 32℃ 가 아님
- 2.37lm 이며 2.37lm (2.37 lumens) 가 아님
- 25°, 25°23′, 25°23′27″ 등은 옳음

(4) SI 단위의 *곱하기와 나누기*

① 두개 이상의 단위의 곱은 다음 방법 중의 어느 하나로 표시할 수 있다.

보기) N · m 또는 N m

<주의> 기호 사이의 빈 칸 없이 Nm 도 가능하나 이 때는 접두어와 혼동이 없게 하여야 함.
즉, mN은 millinewton 이며 meter newton이 아니어야 함

② 한 단위를 다른 단위로 나누어서 이루어진 유도단위는 다음 방법 중의 하나로 표시할 수 있다.

보기) m/s, $\frac{s}{m}$ 또는 m · $s^{-1}$

<주의> 사선(/) 다음에 두개 이상의 단위가 올 때는 반드시 괄호로 표시한다.

③ 단위기호와 단위명칭을 같은 식에 혼합하여 사용하면 안된다.

보기) 옳음 : joules per kilogram 또는 J/kg

틀림 : joules/kilogram 또는 joules/kg 또는 joules · $kg^{-1}$

## 1.1.6 SI 접두어의 사용법

(1) 일반적으로 **접두어**는 *크기정도*(orders of magnitude)를 나타내는데 적합하도록 되어야 한다. 따라서 유효숫자가 아닌 영(0)들을 없애고, 계산할 때 *10의 멱수로 나타내는 대신*에 접두어를 적절하게 사용할 수 있다.

보기) - 12 300 mm 는 12.3 m 가 됨
- 12.3 x 103 m 는 12.3 km 가 됨
- 0.00123 mm 는 1.23 μm 가 됨

(2) 어떤 양을 한 단위와 수치로 나타낼 때 보통 수치가 *0.1과 1000 사이에 오도록 접두어*를 선택한다. 다만 다음의 경우는 예외로 한다.

- 넓이나 부피를 나타낼 때 헥토, 데카, 데시, 센티가 필요할 수 있다.

보기) 제곱헥토미터 ($hm^2$), 세제곱센티미터 ($cm^3$)

- 같은 종류의 양의 값이 실린 표에서나 주어진 문맥에서 그 값을 비교하거나 논의할 때에는 0.1에서 1000의 범위를 벗어나도 같은 단위를 사용하는 것이 좋다.

- 어떤 양을 특정한 분야에서 쓸 때 관례적으로 특정한 배수가 사용된다.

보기) 공학 설계도면에서는 그 값이 0.1에서 1000 mm 의 범위를 많이 벗어나도 mm 가 사용된다.

(3) **복합단위의 배수를 형성**할 때 *한 개의 접두어를 사용*하여야 한다. 이때 접두어는 통상적으로 분자에 있는 단위에 붙여야 되는데, 다만 한 가지 예외의 경우는 kg이 분모에 올 경우이다.

보기) - V/m 이며 mV/mm 가 아님
- MJ/kg 이며 kJ/g 가 아님

(4) 두개나 그 이상의 접두어를 나란히 붙여 쓰는 복합 접두어는 사용할 수 없다.

보기) - 1 nm 이며 1 mμm 가 아님
- 1 pF 이며 1 μμF 가 아님

만일 현재 사용하는 접두어의 범위를 벗어나는 값이 있으면 이때는 기본단위와 10의 멱수로 표시하여야 한다.

(5) 접두어를 가진 단위에 붙는 지수는 그 단위의 배수나 분수 전체에 적용되는 것이다.

보기) $1\ cm^3 = (10^{-2}\ m)^3 = 10^{-6}\ m^3$
$1\ ns^{-1} = (10^{-9}\ s)^{-1} = 10^9\ s^{-1}$
$1\ mm^2/s = (10^{-3}\ m)^2/s = 10^{-6}\ m^2/s$

### 1.1.8 SI 단위 명칭의 사용법

영어 명칭을 사용할 필요가 있을 때가 있는데 이때 몇 가지 유의하여야 할 점은 다음과 같다.

(1) **단위 명칭**은 보통명사와 같이 취급하여 *소문자*로 쓴다. 다만 문장의 시작이나 제목 등의 문법상 필요한 경우는 대문자를 쓴다.

보기) 3 newtons 이며 3 Newtons 가 아님

(2) 일반적으로 영어 문법에 따라 복수형태가 사용되며 (예로서, henry 의 복수는 henries로 쓴다.) lux, hertz, siemens 는 불규칙 복수형태로 단수와 복수가 같다.

(3) 접두어와 단위명칭 사이는 한칸 띄지도 않고 연자 부호(hyphen) "-"를 쓰지 않는다.

보기) kilometer 이며 kilo-meter 가 아님
"megohm", "kilohm", "hectare"의 세 가지 경우는 접두어 끝에 있는 모음이 생략된다.

이 외에는 모든 단위명칭은 모음으로 시작되어도 두 모음을 모두 써야하며 발음도 모두 해야 한다.

# 1.2 기본 공구 사용법

| 공 구 명 | 외 형 | 사 용 예 |
|---|---|---|
| 니 퍼 |  | ① 선, 리벳접합, 나사 등의 절단<br>② 전선의 피복 벗기기<br>③ 가는 금속판 자르기<br>④ 샤시 큰 구멍의 절단 |
| 롱 노우즈<br>(long nose) |  | ① 꼭 끼워 집는다.<br>② 얇은 판을 굽힌다.<br>③ 나사 죌 때 너트를 집는다. |
| 드라이버 | 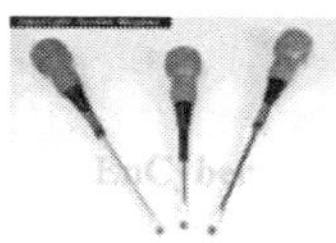<br> | ① 각종 －나사를 죄는데 사용한다..<br>② ＋나사는 십자 드라이버로 죄거나 푼다. |
| 납 땜<br>인 두 |  | ① 납땜한다.<br>② 권총형은 순간적으로 가열된다.<br>③ 페이스트는 사용한 뒤 닦아버린다.<br>④ 실납은 송진이 든 것을 쓴다. |
| 납흡입기 |  | ① 잘못 납땜을 하였거나 파손된 부품의 교체 등 부품을 기판에서 제거하기 위해서 사용되는 공구로서. 녹인 납을 흡입, 제거하도록 피스톤 구조로 되어있다. |
| 와이어 스트리퍼<br>(wire stripper) |  | ① 와이어의 직경에 따라 스트리퍼와 일치시킨다.<br>② 와이어의 크기에 따라 적당한 힘을 가하여 피복을 벗긴다. |
| 실 납 |  | ① 납의 내부에 플럭스가 내장 되어 있음 |

## 1.3 브레드 보드(빵판)의 사용법

빵판은 그림 1에 나타낸 것과 같이 같이 회로를 쉽게 구성하고 변경할 수 있는 도구로서, 기판에 납땜이나 랩핑(wrapping)으로 회로를 만들기 전에 회로를 시험하고 디버깅하는 용도로 사용된다. 납땜이나 랩핑과는 달리, 전기•전자 소자와 전선들을 소켓(socket)이라 불리는 구멍들에 연결하기 때문에 회로를 쉽게 만들고 변경할 수 있다. 그러나, 기판을 작게 자를 수 없고 납땜처럼 배선을 고정시킬 수 없기 때문에, 테스트 후 실제로 사용할 회로는 다시 납땜으로 만들게 된다. ( * 참고 : breadboard는 원래 빵 자르는 도마라는 뜻임)

그림 2는 빵판을 위에서 내려다 본 모습으로 위의 세 동그라미는 "터미널 단자를 나타내고, 그림 3은 빵판의 내부 연결 모습이다. 빵판을 이용하여 회로를 구성 할 때에는 이 내부 연결 모습을 고려하여야 한다. 세로로 길게 연결된 블록들은 양과 음의 전원 단자로 사용하고 가로로 짧게 연결된 블록은 부품을 배치할 때 사용한다.

그림 4 ~ 그림 8은 빵판에 부품을 배치하는 방법을 보여주고 있다.

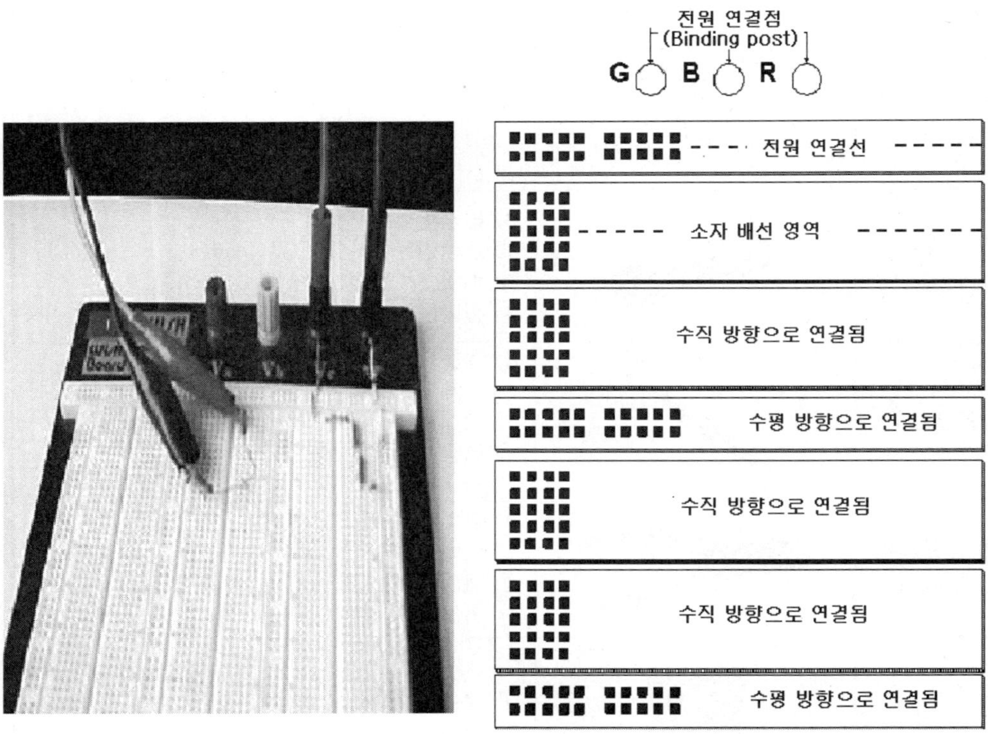


그림 1 빵판(breadboard)의 모습

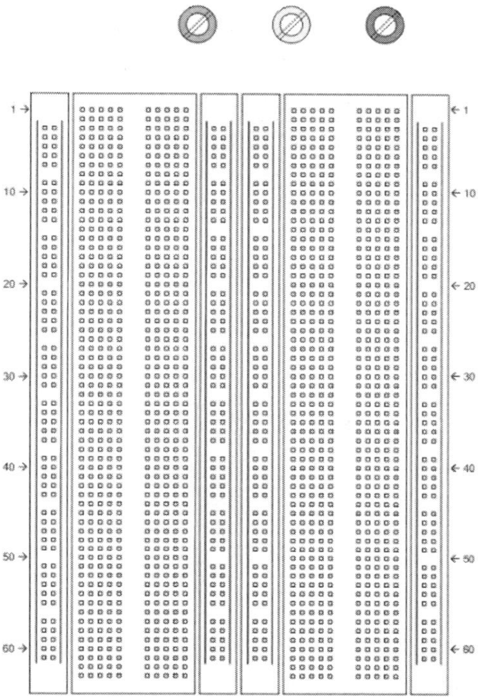


그림 2 빵판의 외부 모습

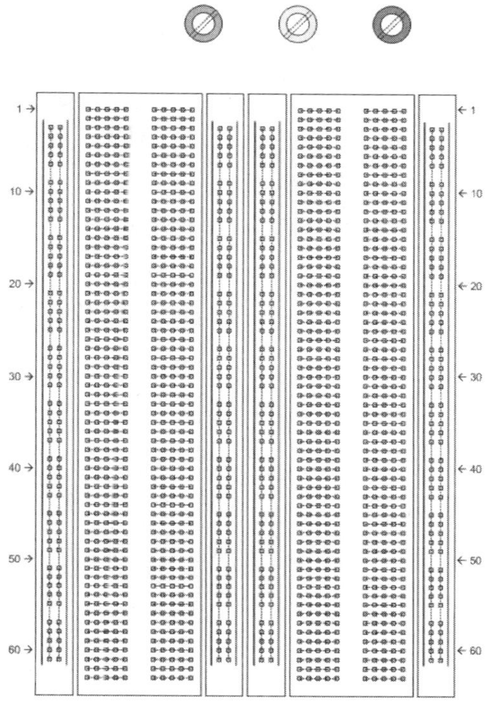


그림 3 빵판의 내부 연결 모습

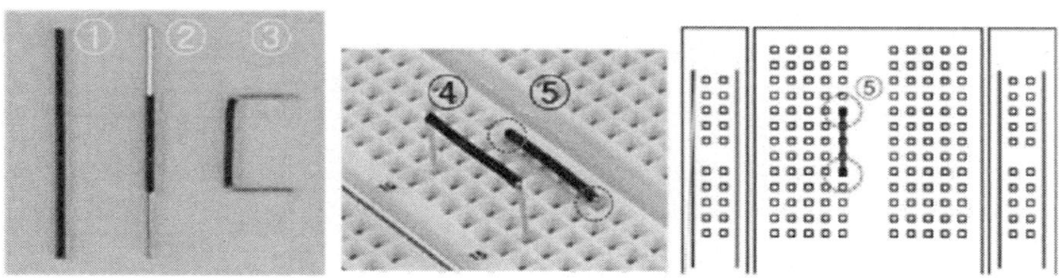


(조립 순서 : ① → ② → ③ → ④ → ⑤)

그림 4 빵판에 전선을 조립하는 방법

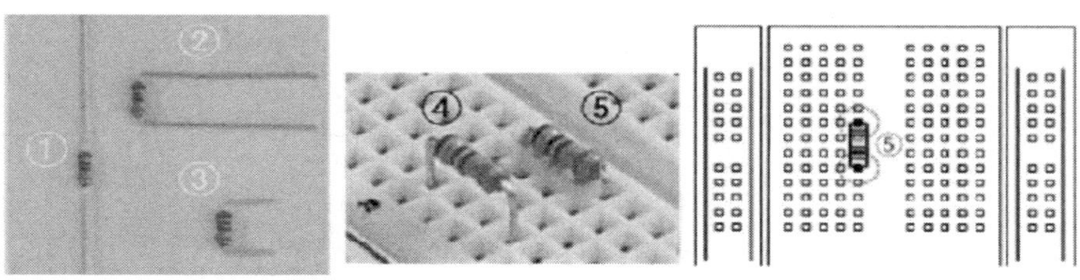


(조립 순서 : ① → ② → ③ → ④ → ⑤)

그림 5 빵판에 저항을 조립하는 방법

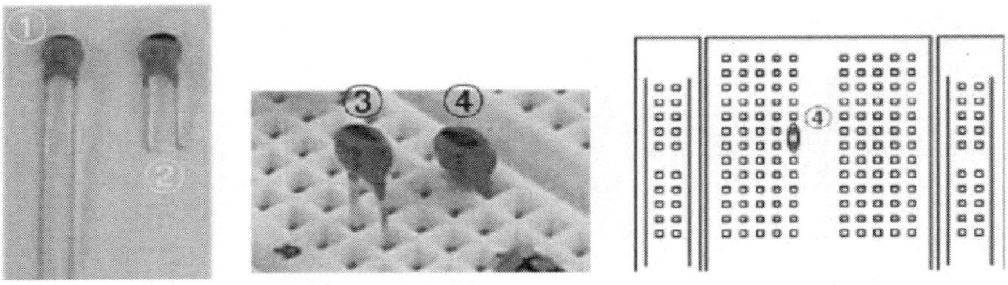


(조립 순서 : ① → ② → ③ → ④)

그림 6 빵판에 콘덴서를 조립하는 방법

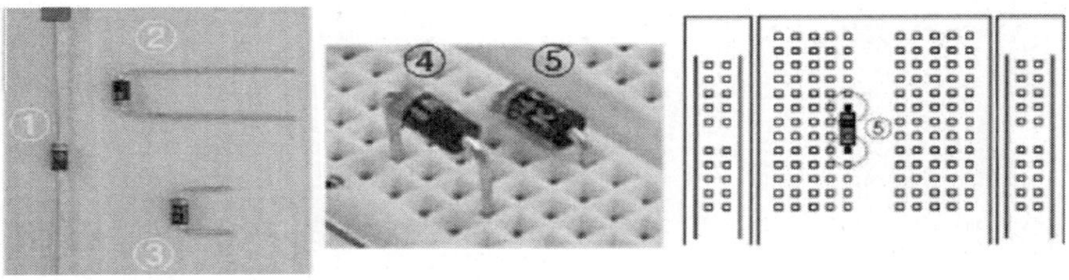


(조립 순서 : ① → ② → ③ → ④ → ⑤)

그림 7 빵판에 다이오드를 조립하는 방법

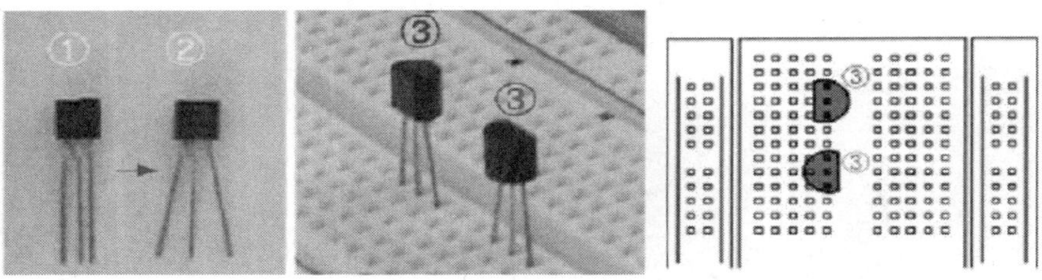


(조립 순서 : ① → ② → ③ → ④ → ⑤)

그림 8 빵판에 트랜지스터를 조립하는 방법

# 1.4 케이블과 커넥터 (Cable and Connector)

## 1.4.1 DC 및 저주파용 케이블과 커넥터

전원을 공급하거나 특성을 측정할 때 회로와 측정 장비를 연결에 이용된다. 연결 장치로 점퍼선과 동축선로의 일종인 BNC 케이블이 있으며, 커넥터로는 바나나 플러그, 악어클립(alligator clip) 및 BNC 커넥터가 있다. 그림 9는 저주파용 케이블과 커넥터를 보여준다.

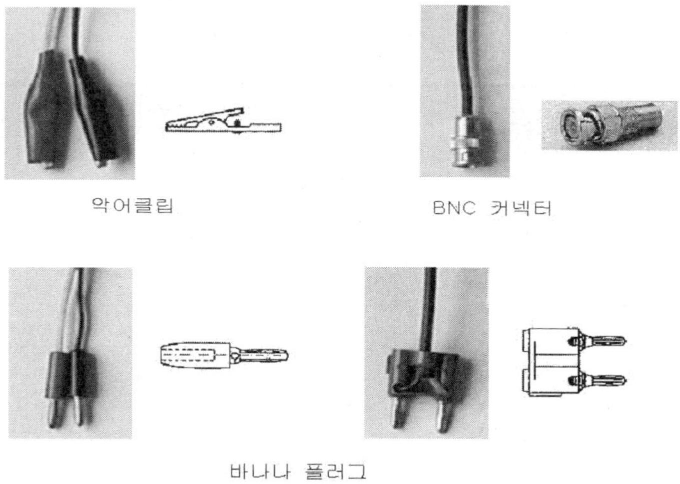


그림 9 플러그와 커넥터

## 1.4.2 고주파용 케이블과 커넥터

전자파 에너지를 한 지점에서 다른 지점으로 전송할 때 쓰이는 전선을 전송선로라 한다. 전자파 에너지를 전달하기 위하여 쓰이는 유선 전송선로에는 저주파 영역에서 초단파 영역까지는 평행 2선식 선로나 동축선로가 주로 이용되고, 마이크로파대에서는 도파관이 많이 이용된다. 이외에도 마이크로 스트립선로, 슬롯 선로 등 많은 종류의 전송선로가 있다.

동축선로의 구조는 그림 10과 같이 내부도체, 외부도체와 그 사이에 채워진 유전체로 구성되어 있다. 동축 선로의 종류 및 규격을 표 9에 나타내었다.

동축선로에는 TEM 모드를 전송하며 그 특성 임피던스는 다음과 같이 구해진다.

$$Z_o = \frac{138}{\sqrt{\varepsilon}} \log_{10} \frac{D}{d} \ [\Omega], \quad \varepsilon : \text{유전율},\ D : \text{외경},\ d : \text{내경}$$

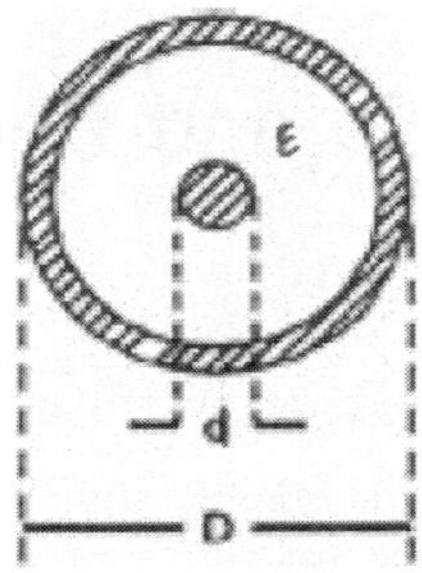


그림 10 동축선로의 구조

표 9 동축 선로의 규격

<table>
<tr><th rowspan="2">Cable Type</th><th rowspan="2">임피던스</th><th rowspan="2">유전체</th><th colspan="3">각 요소별 반지름(radius, ㎜)</th><th rowspan="2">최대동작전압 (V)</th></tr>
<tr><th>중심도체</th><th>유전체</th><th>외부도체</th></tr>
<tr><td>RG-8A/U</td><td>52</td><td rowspan="5">Polyethylene</td><td>1.01</td><td>3.705</td><td>5.265</td><td>5000</td></tr>
<tr><td>RG-9B/U</td><td>50</td><td>1.062</td><td>3.705</td><td>5.265</td><td>5000</td></tr>
<tr><td>RG-55/U</td><td>54</td><td>0.391</td><td>1.508</td><td>2.808</td><td>1900</td></tr>
<tr><td>RG-58/U</td><td>50</td><td>0.432</td><td>1.508</td><td>2.535</td><td>1900</td></tr>
<tr><td>RG-59/U</td><td>75</td><td>0.291</td><td>1.898</td><td>3.146</td><td>2300</td></tr>
<tr><td>RG-141/U</td><td rowspan="4">50</td><td rowspan="2">Teflon</td><td>0.454</td><td>1.508</td><td>2.47</td><td>1900</td></tr>
<tr><td>RG-142/U</td><td>0.454</td><td>1.508</td><td>2.678</td><td>1900</td></tr>
<tr><td>RG-174/U</td><td>–</td><td></td><td>0.78</td><td>1.3</td><td>1500</td></tr>
<tr><td>RG-178/U</td><td rowspan="4">Teflon</td><td>0.141</td><td>0.468</td><td>0.975</td><td>750</td></tr>
<tr><td>RG-179/U</td><td>75</td><td>0.122</td><td>0.741</td><td>1.17</td><td>750</td></tr>
<tr><td>RG-180/U</td><td>95</td><td>0.137</td><td>1.339</td><td>1.781</td><td>750</td></tr>
<tr><td>RG-187/U</td><td>75</td><td>0.129</td><td>0.78</td><td>1.43</td><td>1200</td></tr>
<tr><td>RG-188/U</td><td>50</td><td>–</td><td></td><td>0.78</td><td>1.43</td><td>–</td></tr>
<tr><td>RG-195/U</td><td>95</td><td>Teflon</td><td>0.135</td><td>1.326</td><td>2.015</td><td>1500</td></tr>
<tr><td>RG-213/U</td><td rowspan="6">50</td><td rowspan="3">Polyethylene</td><td>1.062</td><td>3.705</td><td>5.265</td><td>5000</td></tr>
<tr><td>RG-214/U</td><td>1.062</td><td>3.705</td><td>5.265</td><td>5000</td></tr>
<tr><td>RG-223/U</td><td>0.432</td><td>1.508</td><td>2.808</td><td>1900</td></tr>
<tr><td>RG-401</td><td rowspan="3">Teflon</td><td>0.813</td><td>2.704</td><td>3.25</td><td>–</td></tr>
<tr><td>RG-402</td><td>0.461</td><td>1.534</td><td>1.833</td><td>–</td></tr>
<tr><td>RG-405</td><td>0.258</td><td>0.858</td><td>1.131</td><td>–</td></tr>
</table>

* Teflon : $\varepsilon r = 2.08$, $\tan\delta = 0.0004$

Ployethylene : $\varepsilon r = 2.25$, $\tan\delta = 0.004$

# 1.5 배선법

## 1.5.1 배선용 리이드와 공구

배선용 리이드는 원칙적으로 피복이 된 전선을 쓰며, 피복이 안 된 주석 도금선 등을 쓸 때는 엠파이어 튜우브 또는 비닐 튜우브 등을 끼워서, 샤시나 다른 배선과 합선되지 않게 한다. 저항기 또는 콘덴서 등의 리이드선에도 튜우브를 씌워서 쓰는 경우가 많다.

배선을 몇 가지 색으로 회로에 따라 구분하면 회로 점검이나 고장수리를 할 때 알아보기가 쉬워서 편리하다.

쉴드선은 가는 철사로 짠 망사를 비닐선 위에 씌운 것인데 이 위에 피복이 된 것도 있다. 피복이 안 된 것은 합선 또는 잡음의 원인이 되는 수가 많다. 쉴드선을 벗길 때는 밖으로 접어서 그 위에 절연 튜우브를 씌우면 편리하다.

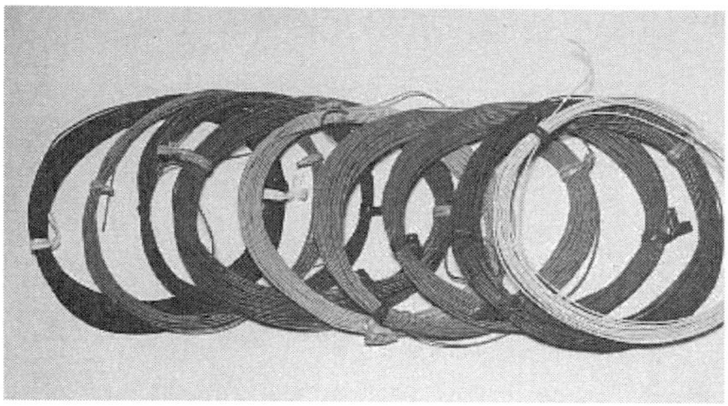

배선용 공구는 요령 있게 써야 한다. 선을 자를 때나 피복을 벗길 때는 니퍼로 한다. 니퍼로 비닐선을 집고 엄지손가락으로 밀어내거나, 라디오 펜치와 함께 집어서 니퍼를 지렛대와 같이 움직이면 피복이 깨끗하게 벗겨진다. 물론 숙달이 되어야 한다. 벗겨진 선은 줄이나 사포로 닦은 다음 접속할 곳에 잘 걸치고 납땜하게 된다.

## 1.5.2 배선의 순서

어떤 정해진 순서에 따라 배선하면 작업이 쉽고 정확하게 된다. 원칙적으로는 리이드만으로 끝나는 배선부터 한다.

## 1.5.3 부품값이 잘 보이게 한다.

저항이나 콘덴서 등에 붙는 배선을 먼저 하면 리이드만의 배선을 나중에 하게 되어 CR 등에 기록된 글씨가 보이지 않게 된다. 몇 μF인지, 몇 kΩ인지 또는 극성이 무엇인지, 모든 부품의 기호나 글씨가 잘 보이도록 부품을 배선하는 것이 중요하다.

### 1.5.4 입체 배선을 피한다.

부품들이 입체적으로 배선되면 안쪽 것은 글씨도 잘 보이지 않게 됨은 물론, 부품의 교환이나 C와 R의 조정, 서비스 등을 할 때 복잡하여 작업하기가 어려워진다.

### 1.5.5 절연에 주의한다.

콘덴서는 대개 절연이 되어 있지만 저항은 칠만 되어 있을 뿐이므로 다른 부품이나 샤시 등에 닿으면 합선의 원인이 된다. 또한 부품이 흔들 흔들하게 배선해도 안된다. 이럴 때 그림과 같이 러그판을 이용하면 좋다. C, R 배선에서는 C가 샤시 쪽, R이 샤시에서 떨어진 쪽에 배선하는 것이 절연면에서 안전하다.

### 1.5.6 배선은 짧고 직선적으로 한다.

입력축과 출력축이 근접하면 발진이 일어나며 신호가 지나가는 선에 AC 리이드가 근접하면 흠이나 잡음이 생기는 원인이 된다. 그러나 이렇게 되지 않는 범위에서 모든 배선은 가장 짧은 거리로 직선적이어야 한다. 주파수가 높아지면 배선에 코일과 콘덴서의 성질이 생기게 되므로 특히 고주파회로의 배선을 짧게 한다.

## 1.6 반도체 제품의 형명 붙이는 법

일본에서 쓰고 있는 형명의 호칭법은 구라파에서 쓰고 있는 법과는 다르나 우리 시장에서는 주로 일본 형명의 호칭법에 의한 상품이 대부분이므로 2 SA…, 1 SB…, 2 S…, 2 SM… 등의 형명을 붙이고 있는 일본공업규격 JIS와 일본 전자기계 공업회 표준 규격인 EIAJ에 의한 것을 소개한다. 미국에서는 2N…, 1N…, 3N… 등의 JEDEC의 규정에 의하여 쓰고 있고, 구라파에서는 로마자와 숫자와의 조합으로 표시를 하고 있다.

형명 구성은 5항으로 되고, 각각 다음의 뜻을 갖고 있다.

- 1 항(숫자)…원칙적으로 유효 전극에서 1을 뺀 숫자.

- 2 항(문자 S)…반도체(Semicondactor)를 나타낸다.

- 3 항(문자)…반도체 제품의 종류, 극성, 대략적인 용도를 나타내고, E와 I는 혼동될 염려가 있어 쓰지 않는다. 또한 다이오드에는 쓰지 않는다.

- 4 항(숫자)…EIAJ 등록번호로 11부터 시작되는 2행 이상의 숫자.

| | |
|---|---|
| 0 | 포토트랜지스터 포토다이오드 |
| 1 | 다이오드 |
| 2 | 트랜지스터, 전계효과 트랜지스터(FET) 다이리스터(SCR, TRIAC) |
| 3 | 4극 전계효과 트랜지스터 |

- 5항(문자)…붙임자로서 붙임자가 붙지 않은 원형 제품의 개량형을 나타내며 A, B, C…의 순으로 쓰여 진다. 개량형 순으로는 바뀌 가나 그 반대로는 바꾸어 쓰지는 않는다.

Part 2

# 부품의 종류와 판독법

## 2.1 저항기(Resistor)

### 2.1.1 저항기의 개요

저항기란 전류의 흐름을 억제하는(흐름을 곤란하게 하는) 기능을 가지고 있다.

회로도의 기호로는  으로 표시한다. 저항값의 단위는 ohm(Ω:옴)이 사용된다. 그리고 1000Ω은 1kΩ(킬로옴), 1000kΩ은 1MΩ(메가옴)이라 부른다.

저항기는 크게 고정저항기와 가변저항기로 나누어진다(이에 대해서는 나중에 설명한다). 그리고 사용하는 재료에 따라 탄소계와 금속계로 분류된다. 저항기를 사용하는 경우에 중요한 포인트는 저항값은 물론이거니와, 정격전력, 저항값 오차가 있다.

정격전력이란 저항기가 견딜 수 있는 소비전력(W:와트)으로, 전력은 전류의 제곱(I2)×저항(R)으로 구할 수 있으며, 이 이하로 사용하지 않으면 저항기가 열을 발생하게 되고 결국 타버리는 경우도 흔히 있다. 전자회로에서 흔히 사용되는 것으로 1/8W, 1/4W, 1/2W 등이 있다. 전자회로의 신호회로(미약전류)에서는 너무 의식할 필요없이 1/8W로 충분하지만, 전원회로, 발광다이오드의 전류제어용과 같은 저항기에는 생각보다 큰 전류가 흐르기 때문에 정격전력을 염두에 둘 필요가 있다.

### 2.1.2 정격전력

예를 들면 12V의 전원전압을 사용하고, 5V에서 동작하는 회로를 동작시키려는 경우를 생각해 보자. 이와 같은 경우, 보통은 3단자 레귤레이터 등을 사용하지만, 간단히 저항기만으로 전압을 떨어뜨리려고 한 경우, 저항기의 저항값 이외에, 정격전력도 계산해 둘 필요가 있다. 이때, 5V에서 동작하는 회로의 소비전류를 모르면 계산할 수 없다. 부품의 규격표로에서 조사하거나,

시험 삼아 회로를 만들어 테스터로 측정해 보는 방법 등으로 구한다. 여기서는 그 소비전류가 100mA였다고 하자.

저항값은 12V에서 5V로 낮추는 것이므로, 저항기에 7V가 걸릴 필요가 있기 때문에 7V÷0.1A=70Ω가 된다. 이 저항기에서의 소비전력은 70Ω×0.1A×0.1A (또는 7V× 0.1A)= 0.7W로 된다. 계산상으로 구해진 소비전력보다 여유가 있는 정격전력의 저항기를 선택한다. 이 경우 1W가 적당할 것으로 생각한다.

기본적으로는 소비전력의 2배 정도에 해당하는 정격전력의 저항기를 사용하는 편이 무난하다. 1/8W의 저항기로는 어느 정도의 전류를 취급할 수 있는지를 계산해 보면, 47kΩ 저항의 경우, √0.125W÷47KΩ=√2.66×10−6=1.63×10−3=1.63mA로 된다. 전자회로의 신호회로에서 47kΩ에 이러한 전류가 흐르는 경우는 드물다(흐를 때는 1.63mA×47kΩ으로 되어 76.6V가 걸리는 경우이다).

## 2.1.3 저항값

저항값의 표준에 대해서는 우리나라 KS 규격으로도 정해져 있지만, KS 규격은 그 대부분이 일본 JIS 규격을 모방하고 있으며, 실제로 업계에서는 JIS 규격을 훨씬 많이 이용하고 있다.

그래서 여기서도 JIS를 기준으로 설명한다. 저항값의 표준은 JIS C5001에서 E 표준 계열로 정해져 있다. 이것은 10을 대수적으로 몇 등분하여 정해져 있다. 예를 들면 E3의 경우, 10을 대수적으로 거의 3등분하여 [1], [2.2], [4.7], [10]으로 하고 있다. E6의 경우는 [1], [1.5], [2.2], [3.3], [4.7], [6.8], [10]으로 된다. E12는 [1], [1.2], [1.5], [1.8], [2.2], [2.7], [3.3], [3.9], [4.7], [5.6], [6.8], [8.2], [10]으로 된다.

저항값이 언뜻 보기에 제각기 무질서한 값으로 보이는 것은 이와 같은 이유 때문이다. E 계열은 3, 6, 12 이외에 24, 48, 96, 192라는 계열이 있지만, 저항값으로는 통상은 E12 계열을 사용하고 있는 것 같다(특수한 경우에는 그 이상을 사용하는 경우도 있을 것이다). 저항값의 표시는 숫자로 인쇄하기 위해서는 부품이 작기 때문에 컬러코드(color code)라고 하는 색깔로 표시하고 있는 경우가 많은데, 1/2 W 이하의 저항기은 대부분 컬러코드로 표시하게 때문에 컬러코드를 읽는 법도 꼭 알아 둘 필요가 있다(컬러코드를 읽는 방법은 나중에 설명한다).

## 2.1.4 고정 저항기

고정저항기란 명칭과 같이 저항값이 고정된 것으로, 전자회로에 널리 사용된다.

탄소피막 저항기는 가장 일반적이고 저가격의 저항기이다. 저항값의 오차는 ±5 %의 저항기가 가장 많다. 정격전력으로는 1/8W , 1/4W , 1/2W 등이 많다. 탄소피막 저항기는 잡음이 심하다고 하는 결점이 있기 때문에, 아날로그 회로에는 금속계의 저항기를 사용하는 경우도 많다.

경험적으로는 아날로그 회로의 미소한 신호를 증폭하는 곳에는 가급적 금속계 저항기를 사용하고, 일반 디지털 회로에서는 저렴한 탄소계 저항기를 사용해도 잡음 때문에 고민하는 경우는 없었다.

저항기의 크기는 대개 아래 사진과 같이 되어 있다. 사실은 규격이 있겠지만, 실제 구입할 때는 크기를 보고 가늠하는 경우가 많기 때문에 구입 시 가늠의 기준으로 생각하기 바란다.
일반 저항기는 2개의 리이드에 극성이 없으므로 적당하게 배선하면 된다.

## 2.1.5 저항기의 역할

저항기는 회로의 전류를 제어하고 전압을 낮추어 주기 위한 것이다.
어떤 물체의 비저항이 ρ, 길이가 l [m], 단면적이 a [m2] 라면 저항은

$$R = \rho \frac{l}{A} \quad [\Omega] \tag{1}$$

이다. 여기서 비저항(resistivity)은 물체의 전기의 흐름을 방해하는 작용의 정도를 나타낸다.

표 1 실온(20℃)에서의 물질의 비저항과 비저항온도계수

| 속성 | 재료 | 비저항 | 비저항온도계수 |
|---|---|---|---|
| 금속 | 은 | $1.62\times10^{-8}$ | $4.1\times10^{-3}$ |
| | 구리 | $1.69\times10^{-8}$ | $4.3\times10^{-3}$ |
| | 알루미늄 | $2.75\times10^{-8}$ | $4.4\times10^{-3}$ |
| | 철 | $9.68\times10^{-8}$ | $6.5\times10^{-3}$ |
| 반도체 | 실리콘(순수) | $2.5\times10^{3}$ | $-70\times10^{-3}$ |
| | 실리콘(n형) | $8.7\times10^{-4}$ | |
| | 실리콘(p형) | $2.8\times10^{-3}$ | |
| 절연체 | 유리 | $10^{10} \sim 10^{14}$ | |
| | 녹은수정 | $\sim 10^{16}$ | |

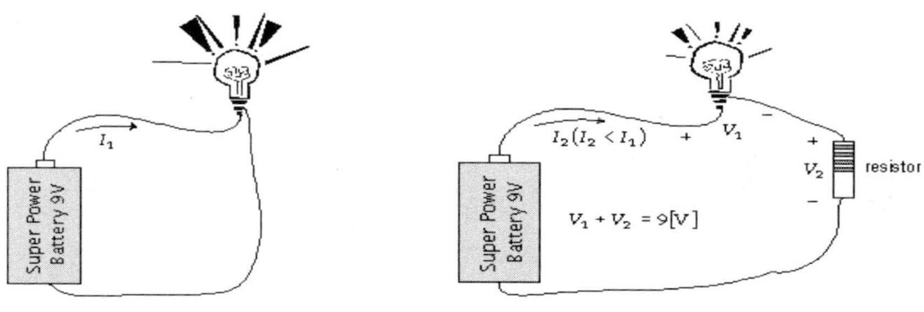


그림 1 저항의 역할

전자회로에서 전류, 전압, 저항의 관계를 옴의 법칙(Ohm’ s Law) 이라고 하고 다음과 같다.

$$V = IR \tag{2}$$

V : 저항기 양단에 걸리는 전압 [단위: V]

I : 저항기에 흐르는 전류 [단위: A]

R : 저항기의 크기 [단위: W]

## 2.1.6 저항기의 종류

### 1) 고정형 저항기

| | 종류 | 용도 |
|---|---|---|
| 탄소 | 탄소피막저항기 | 라디오, 앰프 |
| | 탄소화합물저항기 | TV등 일반적 |
| 금속 | 금속피막저항기 | 측정기등 정밀 |
| | 코일저항기 | 정밀용 |
| | 폴로저항기 | 대전류용 |
| 반도체 | 더미스터(thermistor) | 온도스위치, 온도보상용 |
| | 배리스터(varistor) | 서어지 흡수용, 전압조정용 |

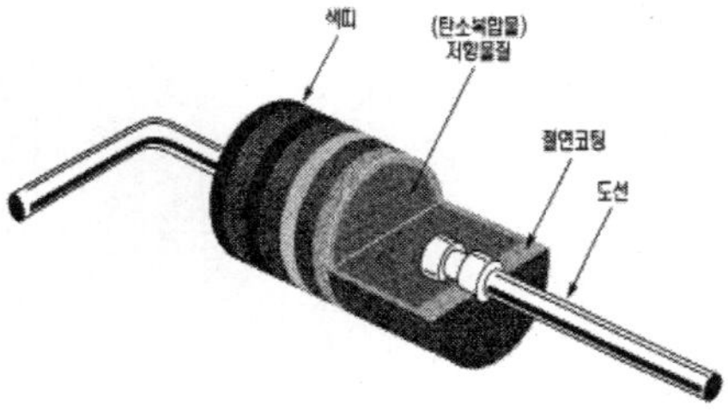


탄소화합물 저항기

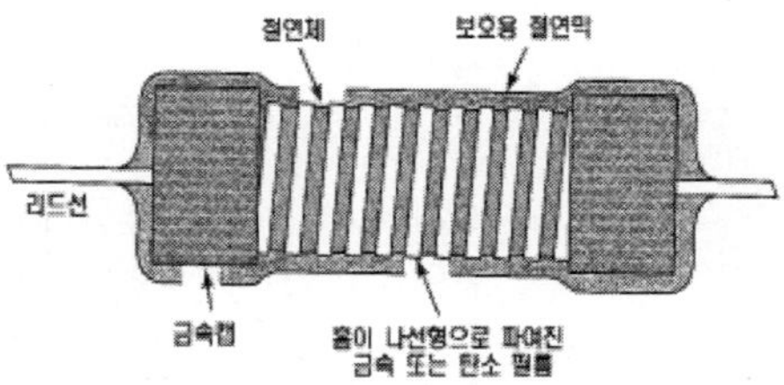


금속 또는 탄소필름

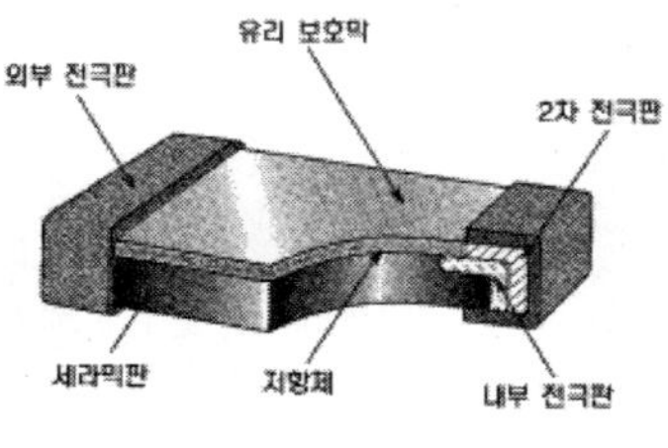


칩 저항기

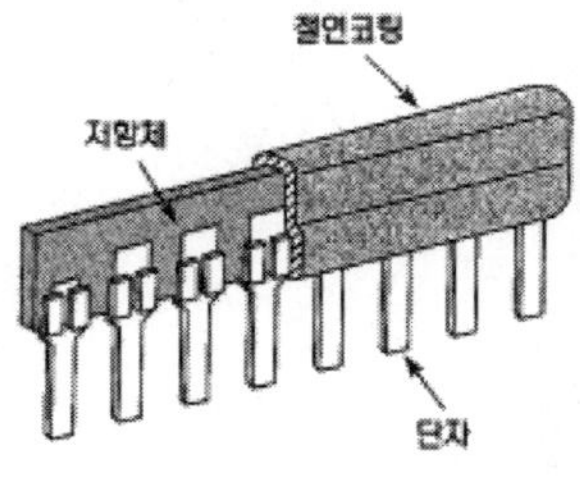


저항네트워크

그림 2 몇 가지 저항기의 내부구조

그림 3 고정형 저항기의 전자회로 기호

### 2) 가변 저항기

가변 저항기는 저항값의 크기가 외부의 조작에 의하여 변화하는 저항기.

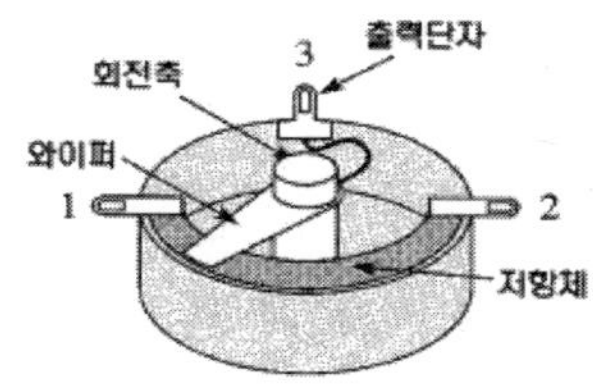


그림 4 전위차계의 기본구조

전위차계의 회로기호　　　　일반적인 가변저항기의 회로기호

그림 5 가변 저항기의 전자회로 기호

### 3) 저항기의 규격 표시법

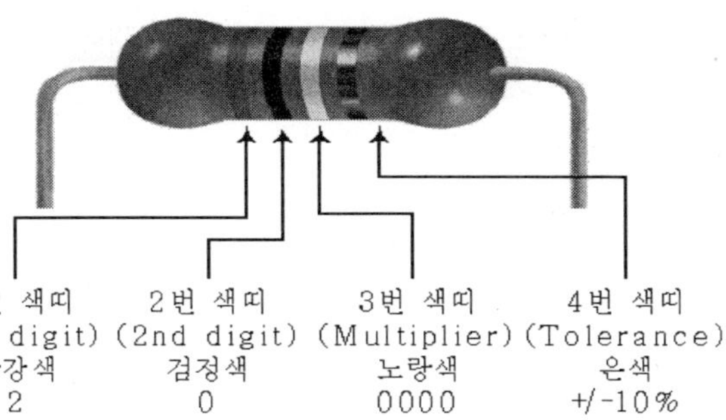


그림 6 저항 표기의 한 예 ( 200 kΩ ± 10 %)

표 2 네 개의 색띠로 나타낸 저항기의 색띠의 의미

| | 검정 | 갈색 | 빨강 | 주황 | 노랑 | 초록 | 파랑 | 보라 | 회색 | 흰색 | 금색 | 은색 | 무색 |
|---|---|---|---|---|---|---|---|---|---|---|---|---|---|
| 1,2번 색띠 | 0 | 1 | 2 | 3 | 4 | 5 | 6 | 7 | 8 | 9 | | | |
| 3번 색띠 | $\times10^{0}$ | $\times10^{1}$ | $\times10^{2}$ | $\times10^{3}$ | $\times10^{4}$ | $\times10^{5}$ | $\times10^{6}$ | $\times10^{7}$ | $\times10^{8}$ | $\times10^{9}$ | | | |
| 4번 색띠 [%] | | | | | | | | | | | ±5 | ±10 | ±20 |

표 3 다섯 개의 색띠로 나타낸 저항기의 색

| | 검정 | 갈색 | 빨강 | 주황 | 노랑 | 초록 | 파랑 | 보라 | 회색 | 흰색 | 금색 | 은색 | 무색 |
|---|---|---|---|---|---|---|---|---|---|---|---|---|---|
| 1,2,3 번색띠 | 0 | 1 | 2 | 3 | 4 | 5 | 6 | 7 | 8 | 9 | | | |
| 4번색띠 | $\times10^{0}$ | $\times10^{1}$ | $\times10^{2}$ | $\times10^{3}$ | $\times10^{4}$ | $\times10^{5}$ | $\times10^{6}$ | $\times10^{7}$ | $\times10^{8}$ | $\times10^{9}$ | 0.1 | 0.01 | |
| 5번 색띠 [%] | | ±1 | ±2 | | | ±.5 | ±.25 | ±.1 | | | ±5 | ±10 | ±20 |

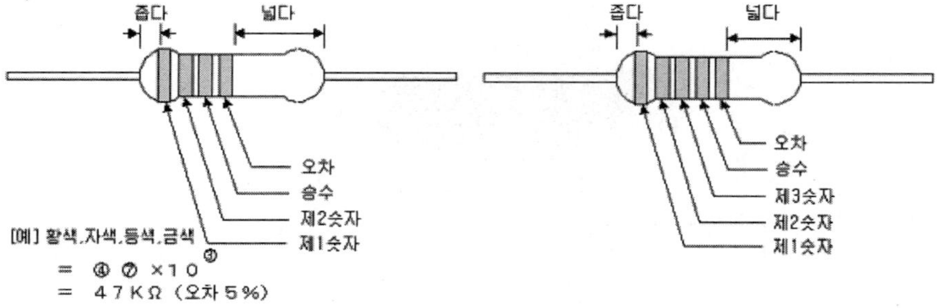


(a) 4색 띠 (b) 5색 띠

그림 7 저항의 식별법

#### 4) 각종 저항기

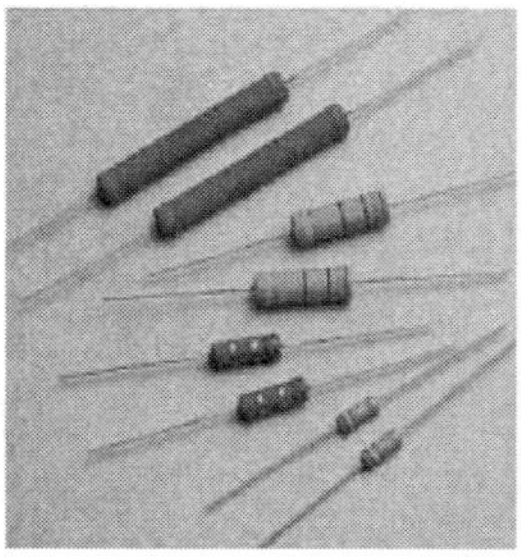


금속/탄소 피막형

시멘트 저항

칩 저항

칩 저항

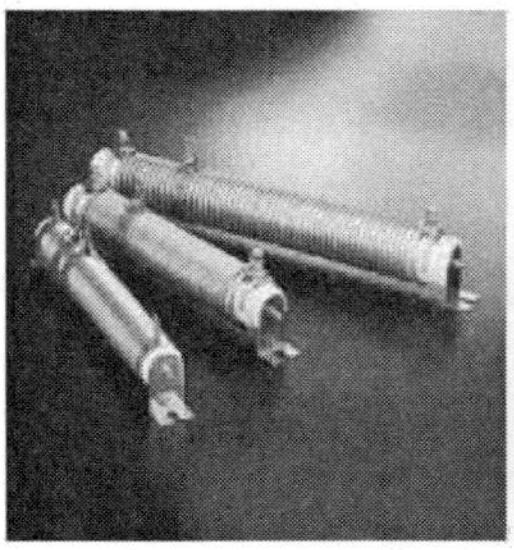

대전력형 코일 저항

권선형 가변 저항

저항 네트워크

전위차계

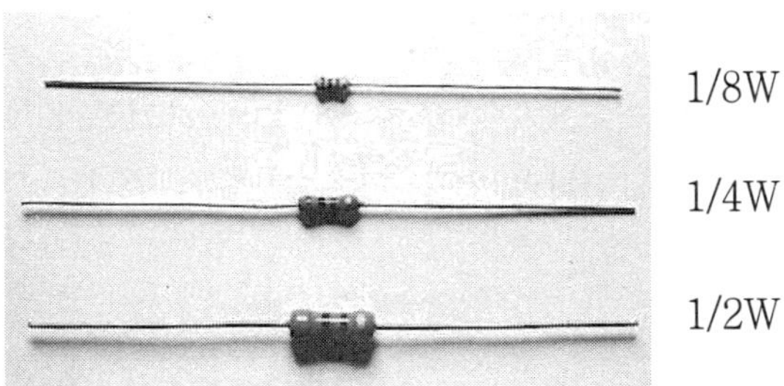


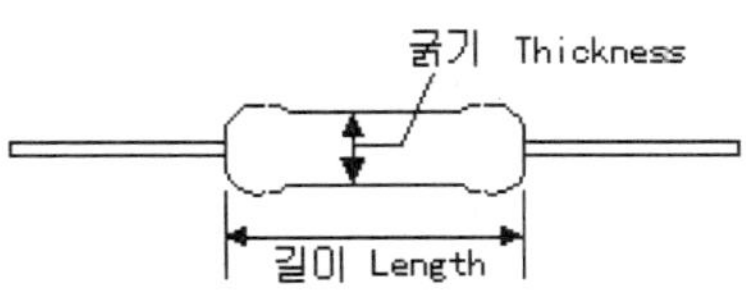


그림 8 다양한 형태의 저항기들

# 2.2 콘덴서(Condenser)

## 2.2.1 콘덴서의 개요

콘덴서란 전기를 축적하는 기능을 가지고 있다. 그러나, 일반적으로는 전기를 축적하는 기능 이외에 직류전류를 차단하고 교류전류를 통과시키려는 목적에도 사용된다.

콘덴서의 구조와 기호는 그림1과 같다.

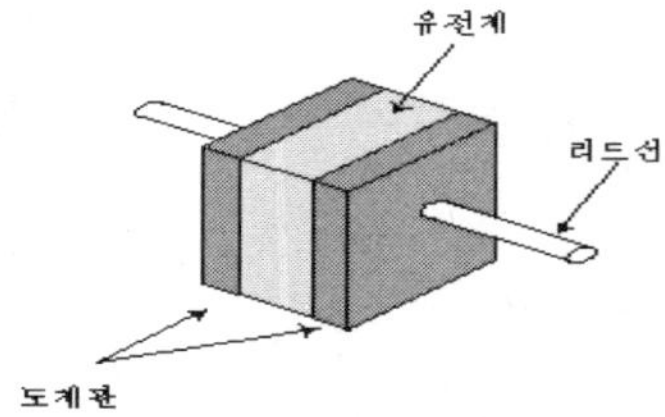


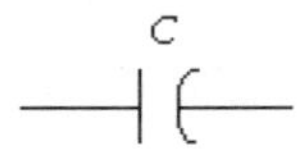


(a) 콘덴서의 구조 (b) 콘덴서의 회로기호

그림 1 콘덴서의 기본 구조와 회로기호

콘덴서는 기본적으로는 2장의 전극판을 대향시킨 구조로 되어 있다. 여기에 직류전압을 걸면, 각 전극에 전하(電荷)라고 하는 전기가 축적되며, 축적하고 있는 도중에는 전류가 흐른다. 축적된 상태에서는 전류는 흐르지 않게 된다. 10μF 정도의 전해콘덴서에 아날로그 미터식 테스터를 저항 측정 모드하고 접속하면 순간 전류가 흘러 테스터의 바늘이 움직이는 것을 알 수 있다. 그러나 바로 0으로 되고 만다.

테스터의 접속 방법(콘덴서의 리드에 접속하는 테스터의 측정봉)을 반대로 하면 역시 순간 전류가 흐른다는 것을 알 수 있다. 전하의 충전과정은 그림2와 같다.

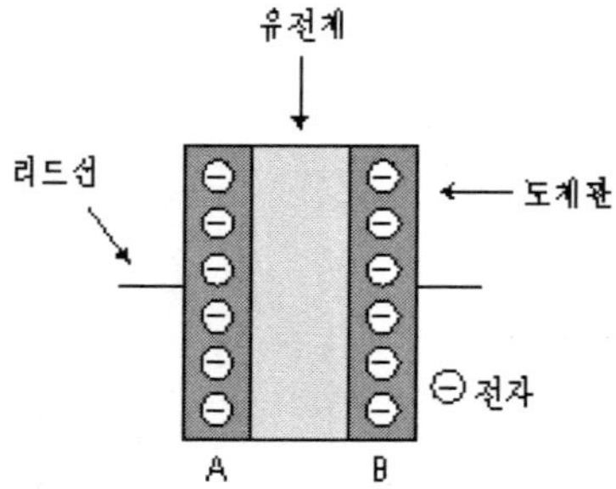


(a) 중성(방전)상태의 콘덴서

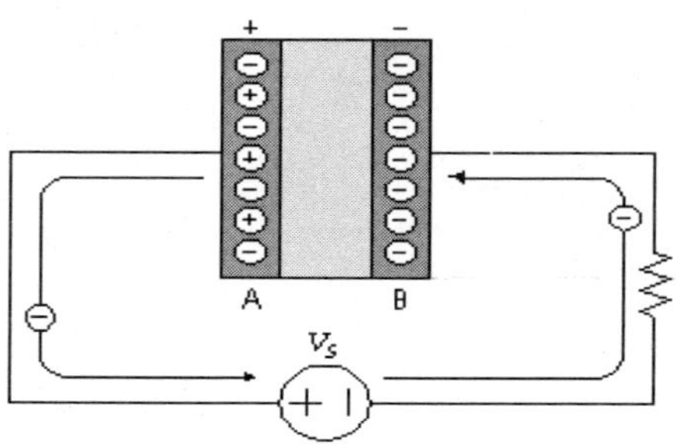


(b) 전원이 콘덴서에 연결되었을 때

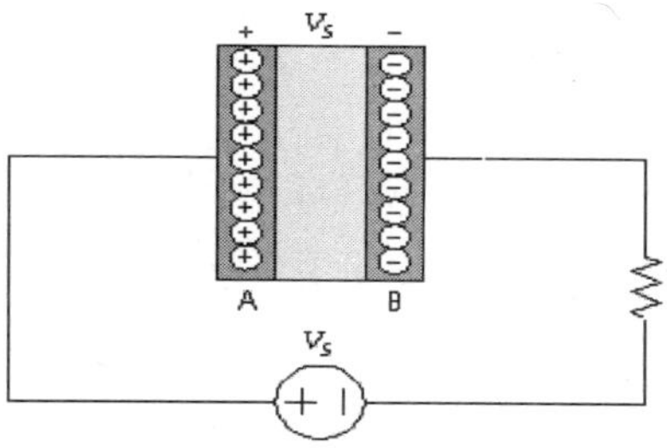


(c) 충전 후 콘덴서 양단의 전위차와 전원의 전위차가 동일할 경우

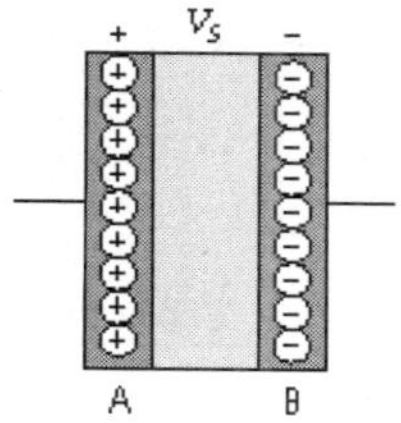


(d) 충전 후 전원이 제거된 콘덴서

그림 2 콘덴서의 충전과정

그러므로, 직류전압이 콘덴서에 가해진 경우, 순간적으로 전류가 흐르지만 후에는 흐르지 않기 때문에 직류를 통과시키지 않으려는(직류 커트) 용도에도 사용된다. 그러나, 교류의 경우에는 앞서 언급한 테스터의 측정봉을 항상 교대로 바꾸어 접속하는 것과 같으므로 그 때마다 전류가 흐르게 되어, 교류전류는 흐르는 것이다.

두 극판의 전극간에 절연체(유전체라고 한다)를 넣어(절연체를 전극으로 삽입한다) 콘덴서를 만드는데, 이 재질에 따라 여러 종류의 콘덴서가 있다. 아무것도 삽입하지 않고 공기를 유전체로 하는 콘덴서도 있다.

콘덴서의 용량을 나타내는 단위는 패럿(farad : F)이 사용된다. 일반적으로 콘덴서에 축적되는 전하용량은 매우 작기 때문에, μF(마이크로 패럿 : $10^{-6}$F)나 pF(피코 패럿 : $10^{-12}$F)의 단위가 사용된다. 최근에는 슈퍼 커패시터라는 명칭으로 패럿 단위의 용량을 가진 콘덴서도 등장했다.

콘덴서의 용량 표시에 3자리의 숫자가 사용되는 경우가 있다. 부품 메이커에 따라 용량을 3자리의 숫자로 표시하든가, 그대로 표시하기도 한다. 3자리 숫자로 나타내는 경우에는 앞의 2자리 숫자가 용량의 제1숫자와 제2숫자이고, 3 자리 째가 승수가 된다. 표시의 단위는 pF(피코 패럿)로 되어 있다.

예를 들면

103이면 $10\times10^{3}$=10,000 pF=0.01 μF로 된다.

224는 $22\times10^{4}$=220,000 pF=0.22 μF이다.

100 pF 이하의 콘덴서는 용량을 그대로 표시하고 있다. 즉, 47은 47 pF를 의미한다.

## 2.2.2 콘덴서의 종류

### 1) 알루미늄 전해콘덴서(전해콘덴서, 케미콘)

단순히, 전해콘덴서 또는 케미콘(chemical condenser)이라고도 부른다. 이 콘덴서는 유전체로 얇은 산화막을 사용하고, 전극으로는 알루미늄을 사용하고 있다. 유전체를 매우 얇게 할 수 있으므로 콘덴서의 체적에 비해 큰 용량을 얻을 수 있다.

특성은 극성(플러스 전극과 마이너스 전극이 정해져 있다)이 있다는 점이다. 일반적으로 콘덴서 자체에 마이너스측 리드를 표시하는 마크가 붙어 있다. 또, 가할 수 있는 전압, 용량(전기를 축적할 수 있는 양)도 표시되어 있다. 극성을 잘못 접속하거나, 전압이 너무 높으면 콘덴서가 파열(펑하는 소리가 나며, 매우 위험)되고 만다. 절대로 실수해서는 안된다(통상, 회로도에도 + 극성을 표시한다).

이 콘덴서는 1 μF부터 수천μF, 수만 μF라는 식으로 비교적 큰 용량이 얻어지며, 주로 전원의 평활회로, 저주파 바이패스(저주파 성분을 어스 등에 패스시켜 회로 동작에 악영향을 주지 않는다) 등에 사용된다.

그림 1 알미늄 전해 콘덴서

### 2) 탄탈 전해콘덴서(탄탈 콘덴서)

단순히, 탄탈 콘덴서(tantalum condenser)라고도 부르며, 전극에 탄탈륨이라는 재료를 사용하고 있는 전해콘덴서이다. 알루미늄 전해콘덴서와 마찬가지로, 비교적 큰 용량을 얻을 수 있다.

그리고 온도 특성(온도의 변화에 따라 용량이 변화한다. 용량이 변화하지 않을수록 특성이 좋다고 말한다), 주파수 특성 모두 전해콘덴서 보다 우수하다.

알루미늄 전해콘덴서는 크라프트(kraft)지 등에 전해액이 스며 들게 한 것을 금속 알루미늄으로 삽입하여 감아 붙인 구조로 되어 있지만, 탄탈 전해콘덴서의 경우는 tantalum powder를 소결하여 굳혔을 때에 나오는 빈틈을 이용하는 구조로 되어 있어, 두루마리 구조가 아니므로 앞서 언급한 바와 같이 특성이 우수하다(이것은 어디까지나 알루미늄 전해콘덴서와 비교했을 때의 이야기).

이 콘덴서도 극성이 있으며, 통상, 콘덴서 자체에 +의 기호로 전극을 표시하고 있다. 탄탈 콘덴서도 절대로 극성을 잘못 접속해서는 안된다. 가격은 전해콘덴서 보다 비싸기 때문에 온도에 의한 용량변화가 엄격한 회로, 어느 정도 주파수가 높은 회로 등에 사용한다.

또한, 알루미늄 전해콘덴서에서 발생하는 spike 형상의 전류가 나오지 않으므로 신호 파형을 중요시하는 아날로그 신호계에는 탄탈 콘덴서를 사용하는 것이 상식인 것 같다. 스파이크와 같은 불요 파형이 문제가 되지 않는 경우에는 전해콘덴서로도 충분하다.

그림 2 탄탈 콘덴서

### 3) 세라믹 콘덴서

세라믹 콘덴서는 전극간의 유전체로 티탄산 바륨(Titanium-Barium)과 같은 유전율이 큰 재료가 사용되고 있다.

이 콘덴서는 인덕턴스(코일의 성질)가 적어 고주파 특성이 양호하다는 특징을 가지고 있어, 고주파의 바이패스(고주파 성분 또는 잡음을 어스로 통과시킨다)에 흔히 사용된다. 모양은 원반형으로 되어 있으며, 용량은 비교적 작다. 전해콘덴서나 탄탈 콘덴서와 같이 전극의 극성은 없다. 사진보다 더 큰 외형의 세라믹 콘덴서도 있다.

세라믹은 강유전체의 물질로 아날로그 신호계 회로에 사용하면 신호에 일그러짐이 나오므로 이와 같은 회로에는 사용할 수 없다.

그림 3 세라믹 콘덴서

#### 4) 적층 세라믹 콘덴서

적층 세라믹 콘덴서는 전극간의 유전체로 고유전율계 세라믹을 다층 구조로 사용하고 있으며, 온도 특성, 주파수 특성이 양호하고, 게다가 소형이라는 큰 특징이 있다.

디지털 회로에서 취급하는 구형파(펄스파) 신호는 비교적 높은 주파수 성분이 함유되어 있다. 이 콘덴서는 주파수 특성이 양호하고, 소형이라는 점 때문에 바이패스용으로 흔히 사용된다. 온도 특성도 양호하므로 온도변화를 꺼려하는 회로에도 사용된다.

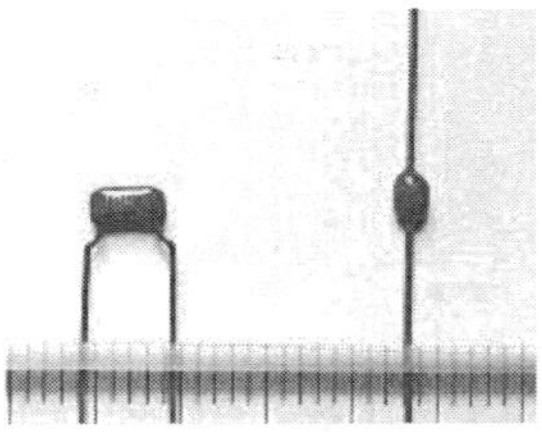

그림 4 적층 세라믹 콘덴서

#### 5) 스티롤 콘덴서

전극간의 유전체로 폴리스티렌(polystyrene) 필름이 사용되고 있다. 이 콘덴서는 필름을 감은 구조이므로 인덕턴스(코일) 성분이 크다. 따라서 고주파에는 사용할 수 없으며, 수백 kHz 이하의 필터 회로나 타이밍 회로 등에 흔히 사용된다.

사진에 나타낸 스티롤 콘덴서는 전극에 동박을 사용하고 있어, 적색을 띠고 있지만, 전극으로 알루미늄박을 사용하는 것도 있으므로 은색을 띠고 있는 것도 있다. 동박을 사용한 쪽이 약간 비싸고, 주파수 특성이 좋은 듯 하며, 엄격한 용도가 아니면 적색이든 은색이든 별로 문제는 없을 것으로 생각한다.

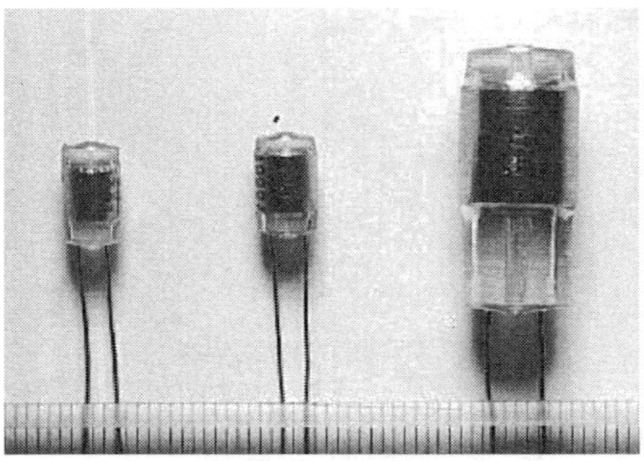

그림 5 스티롤 콘덴서

### 6) 슈퍼 커패시터

용량은 0.47 F(470,000 μF)로 초대용량 콘덴서이다. 이와 같은 대용량의 콘덴서를 전원회로 등에 사용할 때에는 각별한 주의가 필요하다. 그 이유는 콘덴서가 텅비어 있을 때에는(전기가 축적되어 있지 않을 때에는) 전류가 계속 유입하므로 정류기 등이 과전류로 인해 파괴되는 경우가 있기 때문이다.

통상적인 전원회로의 평활 콘덴서는 1,000 μF 정도이므로, 콘덴서는 순간적으로 충전되지만, 이러한 콘덴서를 사용하면 충전이 완료되기까지 회로가 쇼트 되어 있는 것과 같다. 보호회로를 설치하지 않으면 위험하다. 용량이 크기 때문에 단시간의 백업 등에 사용할 수 있을 것이다.

그림 6 슈퍼 커패시터

### 7) 폴리에스테르 필름 콘덴서(마일러 콘덴서)

마일러(Mylar) 콘덴서라고도 하며, 얇은 폴리에스테르(polyester) 필름을 양측에서 금속으로 삽입하여, 원통형으로 감은 것이다. 저가격으로 사용하기 쉽지만, 높은 정밀도는 기대할 수 없다. 오차는 대략 ±5 %에서 ±10 % 정도이다.

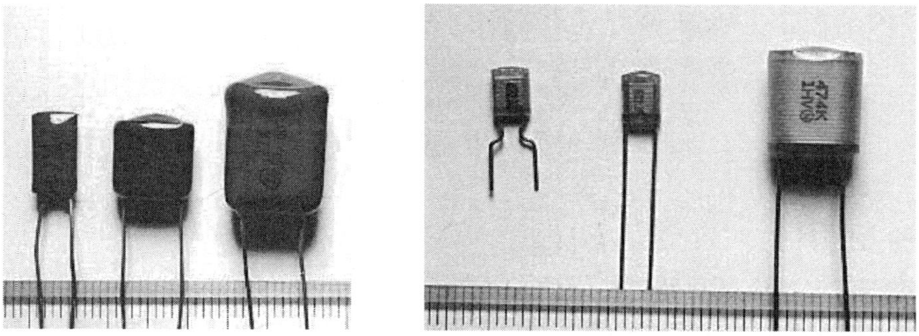

그림 7 폴리에스테르 필름 콘덴서(마일러 콘덴서)

### 8) 폴리프로필렌 콘덴서

폴리에스테르 콘덴서 보다 높은 정밀도가 요구되는 경우에 사용한다. 유전체 재료는 폴리프로필렌(polypropylene) 필름을 사용하며, 100 kHz 이하의 주파수에서 사용하면 거의 용량의 변화가 없다고 한다.

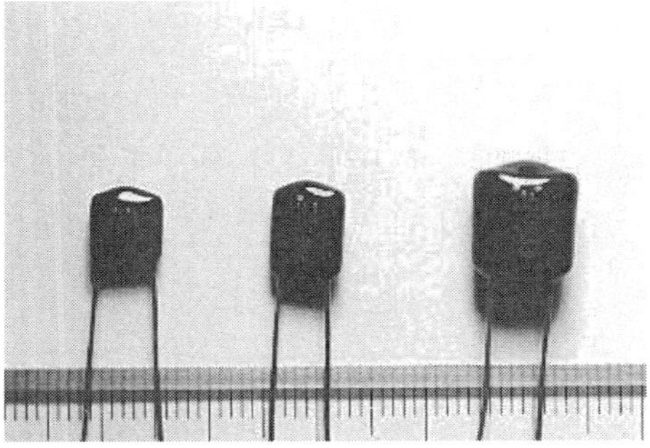

그림 8 폴리프로필렌 콘덴서

### 9) 마이카 콘덴서

유전체로 운모(mica)를 사용한 콘덴서이다. 운모는 온도계수가 작고 안정성이 우수하며, 주파수 특성도 양호하기 때문에, 고주파에서의 공진회로나 필터회로 등에 사용된다. 또한, 절연내압도 우수하므로 고압회로에도 사용된다. 이전에는 진공관식 무선송신기 등에는 흔히 사용되었다. 결점으로는 용량이 그다지 크지 않고, 비싸다.

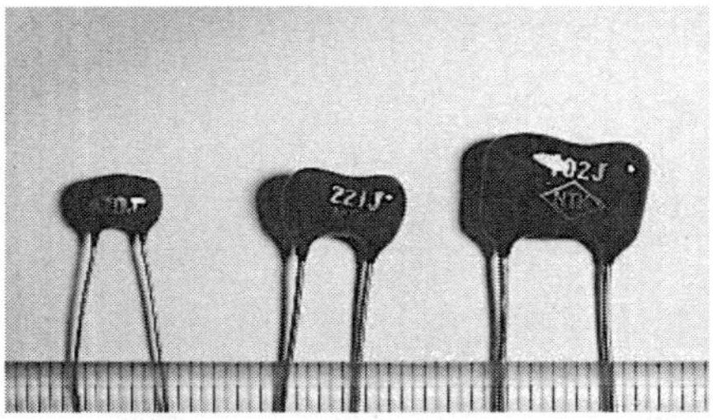


그림 9 마이카 콘덴서

### 10) 가변용량 콘덴서

용량을 변화시킬 수 있는 콘덴서이며, 주로 주파수 조정 등에 사용한다.
좌측의 사진에 나타낸 것은 트리머(trimmer)라 부르는 가변용량 콘덴서이며, 유전체로 세라믹(자기)를 사용하고 있다.

그 외에도 폴리에스테르 필름 등을 유전체로 사용한 것도 있다. 프린트 기판에 실장할 수 있도록 만들어져 있으며, 부착할 때의 주의 사항으로, 전극 극성은 없지만 용량을 조절하는 나사 부분이 어느 한 쪽의 리드선에 연결되어 있기 때문에 리드선의 한 쪽이 어스에 접속되는 경우에는 조절 나사가 연결되어 있는 리드선을 어스측으로 한다. 그렇게 하지 않으면 조절할 때의 드라이버의 용량이 영향을 주므로 잘 조절되지 않는다.

또한, 이러한 조절을 할 때에는 전용의 조절용 드라이버((나사를 돌리기 위한 절연체 드라이버로, 아크릴과 같은 절연물로 되어 있다)가 있으므로 그것을 사용하는 편이 무난하다. 조절 나사가 어느 쪽 리드선에 연결되어 있는지는 살펴보면 알 수 있지만, 그래도 모를 때는 테스터 등으로 확인한다.

그림 10 가변 용량 콘덴서

## 2.2.3 콘덴서의 에너지 저장

콘덴서는 전기장(electric field)의 형태로 에너지를 저장한다. 전기장은 양전하와 음전하 사이에서 기전력선의 형태로 표현되고 유전체 내에 집중 되어져 있다. 이 때 기전력은 다음과 같이 표현된다.

$$F = \frac{kQ_1Q_2}{d^2}[\text{Newtons}] \quad (1)$$

여기서 , Q 는 두 전하의 전하량으로 단위는 쿨롱(coulomb)이고, d는 두 전하사이의 거리로 단위는 m이고 k는 상수로 이다. 콘덴서에 저장된 에너지는

$$W = \frac{1}{2}CV^2[\text{joules}] \quad (2)$$

으로 표현되고, C는 콘덴서의 정전용량, V는 콘덴서 양단의 전위차이다. 따라서 콘덴서의 에너지 저장능력은 바로 정전용량이다.

콘덴서 양단에 1볼트의 전원이 연결되었을 때 양극판에 대전되는 전하량을 정전용량(capacitance)라 하고 C로 표현한다. 그리고 그 단위는 쿨롱/볼트 또는 패럿(Farad)이다. 정전용량은 콘덴서가 전하를 저장할 수 있는 척도로 사용되며 다음과 같은 관계를 가진다.

$$C = \frac{Q}{V}[\mathrm{Farad}] \qquad (3)$$

여기서, Q는 전하량, V는 콘덴서 양단의 전압이다.

콘덴서의 물리적 구현방법에 따라 정전용량은 다음과 같은 관계를 가진다.

$$C = \frac{A\varepsilon_r\varepsilon_0}{d}[\mathrm{Farad}] \qquad (4)$$

여기서, $\varepsilon_r$은 유전체 상수, $\varepsilon_0$ ( $= 8.854\times10^{-12}\ F/m$ )은 진공중의 유전체 상수, A는 양극판의 면적, d는 양극판간의 간격이다

## 2.2.4 콘덴서의 용량 표시

| CP | R | 102 | K | 2G |
|---|---|---|---|---|
| 페이퍼콘덴서 | 전기적 특성 | 정전용량 | 허용오차 | 정격전압 |

(1) 처음의 두 문자는 콘덴서의 종류를 나타낸다(생략하기도 한다)

(2) 두 번째 문자는 전기 특성을 나타낸다. 단, 세라믹에서는 온도 특성을 나타내고 T는 −30∼+85℃, Z는 +10∼+85℃의 사용 온도 범위이며, 오파는 F가 7.5%, P가 ±10%를 표시한다.

(3) 세 번째는 정전 용량을 표시하는 것으로 처음 두 자는 정수이고, 마지막 숫자는 10의 배수를 나타낸다.

(4) 단위는 pF, 소수점을 나타낼 때는 R을 사용해 2R5=2.5pF이다.

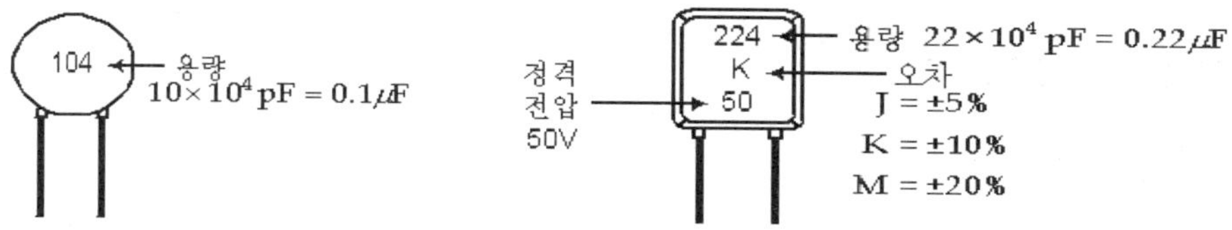


그림 3 세라믹 콘덴서의 용량표현

표 1 콘덴서의 종류

| 기 호 | 콘덴서의 종류 | 재 료 | 전극의 종류 |
|---|---|---|---|
| CA | 알루미늄 전해 콘덴서 | 알루미늄 산화 피막 | 알루미늄 고체 전해질 |
| CF | 금속 플라스틱 전해콘덴서 | 플라스틱 필름 | 증착 금속막 |
| CL | 탄탈 전해 콘덴서 | 탄탈 산화 피막 | 탄탈 액체 전해질 |
| CM | 마이카 콘덴서 | 마이카 | 도포 금속막 |

표 2 콘덴서의 정격 전압

| | A | B | C | D | E | F | G | H | J | K |
|---|---|---|---|---|---|---|---|---|---|---|
| 0 | 1 | 1.25 | 1.6 | 1.0 | 2.5 | 3.15 | 4.0 | 5.0 | 6.3 | 8.0 |
| 1 | 10 | 12.5 | 16 | 20 | 25 | 31.5 | 40 | 50 | 63 | 80 |
| 2 | 100 | 125 | 160 | 200 | 250 | 315 | 400 | 500 | 630 | 800 |
| 3 | 1,000 | 1,250 | 1,600 | 2,000 | 2,500 | 3,150 | 4,000 | 5,000 | 6,300 | 8,000 |

# 2.3 코일(Inductor)

## 2.3.1 코일의 개요

코일이란 동선과 같은 선재(線材)를 나선 모양으로 감은 것으로 코일의 성질 정도를 나타내는 단위로 헨리(Henry:H)가 사용된다. 선재를 감으면 감을수록 코일의 성질이 강해지며 헨리의 값도 커진다. 코일은 내부에 아무것도 넣지 않은 공심으로 하는 것보다 철심에 감거나 코어라 부르는 철분말을 응고시킨 것에 감는 편이 보다 큰 헨리값이 얻어진다. 통상 전기회로에서 사용하는 코일은 마이크로 헨리(μH)부터 헨리(H)까지 폭넓게 사용된다.

코일을 인턱터(Inductor) 또는 인덕턴스(Inductance)라고 하는 경우가 있다(엄격히 말해서, 인덕턴스라고 하는 것은 코일 성분의 정도를 나타내는 것이며, 부품 그 자체를 나타내는 말이 아니다. 콘덴서의 경우는 커패시턴스(Capacitance), 저항의 경우는 레시스턴스(Resistance)라는 것이 각각 성질의 정도를 나타내는 것이다).

코일에 교류전류가 흐른 경우, 코일에 발생하는 자속이 변화한다. 그 코일에 다른 코일을 가까이 했을 경우, 상호유도작용(Mutual Induction)에 의해, 접근시킨 코일에 교류전압이 발생한다. 이 상호유도작용의 정도를 상호 인덕턴스(단위는 헨리:H)로 표시한다.

코일이 하나만 있는 경우에도 자신이 발생하는 자속의 변화가 자신에게 영향을 준다. 이것을 자기유도작용이라고 하며, 그 정도를 자기 인덕턴스(Self Inductance)로 나타낸다. 헨리의 정의는 어떤 코일에 매초 1A의 비율(1A/s)로 전류가 변화할 때, 다른 쪽의 코일에 1V의 기전력을 유도하는 두 코일간의 상호 인덕턴스를 1헨리(H)로 한다고 되어 있다. 자기 인덕턴스의 경우는 전류의 변화율이 1A/s일 때 1V의 기전력을 발생하는 경우의 자기 인덕턴스를 1H로 한다고 되어 있다.

## 2.3.2 코일의 성질

선재를 나선 모양으로 감으면 원래의 선재가 지닌 특성과는 전혀 다른 여러 가지 특성이 나온다. 여러 특성 가운데서 몇가지 주요 특성에 대해 그 개요를 쉽게 설명하기로 한다.

#### 1) 전류의 변화를 안정시키려고 하는 성질이 있다

전류가 흐를려고 하면 코일은 전류를 흘리지 않으려고 하며, 전류가 감소하면 계속 흘릴려고 하는 성질이다. 이것을 "렌츠의 법칙"이라 부르는데, 전자유도작용에 의해 회로에 발생하는 유도전류는 항상 유도작용을 일으키는 자속의 변화를 방해하는 방향으로 흐른다는 것이다.

이 성질을 이용하여 교류로부터 직류로 변환하는 전원의 평활회로에 사용된다. 교류를 정류기에 의해 직류로 변환한 경우, 그대로는 맥류(리플:Ripple)라고 하여 교류성분이 많은 직류이며 완전한 직류가 아니다. 플러스의 직류로 정류한 경우, 마이너스 전압성분은 없어지지만, 0V와 플러스 전압을 왕래하고 있다.

평활회로는 콘덴서와 코일을 조합한 회로를 사용하면 코일이 전류의 변화를 저지하려는 작용을 하고, 콘덴서가 입력전압이 0 V로 되어도 축적한 전기를 그때 토출하기 때문에 안정한 직류를 얻을 수 있다.

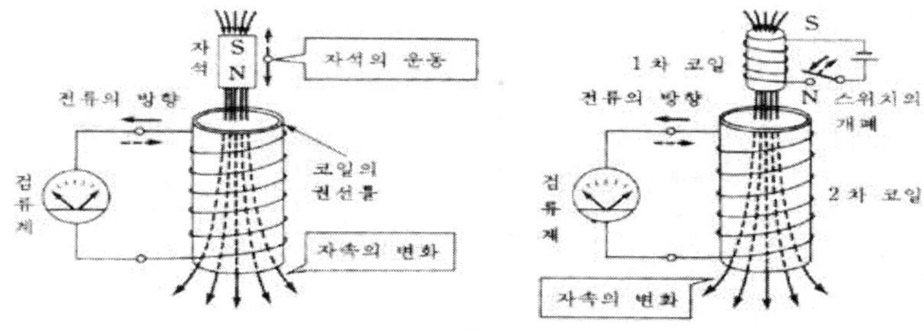


(a) 자석과 코일 (b) 2 개의 코일

**전자기 유도의 실험**

그림 1 전자유도작용

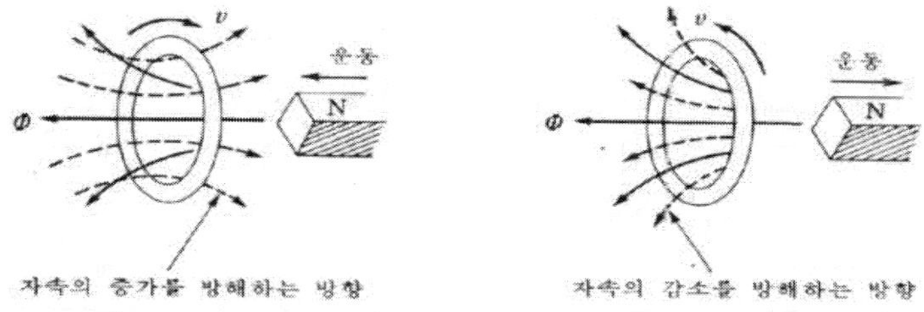


(a) 자속을 증가시킬 때 (b) 자속을 감소시킬 때

**유도 기전력의 방향**

그림 2 유도 기전력

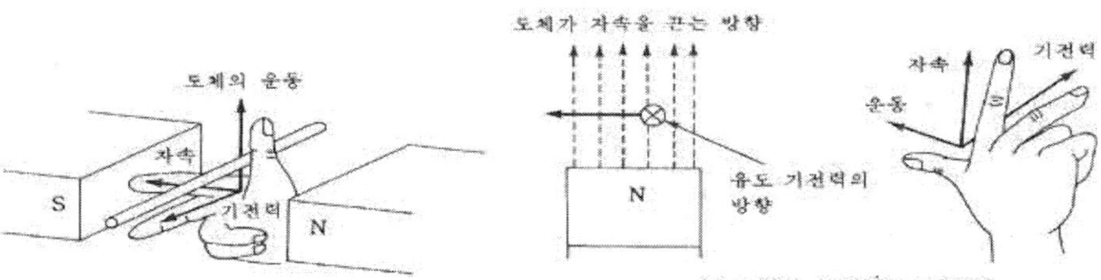


(a) 오른손의 법칙 (b) 도체를 움직이는 대신에 자극을 움직여도 된다.

**플레밍의 오른손 법칙**

그림 3 플레밍의 오른손 법칙

### 2) 상호유도작용

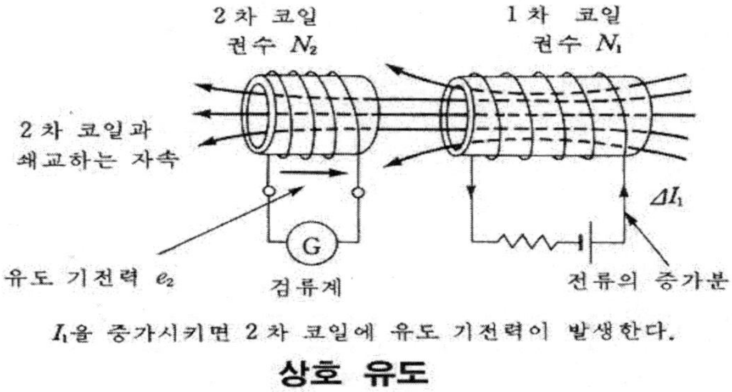


그림 4 상호 유도작용

이것은 앞에서도 언급했지만, 두 코일을 가까이 하면 한쪽 코일의 전력을 다른 쪽 코일에 전달할 수 있다는 것이다.

이 성질을 이용한 것이 트랜스이다. 전력을 공급하는 쪽의 코일(입력)을 1차측, 전력을 꺼내는 쪽(출력)을 2차측이라고 한다. 1차측 권수와 2차측 권수의 비율에 따라 2차측의 전압이 변화한다. 전원트랜스 등은 2차측에서 권선의 도중에 선을 내어(tap이라고 한다) 복수의 전압을 얻을 수 있도록 한 것이 많다.

### 3) 전자석의 성질

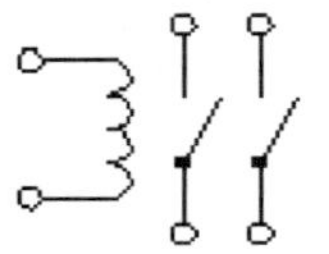

여러분이 잘 알고 있듯이, 전류가 흐르면 철이나 니켈을 흡착하는 성질이다. 이 성질을 이용한 것으로 계전기(릴레이)가 있다. 전류가 흐를 때에 철판을 끌어당겨 철판에 부착된 스위치를 닫도록 하는 것이다. 그리고 차임벨도 전자석의 성질을 이용한 것이다.

### 4) 공진하는 성질

코일과 콘덴서를 조합하면 어떤 주파수의 교류전류가 흐르지 않거나, 쉽게 흐르기도 한다. 라디오의 방송국을 선택하는 튜너는 이 성질을 이용하여 특정한 주파수만을 선택하고 있는 것이다.

공진(共振)에 대하여 설명하기 시작하면 점점 깊은 부분까지 빠져들기 때문에 더 자세하게 알고 싶은 분은 전공서적을 보기 바란다.

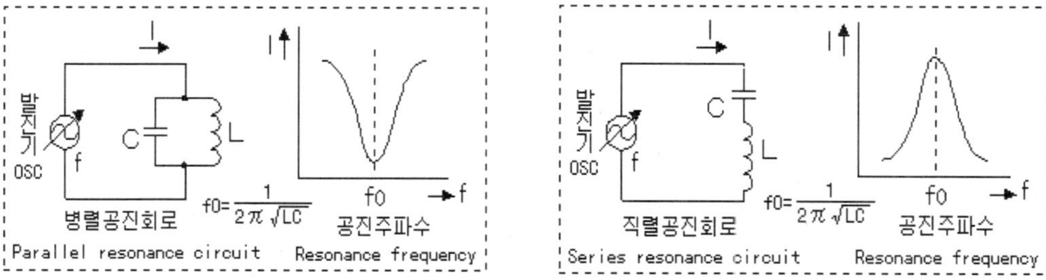


그림 5 공진현상

### 2.3.3 코일의 종류

그림 6 코일의 종류

그림 6은 소형 코일 부품의 예이다. 맨 좌측에 있는 것은 소북 모양의 코어에 가느다란 동선을 감은 것으로, 100 μH의 것이다. 고주파의 공진, 고주파의 저지 등에 사용한다. 저항기와 마찬가지로 컬러코드로 값을 표시하고 있는 것도 있다.

코일의 종류는 1μH, 2.2μH, 3.3μH, 3.9μH, 4.7μH, 5.6μH, 6.8μH, 8.2μH, 10μH, 15μH, 18μH, 22μH, 27μH, 33μH, 39μH, 47μH, 56μH, 68μH, 82μH, 100μH 와 같이 1μH 정도부터 수백 μH까지 여러 가지가 있다.

좌측에서 두 번째의 것은 봉 모양의 코어에 가는 동선을 감은 것으로, 용도는 앞서 언급한 것과 같다. 샘플로 구입한 코일의 값은 470μH였으며, 코어의 직경은 4mm, 높이는 10mm, 코일의 직경은 8mm였다.

우측에 있는 2개는 고주파용의 트랜스이다. 트랜지스터 라디오 등의 발진용, 중간주파수(455KHz)의 동조 등에 사용된다. 고주파이므로 다른 회로로부터 자기에 의한 영향을 받지 않도록 하거나, 또는 주변 부품에 영향을 주지 않도록 하기 위해 금속 케이스(차폐상자 또는 실드케이스라고 한다)에 수납되어 있다. 이 케이스는 반드시 어스에 연결하여야 한다. 그리고, 이러한 것은 동조용, 발진용이므로 인덕턴스 값을 변화시킬 수 있도록 되어 있다.

### 2.3.4 인덕턴스 값의 조정

코일 중심의 코어부는 나사 모양으로 되어 있어, 드라이버 등으로 돌리면 코어가 코일에 들어가거나, 나오기도 한다. 따라서 코어의 상하 움직임에 따라 코일의 인덕턴스값이 변화한다. 코일의 권수를 바꾸어도 되지만, 일일이 그렇게는 할 수 없는 일이다.

FM 라디오의 튜너부 등은 87.5 MHz ~ 108 MHz 부근의 고주파를 취급하기 때문에 코어에 감으면 인덕턴스값이 너무 커지므로 공심 코일이 사용된다. 이 경우의 조정은 코일의 권선 간격을 변화시켜 조절한다. FM 라디오 등을 분해하여 보면 코일이 모두 한결같이 일률적으로 되어 있지 않고, 코일의 간격이나 리드의 형태가 제각기 멋대로 되어 있는 것을 볼 수 있을 것이다. 이것을 깨끗하고 보기 좋게 하려고 해서는 안된다. 이것은 일부러 구부리거나 코일 간격을 바꾸어 인덕턴스값을 조절하고 있기 때문이다.

그림 7 고주파용 가변 트랜스

### 2.3.5 인턴터의 인덕턴스

그림 8에 나타낸 것과 같이 저항 코드의 식별과 유사하게 제 1 자리, 제 2 자리는 유효숫자를 나타내고 제 3자리는 승수, 제 4 자리는 오차를 나타낸다.

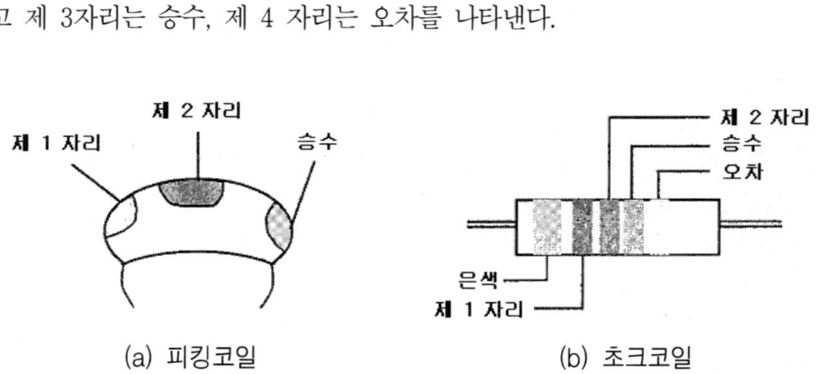


(a) 피킹코일 (b) 초크코일

그림 8 인덕터의 색 코드

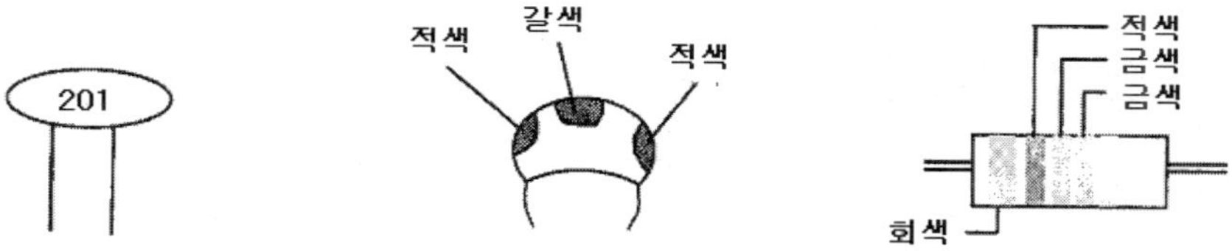


$L = 20 \times 10^{1}$ [μH] = 0.2 [mH]

(a) 피킹코일 : Type 1

$L = 21 \times 10^{2}$ [μH] = 2.1 [mH]

(b) 피킹코일 : Type 2

$L = 82 \times 10^{-1}$ [μH] ± 5 [%] = 0.0082 [mH] ± 5 [%]

(c) 초크코일

그림 9 인던턴스 계산 예

# 2.4. 다이오드(Diode)

## 2.4.1 다이오드의 특성

p형 반도체와 n형 반도체를 접합시킨 것을 pn접합이라 하는데, 이것을 이용한 소자가 반도체 다이오드이다. 전류는 p형에서 n형 쪽으로만 잘 흐른다. 즉, 순방향으로 전압을 걸면 전류가 잘 흐르는 데, 이와 같이 일정한 방향으로 전류가 흐르게 하는 작용이 정류 작용이다. 전류는 n형에서 p형으로는 흐르지 않는다. 이것이 역방향이다.

반도체 다이오드의 기호는 그림과 같이 표시하며 화살표 방향으로 전류가 흐름을 나타낸다. 다이오드는 교류를 직류로 만드는 정류 작용, 변조된 진동 전류에서 음성 전류를 얻는 검파 작용을 한다.

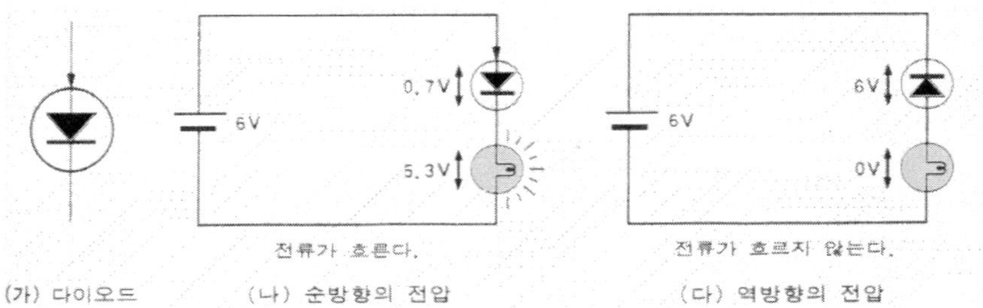


그림 1 다이오드의 기호 및 연결

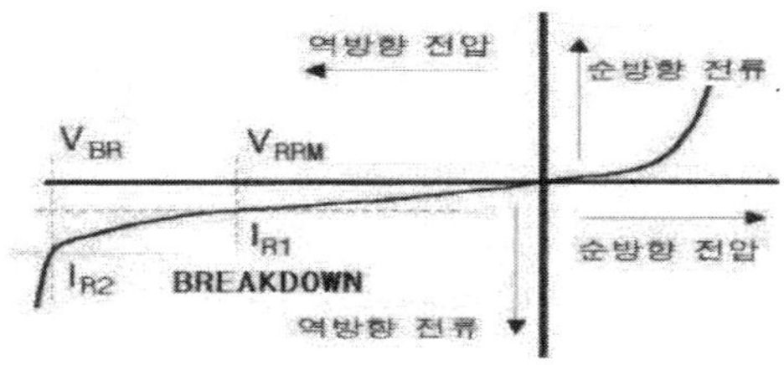


그림 2 다이오드의 특성곡선

P-N 접합에 역전압을 인가하면 전류는 극히 적고 또한 일정하지만 역전압을 계속해서 높이게 되면 어느 전압에서 갑자기 절연상태가 파괴된 것처럼 전류가 갑자기 증가한다.

이것을 降伏 (Breakdown)이라고 하며 반도체 내부전계의 강약에 따라 ZENER Breakdown과 AVALANCHE Breakdown으로 구분한다.

## 2.4.2 다이오드의 종류

### 1) 정류용 다이오드

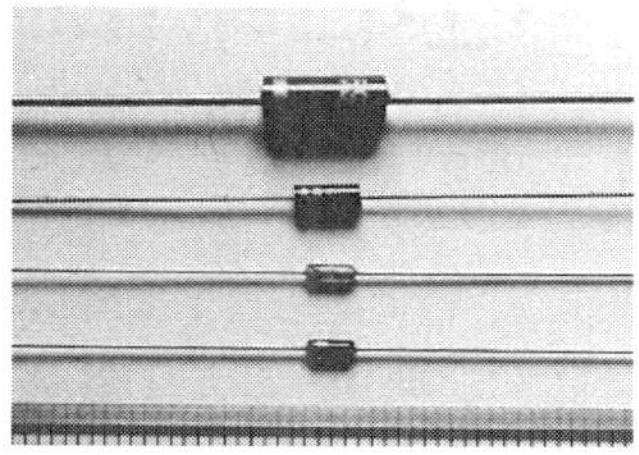

주로 실리콘 다이오드가 사용된다. 허용 전류와 역내압이 높은 것일 수록 값이 비싸다. 사용 전류와 사용 전압을 고려해서 약간의 여유가 있는 것을 선택하는 것이 경제적이다.

### 2) 발광 다이오드

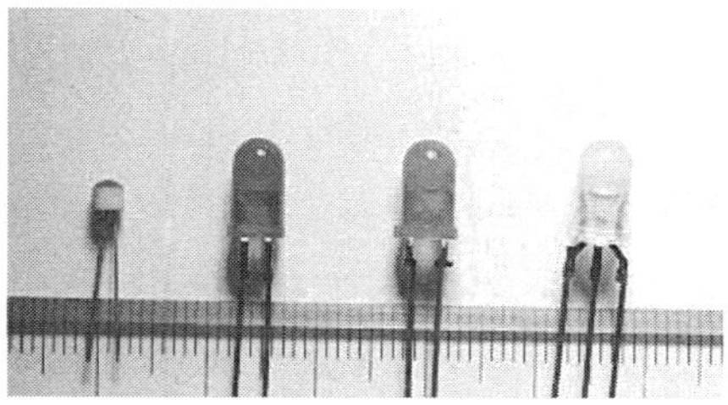

화합물 반도체로 만든 다이오드인데 적색이 가장 많고 녹색이 있다. 1 V~1.6 V의 전압에서 5 mA~50 mA의 전류 범위로 사용하며, 응답 속도가 빠르고 정류에 대한 광출력이 직선성를 가진다.

### 3) 정전압 다이오드(Zener Diode)

역방향으로 전압을 가해서 전류를 흘리면 전류의 크기에 관계없이 양단에 걸린 전압(항복 또는 제너 전압)은 일정하다. 주로 정전압 전원 회로에 사용되는데 제너 전압 VZ와 제너 전류 IZ가 큰 것일수록 값이 비싸다.

### 4) 가변 용량 다이오드

역방향으로 전압을 가하면 접합면에 공핍층이 생겨 정전 용량을 형성하는데 역방향 전압을 높일수록 정전 용량은 감소한다. 주로 FM라디오의 AFC 회로나 FM 와이어레스(Wireless) 마이크의 변조회로에 쓰인다.

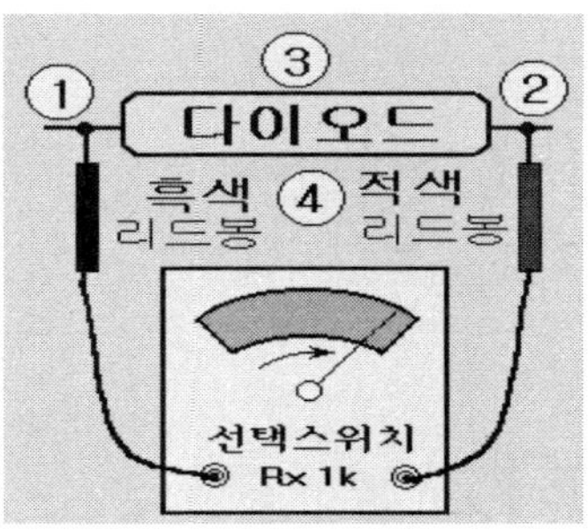


문제 1) 다음 그림은 다이오드 극성을 찾는 실험이다. 그림과 같이 회로시험기의 지침이 움직였다면 다이오드의 애노드(A)는 몇 번인가?

1) ① 2) ② 3) ③ 4) ④

문제 2) 회로시험기의 지침이 3.3을 나타냈다. 이때의 실제적인 저항값은?

1) 3.3 Ω 2) 33 Ω 3) 330 Ω 4) 3,300 Ω

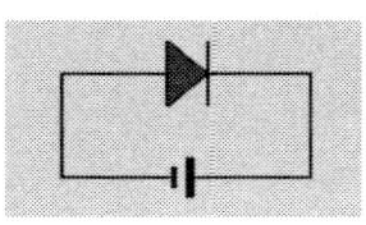

문제 3) 다음 그림에서 다이오드에 전원을 연결한 상태는 어떠한 상태인가?

1) 순방향이다 2) 역방향이다

# 2.5 트랜지스터(Transistor)

## 2.5.1 개요

1948년 미국 벨전화연구소의 W.H.브래튼, J.바딘 및 W.쇼클리는 반도체 격자구조의 시편(試片)에 가는 도체선을 접촉시켜 주면 전기신호의 증폭작용을 나타내는 것을 발견하여 이를 트랜지스터라고 명명하였다. 이것이 그 동안 신호증폭의 구실을 해 오던 진공관(眞空管)과 대치되는 트랜지스터의 시초가 된 것이다. 트랜지스터 그 자체가 소형이어서 이를 사용하는 기기(機器)는 진공관을 사용할 때에 비하여 소형이 되며, 가볍고 소비전력이 적어 편리하다. 초기에는 잡음·주파수 특성이 나쁘고, 증폭도도 충분하지 못하였으나, 그 후 많이 개량되어 아주 대전력을 다룰 수 있는 등 특수한 경우를 제외하고는 진공관에 대치되었다.

트랜지스터에는 NPN 형과 PNP형이 있다는 것은 앞에서 설명했다. 이들 트랜지스터를 세밀히 분류하면 2SB528, 2SC1213, 2SD189 등 번호가 주어져 있다. 모두 공통으로 2S가 붙어 있으나 다른 나라 메이커에는 붙어 있지 않으므로 주의할 필요가 있다. 그러므로 A, B, C, D는 PNP형과 NPN형의 구별 및 용도를 나타낸다. 또 A나 B 다음에 오는 숫자는 등록순으로 부여한 번호이며 특성이나 종별과는 관계가 없다. 숫자 뒤에 A12H나 B25G등 알파벳을 붙인 것은 개량품이며 메이커의 입장에서 결정하는 용도나 등급을 타나내고 있다. 또 반도체 소자의 형식명은 그림1과 같이 정해져 있다.

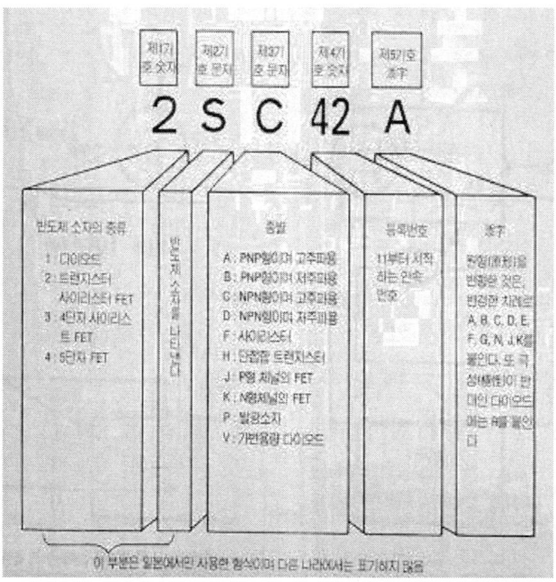


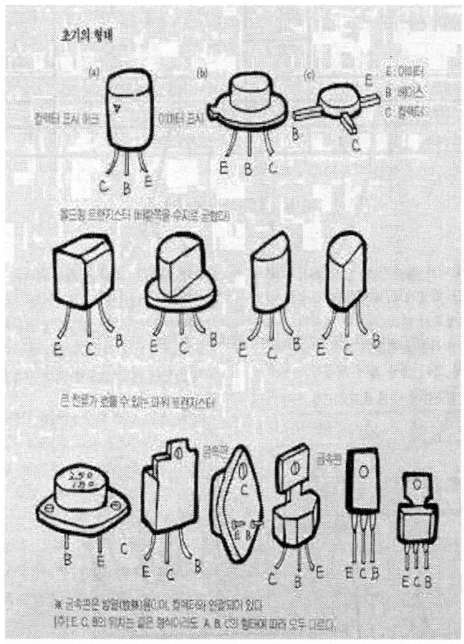


그림 1 트랜지스터의 종류와 형식

## 2.5.2 트랜지스터의 종류

두 개의 p형 반도체 사이에 n형 반도체를 접합시킨 것이 pnp형 트랜지스터이고, 두 개의 n형 반도체 사이에 p형 반도체를 접합시킨 것이 npn형 트랜지스터이다. 정류 작용, 검파 작용 이외에 스위치 작용이나 약한 신호를 세게 하는 증폭 작용을 한다. 진공관에 비해 부피가 작은 것이 장점이다.

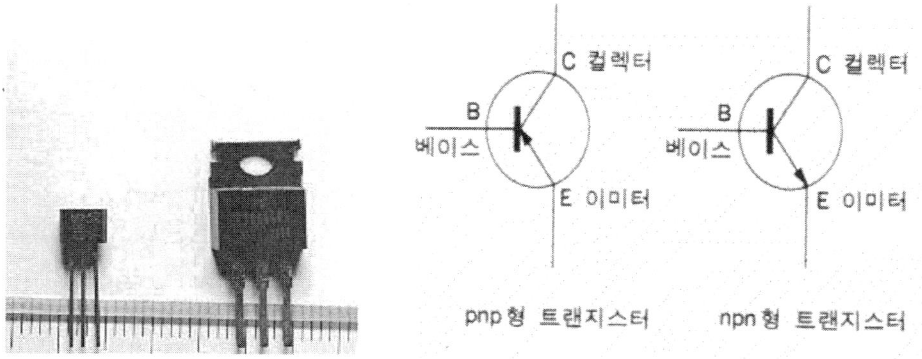


그림 2 트랜지스터의 외관과 기호

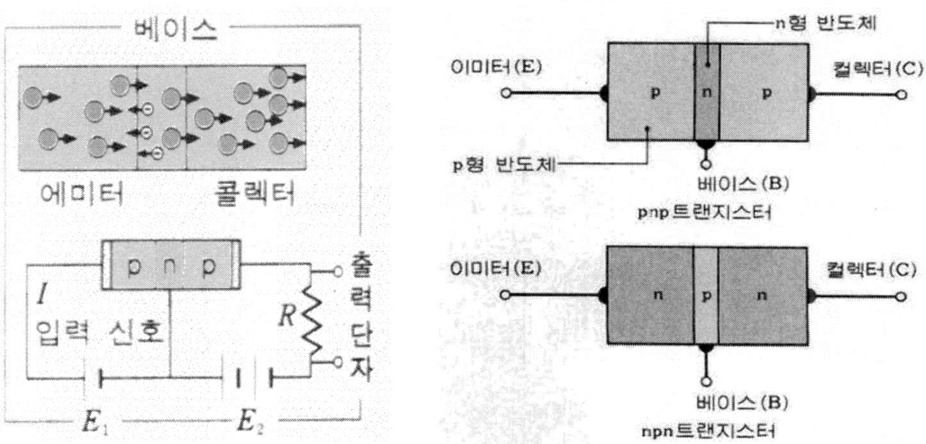


그림 3 트랜지스터의 구조

## 2.5.3 트랜지스터의 리드

트랜지스터의 종류에 따라 리드의 내용이 다르기 때문에 매뉴얼 등을 참조하여 확인할 필요가 있다.

### 1) 2SC1815의 경우

품명이 인쇄되어 있는 평평한 면을 바라 보았을 때,
오른쪽 리드가 베이스
중앙의 리드가 컬렉터
왼쪽의 리드가 이미터이다.

### 2) 2SD880의 경우

품명이 인쇄되어 있는 면을 바라 보았을 때,
오른쪽 리드가 이미터
중앙의 리드가 컬렉터
왼쪽의 리드가 베이스이며, 2SC1815와는 반대이다.

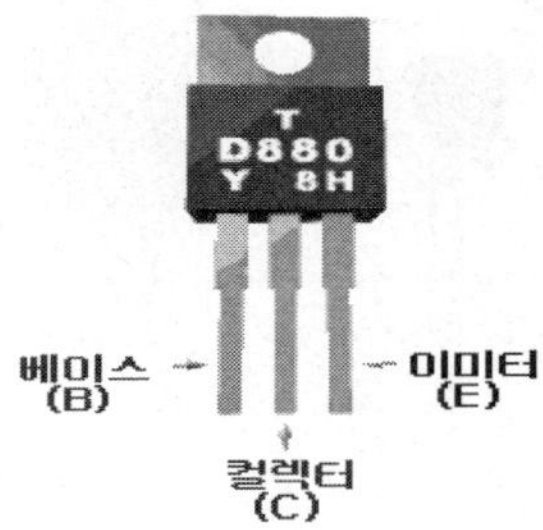

# Part 3

# 납땜하는 방법

## 3.1 납 땜Soldering)

### 3.1.1 납땜의 중요성

납땜은 라디오 앰프 제작에서 가장 많이 이용되는 작업의 하나이며 매우 중요한 작업이기도 하다. 납땜을 잘 했느냐 못 했느냐 하는 것은 그 기기가 오랫동안 고장없이 잘 사용되느냐 안 되느냐와 깊은 관계가 있다.

전기적으로 접합할 곳에 완전한 납땜을 꼭 해 둔다는 것이 중요하므로 납땜에 자신을 갖게 될 필요가 있다. 접합하여야 할 금속과 금속의 틈에 녹은 납이 흘러 들어가 납과 금속의 합금이 만들어지는 것이 납땜이므로 금속 표면을 깨끗이 하고, 적당한 온도로 가열하여 확실하게 해야 하는 것이다.

### 3.1.2 납땜용 땜납

땜납은 주석과 납(연)의 합금인데, 주석은 231.9 ℃, 납은 327.4 ℃에서 녹는다. 그러나 배합 비율에 따라서는 보다 낮은 182 ℃에서도 녹게 된다(주석 62 %, 납 38 %). 전기 통신용은 주석 60 %, 납 40 %로서 183 ℃에서 녹는 것이 많이 쓰이는데, 납땜 온도는 이보다 50 ℃ 이상 높은 230~250 ℃에서 1~5 초 동안에 하는 것이 가장 좋다.

외형은 0.8~3 mm 직경의 송진들이 실납이 가장 많이 쓰이며 송진 및 송지(플럭스)는 활성화 수지인데, 실납의 중심 구멍에 들어 있다. 이 실납에 열이 가해지면 납이 녹기 전에 이것이 먼저 녹아 흘러, 접합한 금속의 산호 피막화된 표면을 깨끗이 닦아주며, 그 표면의 산화를 방지하여 준다. 또한 납의 표면 장력을 낮추어 납이 퍼지기 쉽게 하고 접합할 금속과의 융합이 잘

되어 완전한 합금층을 만들 수 있게 한다. 이렇게 해서 납이 녹아 퍼진 후 수지화 하여 부착하게 된다(여기서 납은 납땜임).

송진이나 페스트 등은 납땜을 돕는 작용을 하나 질이 나쁘면 납땜을 아무리 잘 해도 후에 부식하거나 절연 저항이 낮아지는 일이 생긴다.

### 3.1.3 납땜 시의 조건

#### 1) 적당한 온도와 균일 가열

땜납이 모재에 확산하는 조건은 온도와 시간이라는 가열 조건이다. 납땜 작업시 온도와 시간을 별개로 생각하나 상관 관계인 것을 알아야 한다.

납땜의 온도는 250 ℃를 적당한 온도로 본다. 인두 끝 온도는 사용 중에 온도가 떨어지므로(모재에 열을 빼앗긴다) 그보다 높은 280~380 ℃ 범위에서 사용한다. 또 2개 이상의 모재를 동시에 납땜할 경우 모재가 균일하게 가열되도록 인두 끝을 접촉시켜야 한다. 두꺼운 부품, 큰 부품에 인두 끝을 접촉시켜 납땜을 해야 한다.

#### 2) 적당한 시간

인두 끝의 온도는 항상 변화하며 거기에 맞도록 가열 시간을 변화시켜야 한다. 높은 온도의 인두 끝으로 순간적으로 변화하는 것보다 낮은 온도로 긴 시간 납땜하는 쪽이 조건으로는 더 좋다. 최적 시간은 모재의 크기에 따라 다르나 2초 전후가 적당하다.

#### 3) 모재의 고정과 공구 사용 기술

납땜을 하기 전에 모재를 고정하여 납땜을 완전하게 하고 고정부를 떼는 것이 원칙이다. 인두를 사용한 납땜법은 수치와 이론에 의한 조건만이 아니라 작업자의 기술의 양부도 중여한 조건이다. 그러므로 공구를 사용하는 기술이 필요하다.

#### 4) 플럭스를 적당량 사용할 것

모재에 알맞는 플럭스를 사용하며 플럭스의 양은 납땜을 한 단계에서는 너무 과하지 말 것이며 플럭스의 잔류는 모재의 부식, 절연성을 저하시키는 수가 있다. 납땜을 한 후 깨끗이 닦아주면 좋다. 땜납에 사용하는 플럭스는 송진계 플럭스라 부르며 송진 또는 송진을 활성화하여 사용한다.

## 3.1.4 납땜의 양부 판정

납땜의 양부 판단을 외관을 보고 판정하는 방법을 생각해 본다.

**1) 색의 광택**

글로 설명하기는 어려우나 좋은 납땜은 납의 조성에 의한 색과 독특한 광택을 가진다. 즉 광택에 의해서 양부를 판단하는 안목을 키워야 한다. 색과 광택에 얼룩이 있고 납땜 표면이 냉납이 되면 좋지 않은 것으로 판단된다

**2) 납땜의 경사각**

모재와 땜납이 접촉하는 각도는 땜납의 흐름을 나타나는 정도이다. 이 각도를 땜납의 경사각이라 부르며 θ는 20○ 정도의 각도를 가진다. (b)와 같이 양부의 한계는 θ=90○이다. (c)는 땜납의 흐름 부족으로 물방울 같은 상태이다.

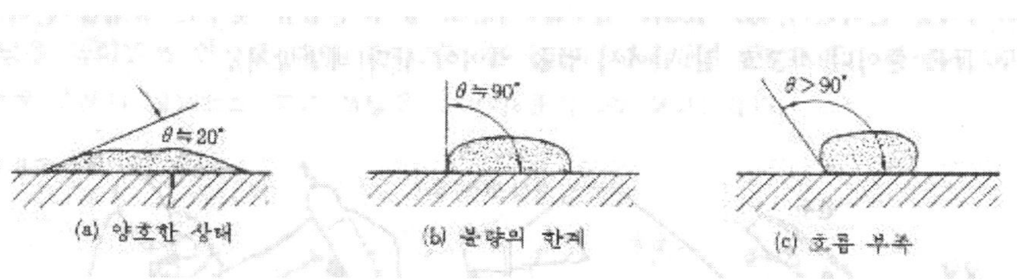


그림 1 경사각과 납땜 상태

**3) 납량**

그림 2는 납량의 기준을 표시한 것이며 판재 위에 리이드선을 납땜한 상태를 나타낸다. 납량은 그림 (b)와 같이 된 것을 적량으로 볼 수 있다. (a)와 같이 납량이 많은 경우 기계적인 강도를 기대하기보다 열애 위험이 있어 불량하다. (c)와 같이 극단으로 작은 납땜의 상태는 납땜 초기에는 그 결함이 나타나지 않으나 경시적으로 진동에 의해서 끊어지는 위험이 있어 불량하다.

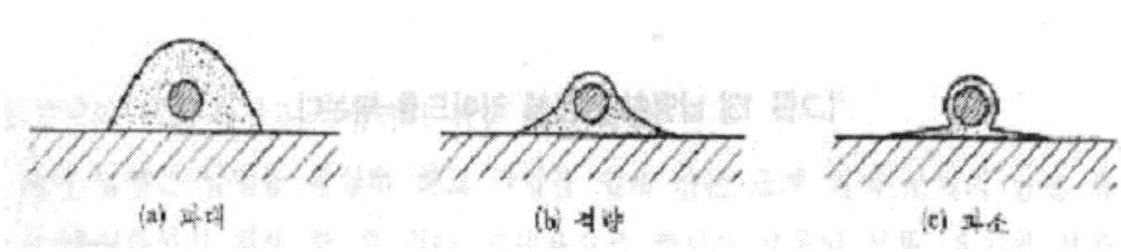

그림 2 납량의 기준

## 3.1.5 납땜 방법

### 1) 납땜용 인두

이것은 소비전력(W)과 인두 끝의 굵기로 구분하고 있으나, 트랜지스터 공작용은 30 W정도로 3~4 ㎜의 굵기가 좋고, 진공관식의 공작용은 80~100 W로 8~10 ㎜굵기의 것이 좋을 것이다. 1개 인두로 양용으로 사용하려면 60 W 정도로 직경 6 ㎝ 정도는 되어야 할 것이다.

### 2) 납땜 인두 사용법

납땜 인두는 오른 손에, 실납은 왼손에 쥐고 실납을 인두 끝에 대고 인두 끝에 납을 입힌다. 인두가 너무 과열되면 납이 붙지 않고 굴러 떨어진다. 과열 방지에는 슬라이댁을 쓴다든가, 60~100W 전구를 직렬로 넣어 전압을 낮추는 방법을 쓴다. 인두 끝은 줄이나 사포로 잘 닦아서 납을 먹여야 한다(과열방지).

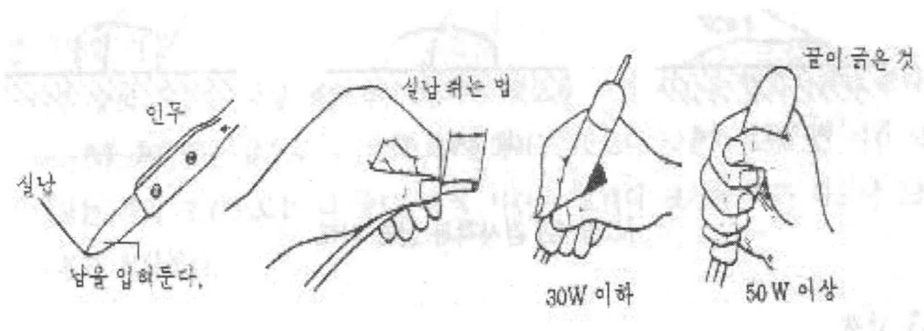


그림 3 납땜 인두의 사용법

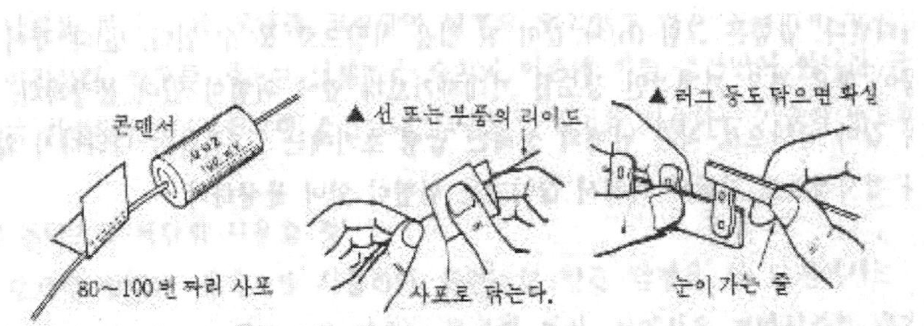


그림 4 납땜하기 전에 리이드를 닦는다.

### 3) 납땜의 순서

납을 녹여 붙이는 순서는 그림 16 과 같이, 우선 인두 끝을 접합할 곳에 대어 가열하면서 실납을 대어 실납이 알맞게 녹아 들어가면 실납을 떼고 곧 인두를 뗀다. 경우에 따라서는 순서를 달리 하는 수도 있다.

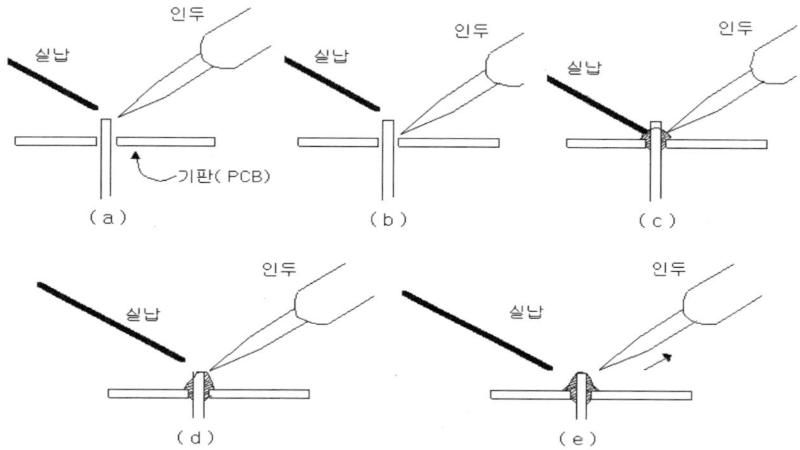


그림 5 납땜의 순서

1. (a) 인두 끝과 납을 가까이 하고 납땜 준비를 한다.
2. (b) 인두 끈으로 모재를 가볍게 누르고 모재를 가열한다.
3. (c) 납땜할 위치에 납을 대고 적량을 녹인다.(3mm정도) 이때 납이 바로 녹지 않으면 인두의 가열 부족이다.
4. (d) 적량의 납이 녹으면 납을 땐다. 납의 양은 약간 퍼졌을 때가 적량이다.
5. (e) 납이 빛나고 약간 퍼질 때까지 기다렸다가 1-2초 후에 인두를 땐다.
   (위 과정을 만능 기판에 여러 번 연습하여 숙달되도록 한다.)

납은 잘 퍼지고 윤이 나도록 납땜해야 하며 꺼칠꺼칠하든가 틈이 있는 납땜은 불합격이다.

### 4) 열에 약한 부품의 납땜

다이오드와 트랜지스터 등 열에 약한 것의 납땜은 열이 가지 않게 특히 조심해야 한다. 핀셋이나 롱로스로 리이드를 집고 열을 빨아들이도록 한다.

트랜지스터는 약 80 ℃에서 불량화되며 저항기도 80 ℃에서 저항값이 달라진다. 전해 콘덴서, 티타콘도 열에 약하다

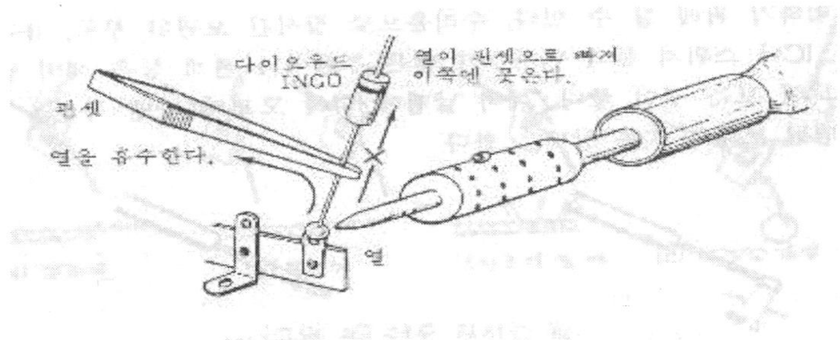


그림 6 다이오드의 납땜 요령

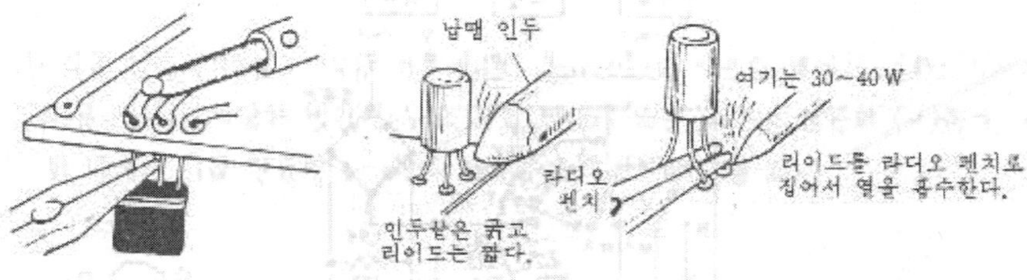


그림 7 트랜지스터의 납땜 요령

### 5) 페스트의 사용

실납 만으로 잘 붙지 않을 때는 약간의 페스트를 사용한다. 페스트를 칠하고 납을 인두에 먹인 다음, 납땜하고는 반드시 천으로 깨끗이 닦아낸다. 알코올로 닦는 것은 좋지 않다. 절연 피막이 되어 스위치 등이 접촉 불량이 된다.

### 6) 납땜을 잘못 하였다면

IC 등 다리의 간격이 너무나 좁게 되면 아무리 해도 다른 부분에 납이 묻게 된다. 특히 초심자인 경우는 악전 고투의 연속이라고 생각이 된다.

따라서 만일에 잘못하여 납이 다른 곳에 붙었을 때에는 다음의 설명대로 한다

① 브리지가(쇼트가 되어 두 부분이 납으로 연결되는 경우) 발생한 경우는?
그대로의 상태에서 납을 녹여도 잘 제거되지 않는다. 오히려 납이 더 많이 붙는다.
플럭스라는 산화방지제를 사용하면 좋은데(납의 표면장력을 만들어주기 때문에 납이 뭉지는 특성을 가진다) 그것이 없다면. 이러한 때에는 납을 아래로 향하게 하여(기판을 꺼꾸로) 인

두 끝으로 가열하면 자연히 납이 인두 끈에 붙어 나온다.(그래도 제거되지 않을 때에는 납을 가열한 후에 바로 기판을 작업책상에 거꾸로 두들여 털면 납이 떨어져 나간다; 단 부품이 망가지지 않게 조심한다. 좋은 방법은 아니나 요령이 생기면 매우 편리함)

② 불필요한 부분에 납이 묻었을 때는?
이와 같이 되지 않게 하기 위해서는 납의 양이 너무 많지 않도록 주의를 한다. 실납이 인두에 녹으면 바로 납을 멀리 떼어 이러한 일이 없도록 한다. (납땜에도 연습이 필요함을 기억하자; 처음부터 잘 할 수는 없다.)

부품이 잘못 납땜되어 부품을 분리하고 싶다면.

저항 등에서 특히 컬러코드 등에서 값을 표시하고 있을 때에 색을 잘못 읽어서 부착이 잘못되는 경우 또는 극성이 있는 소자를 거꾸로 꼽은 경우가 간혹 있게 된다. 이러한 때에는 당황치 말고 다음의 방법을 취한다.

① 즉시 분리한다.
납땜 부위를 인두로 가열하여 납이 굳어지기 전에 롱노우즈 등의 연장으로 소자를 잡고 바로 빼낸다. 이 경우는 소자의 핀수가 2개 이하의 경우는 가능하나 핀수가 많은 소자는 불가능 하다.

② 납 흡입기를 쓴다.
1차적인 납의 제거는 흡입기를 사요한다. IC등 핀의 수가 많은 것은 납 흡입기로 흡수 분리한다. 이것은 주사기 안의 피스톤이 스프링 힘으로 되돌아가서 밖의 공기를 흡수하게 되어 있다. 그리고 인두에 의해 녹아내린 납 부분에 흡입기의 앞끝을 닿게 하여 버튼을 누르면 "슛'이라는 소리와 함께 안의 납을 흡수하게 된다.

③ 솔드 위크(납 흡수기)
구리의 가는 선이 평탄하게 망으로 되어 그것에 수지와 같은 것이 주입이 되어 있다. 납을 흡수하려고 하는 그 부분에 닿게 하고 위에서 납땜 인두로써 가열을 하면 납이 이 선에 흡수되어 제거된다.

Part 4.

# 기본계측기 사용법 및 회로구성법

## 4.1 멀티테스터기

### 4.1.1 아날로그 멀티테스터기 사용법

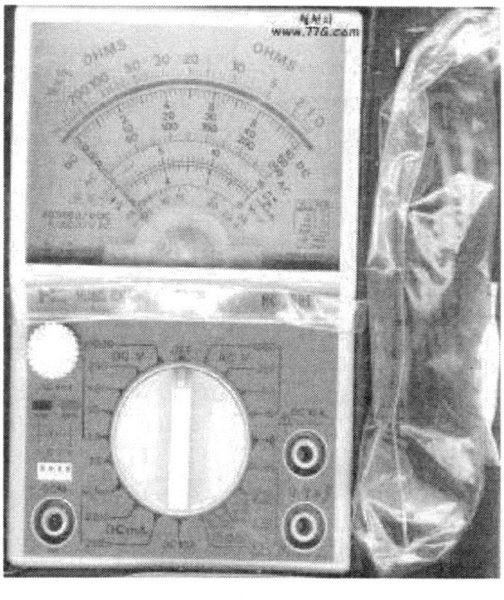

그림 1 멀티 테스터기

#### I) 테스터기의 기능

테스터기의 모든 기능을 활용하기 위해서는 각종 전자공학에 대한 지식이 필요하다.

테스터기는 그림1 과 같으며, 측정을 위해 적색과 흑색의 검침봉이 있으며, 윗 부분은 측정 레인지와 아래는 각종 기능을 선택할 수 있는 레버가 있다.

테스터기에는 "−" 는 검정색 "+"는 적색으로 사용하기로 약속이 되어있다. 그러므로 검정색 부분에 전압을 측정할 곳의 "−"극을 대고 적색에 "+"극을 대서 측정을 하여야 한다.

① 저항을 측정할 수 있다.
실험실에서는 회로의 단선 여부, 가정에서도 저항을 측정함으로써 단선이 되었는지 알 수가 있다. 단선 되었다는 것은 선이 끊어져 있다는 것을 의미한다. 테스터기를 사용하면 가정에서도 쉽게 전기선이 끊어졌는지 아닌지를 알수있다. 벽속에 매입된 오래된 전선이나, 인터폰 선에 전원을 차단하고 끝을 이은 후 반대편에서 저항을 재면 바늘이 움직인다. 이러한 방법으로 오래된 건물의 전선이나 인터폰선 등의 배선사용 가능여부 등을 판별할 수 있다.

② 교류 전압을 측정할 수 있다.
실험실이나 집에 사용하는 벽면의 콘센트 등에 몇 볼트의 전압이 오고 있는지를 확인하기 위해서 필요하다. 전압이 높을 경우는 백열등이나 형광등이 빨리 소모된다. 벽면의 콘센트에 탐침을 집어 넣어보면 전압을 알 수 있다. 또한 교류는 동력(460 V, 380 V 등)과 일반가정용(110 V, 220 V)를 구분할 때 많이 사용한다.

③ 직류 전압을 측정할 수 있다.
가정에서는 주로 220V의 교류를 사용하고, 직류를 사용하는 곳은 한정되어 있다. 주로 건전지나 차량의 배터리 전압을 측정할 때 또는 전자회로에 흐르는 직류를 측정하기 위해 사용한다.

④ 직류 전류를 측정할 수 있다.
직류를 사용하는 곳은 한정되어 있다. 주로 건전지나 차량의 배터리 전류를 측정할 때 사용한다.

### 2) 교류 전압 측정법

① 교류 전압은 일반적으로 측정 할 수 있는 전압은 대략 380 V 정도이다. 테스터기의 각 검침봉을 끼우고 레인지 선택 스위치를 사진과 같이 1000에 놓는다.

② 선택 스위치에 나와 있는 수치는 측정할 수 있는 최대값을 의미한다. 그러므로 1000으로 두면 1000 V 전압까지 측정할 수 있으므로 테스터기가 고장날일은 없다.

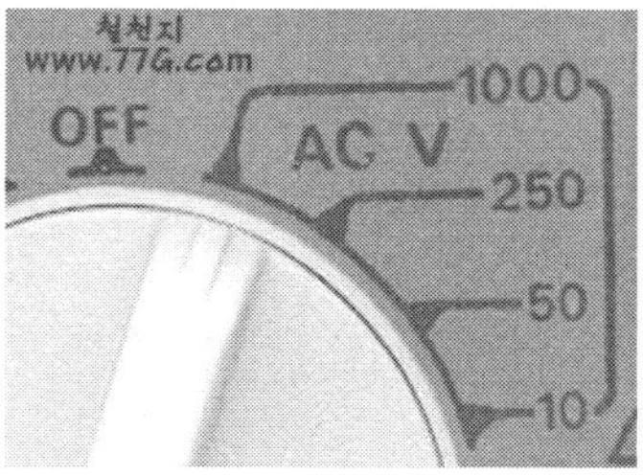


그림 3 측정 레인지

레인지 값이 1000인 상에 두고 테스터기 눈금 값이 220 V정도에서 섰다면 레인지를 250에 두고 정확한 전압을 측정할 수 있을 것이다. 레인지를 변경할 때는 검침봉을 선과 우선 뗀 상태에서 해야만 한다.

③ 눈금을 읽는 법은 기기마다 조금씩 다르지만, 최대 값에 따라서 계산을 하면 된다. 아래는 홍창 제품으로 10 V 와 1000 V 눈금을 동시에 사용하고 있다. 레인지 선택에 따라 그 비례값을 계산하면 된다.

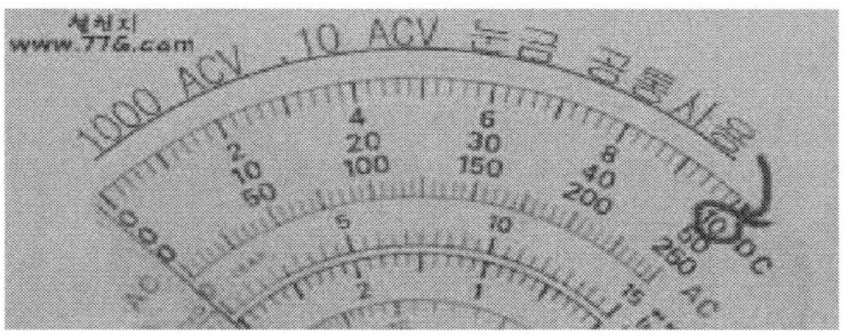


그림 4 측정 눈금

④ 멀티테스터기로 교류 전압을 측정할 때는 스파크가 튀지 않으므로 겁내지 말기 바란다. 테스터기는 부하가 미비하기 때문이다.

⑤ 측정 레인지를 변경 할 때는 가능한 한 검침봉을 떼고 변경해야만 기기를 보호 할수 있다.

⑥ 전압측정은 측정범위 내에서만 측정해야한다. 220V를 50V레인지를 이용하여 측정하면 테스터기가 고장이 난다.

### 3) 직류 전압 측정법

직류전압은 전술한 교류 전압을 측정하는 법과 매우 유사하다. 다만 주의 할 것은 교류전압에 비해 극성이 있다는 것에 주의하면 된다.

① 직류전압은 극성에 유의하여 측정하여야 한다.

② 선택스위치에 따라 측정 범위가 다르므로 예측 불가능한 전압을 측정할 때는 최고값에 놓고 측정하는 것이 좋다.

③ 선택스위치에 나와 있는 수치는 측정할 수 있는 최대 값을 의미한다. 그러므로 1000으로 두면 1000V 전압까지 측정할 수 있으므로 테스터기가 고장날일은 없다. 레인지 값을 1000 에 두고 테스터기 눈금 값이 220V정도에서 섰다면 레인지를 250에 두고 정확한 전압을 측정할 수 있을 것이다. 자동차의 경우 최대값을 50으로 두면 정상적인 경우 13V 정도의 눈금에서 지침이 멈출 것이다. 레인지를 10V 에 두고 13V를 재면 용량이 넘치므로 고장의 원인이 된다. 레인지를 변경할 때는 검침봉을 선과 분리된 상태에서 해야만 한다

④ 눈금을 읽는 법은 기기마다 조금씩 다르지만, 최대값에 따라서 계산을 하면 된다. 사진은 (주)흥창 제품으로 10V 와 1000V , 2.5V 와 25V 눈금을 동시에 사용하고 있다.

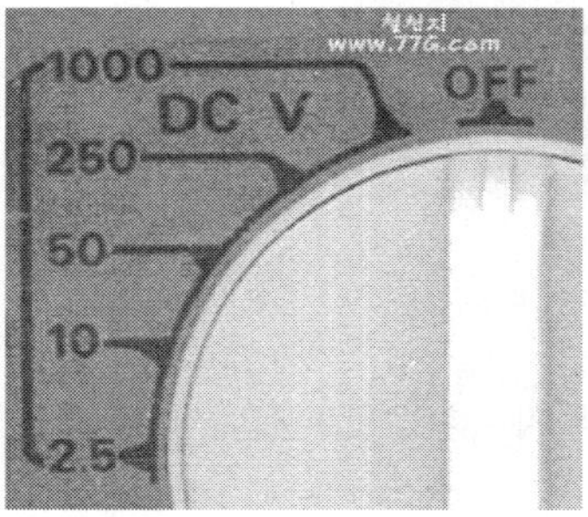


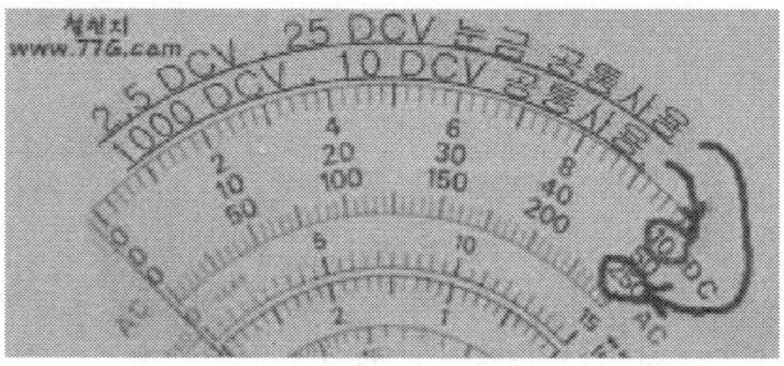


그림 5 DC 측정 레인지

## 4.1.2 디지털 멀티미터

### 1) A/D CONVERTER 의 종류

① 적분형 A/D CONVERTER 디지털 멀티 메타

저 가격으로 고정도의 측정이 가능하다 단점으로는 측정시간이 많이 걸리므로, 빠른 측정을 원하는 곳에서는 사용이 불가능하며, 일반적으로 DIGITER MULTIMETER에 많이 사용된다.

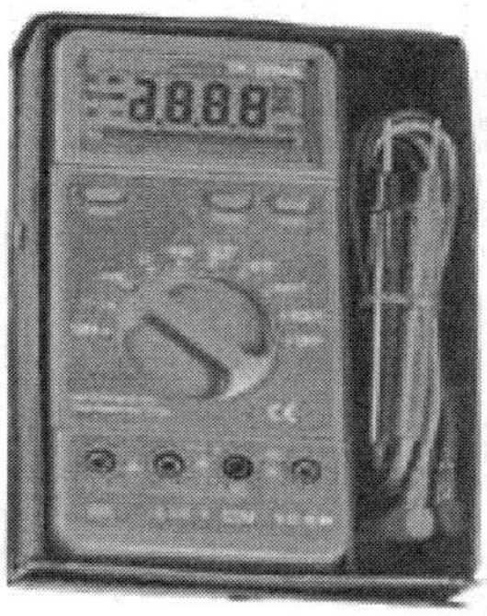

• AUTO ZERO (영전 위 형성기간)

S2가 ON되어 입력 전위를 "GND"(ZERO) 0으로 만들기 위해 Tz시간을 가진다. S2를 닫고 입력을 접지전압(GND)을 인가하여 ZERO 전위를 형성한 후 기억한다. 그 기간을 "Tz"라고 한다.

• INTEGRATE(입력전압 적분기간)

"Tz"기간이 끝나면 S2가 열리고 S1이 닫히고 입력전압이 인가된다. 인가된 전압은 정해진 일정시간동안 적분동작(콘덴서 충전)을 한다. 그 기간을"Ti"로한다.

• DEINTEGRATE (기준전압 방전기간)

"Ti"기간동안 적분이 끝나면 S1을 열고 입력신호전압의 반대 극성의 기준전압을 인가한다. 극성에 따라 S3 또는 S4의 스위치가 닫히고 충전된 값을 방전시킨다. 그동안의 시간을 "Tr"로 하며 "Tr"동안의 시간을 카운터하여 아날로그 신호를 디지털로 표시한다.

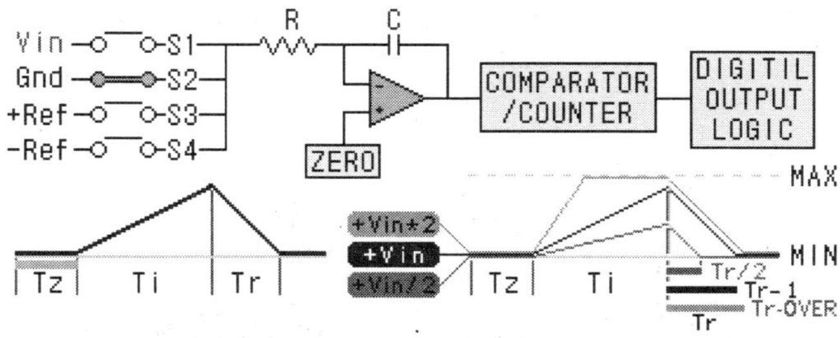


그림 6 적분형 A/D CONVERTER의 원리

Tz : AUTO ZERO 구간 (제로전위 형성시간)

Ti : INPUT VOLTAGE 구간 (입력전압 충전기간)

Tr : REF 구간 (입력전압의 반대극성으로 방전시키는 구간)

② 축차 비교형 A/D CONVERTER

COMPARATOR를 사용하여 기준전압과 입력을 비교하여 출력한다. 이 경우 속도를 빠르게 할 수 있으나, 분해능이 증가할수록 COMPARATOR가 많이 필요하게 되어 가격이 상승된다.

일반적으로 이진수 출력형으로 되어있으며, CPU와 조합하여 빠른 측정이 필요한 곳에서 사용된다.

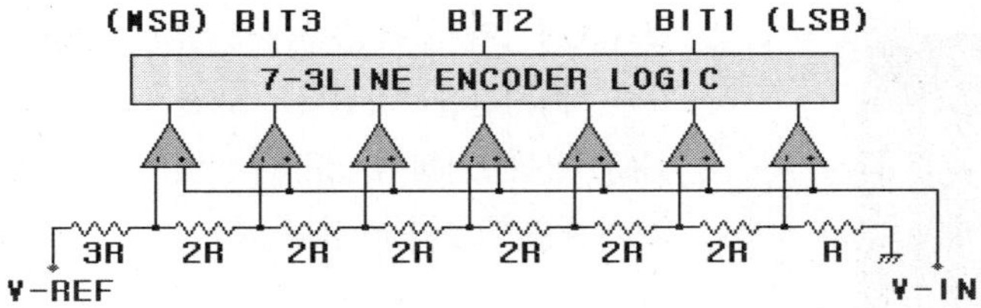


그림 7 축차 비교형 A/D CONVERTER의 원리

## 2) DIGITER MULTIMETER(DMM)의 원리

아날로그 TESTER에 비하여 입력 임피던스가 높아 측정점의 전압강하가 적다. 고정도와 고분해 등이 가능하고 출력DATA를 활용하여 SYSTEM 화가 가능하다. 또한 아날로그 METER에서 보는 방향에 따른 오차가 수반되지 않는 등 여러 가지 장점을 가진다. 단점으로는 가격이 다소 비싸고 변화값에 서는 숫자가 흔들리므로 판독이 힘들고 전원이 인가되어야 한다.

① 직류전압의 측정

입력전압에 맞는 저항 분압기의 레인지를 선택하여 전압을 측정한다.

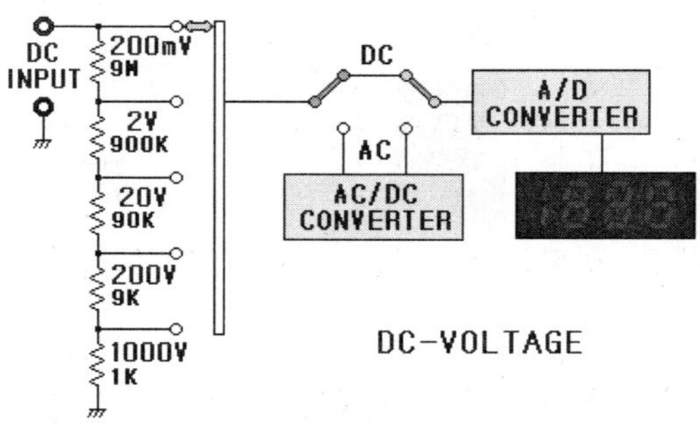


그림 8 직류 측정의 원리

② 교류 전압 측정

입력단의 전압 선택은 위의 그림과 같고 AC/DC CONVERTER를 사용하여 교류를 직류화 시킨 후, A/D CONVERTER로 입력된다. 일반적으로 다이오드를 사용하여 정류할 경우 0.3~0.6V의 전압강하를 하여 측정이 불가능 함으로 OP AMP와 다이오드를 사용하여 0.3~0.6V 의 전압 강하 값을 보상하여 이상적인 다이오드를 형성, 정류하여 측정한다. 고급기종에는 제곱회로, 평균치회로, 평판 근 회로가 내장된 TRUE RMS CONVERTER를 사용하는 경우도 있다.

③ 직류 전류 측정

A/D CONVERTER 의 입력은 전압입력만 가능함으로, 표준 저항에 측정전류를 흘려 전압을 읽어 들인다. 옴의 법칙인 "V=I*R"로 전류값이 저항에 의해 전압값으로 변환됨을 알 수 있다.

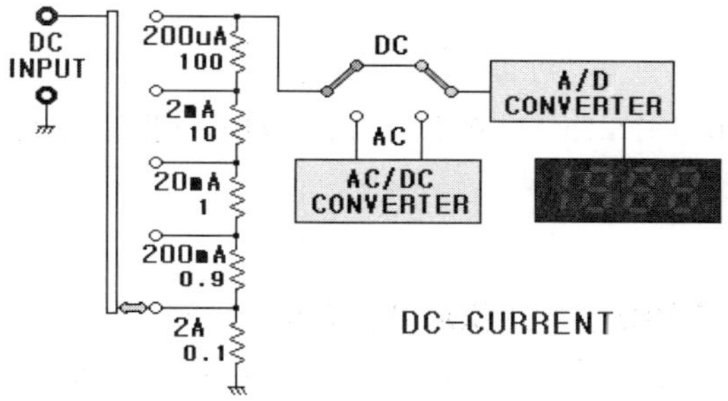


그림 9 직류 전류 측정 원리

④ 교류 전류 측정

위의 직류 전류와 같이 측정되며, V i의 값이 AC/DC CONVERTER를 통하여 직류화된 전류값이 A/D CONVERTER로 입력된다.

⑤ 저항의 측정

내부 표준 저항기와 측정하고 자하는 저항기와 직렬로 연결시켜 전압을 인가하여 측정저항의 전압 강하 값과 표준저항의 전압 강하치를 대비하여 측정한다.

Vin=Rxi , Vref=Rsi

Vin/Vref*1000=1000*Rx/Rs

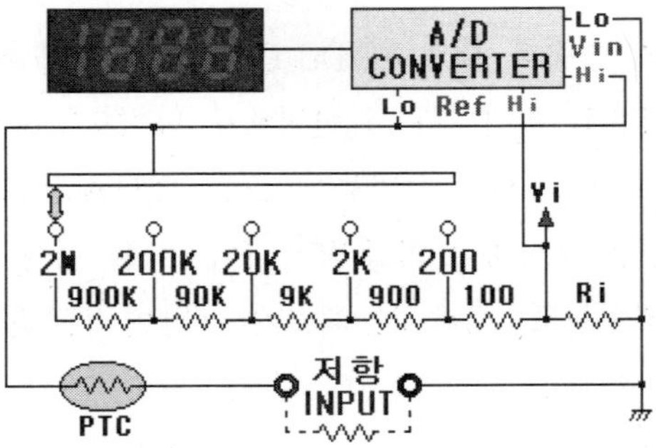


그림 10 저항 측정의 원리

고급기종에서는 측정저항에 표준 전류를 흘려 전압값으로 변환시켜 저항을 측정한다. 옴의 법칙인 "V=I*R" 이방법을 이용하여 측정하며, 4단자측정을 할 경우 리드 저항값을 무시할 수 있으므로 낮은 저항의 측정이 가능하다.

⑥ 기타 측정

위 측정 범위 및 TR의 증폭도(hfe), 온도 측정, 주파수측정, 콘덴서측정 등 다양한 측정 범위를 가지는 기종도 있다.

### 3) DIGITAL MULTIMETER (DMM)용 A/D CONVERTER

측정RANGE를 수동으로 전환하는 방식과 RANGE를 자동으로 선택하여 최적의 측정이 가능하도록 자동으로 맞추어지는 AUTO RANGE형이 있다.

수동으로 레인지를 전환하는 형태인 A/D CONVERTER를 일반적인 DIGITAL MULTIMETER 에서 사용할 경우 전압감쇄기 및 저항 측정 등을 위하여 외부의 RANGE S/W를 사용하여 측정범위에 맞추어 측정하여야 하지만, DMM전용으로 제작된 A/D CONVERTER인 경우는 내부의 아날로그 S/W를 사용하여 측정범위를 자동으로 설정하여 측정 시 최적의 위치에서 측정이 가능하고 주변회로를 최소화할 수 있고, 또한 다양한 기능을 내장하고 있다. 적분측정형 A/D CONVERTER 및 주변회로를 내장한 형태이다.

### 4) 디지털 멀티미터의 사용법

전기전자공학에서 가장 많이 사용되는 계측기기로는 멀티미터가 있는데 이는 저항, 전압, 전류 등의 전기적인 물리량을 측정하는 장치가 통합되어 있는 것이다. 멀티미터로 전기량을 측정하고자 할 때에는 관측하고자 하는 전기량의 종류를 먼저 선택하고 난후 측정하고자 하는 회로와 연결한다.

① 저항측정

멀티미터의 단자 연결은 검은 선을 common단자에, 붉은 선을 W·V·mA·Hz단자에 연결하고 범위선택 스위치를 W에 둔 뒤 저항을 연결한다. 범위선택은 먼저 큰 범위를 선택하고 차차 낮은 범위로 좁혀가야 한다

② 전압측정

회로의 어떤 두 지점간의 전압을 측정할 때에는 관측하고자 하는 지점에 멀티미터의 단자를 반드시 병렬로 연결하여야 한다. 즉, 측정하고자 하는 회로는 그대로 둔 상태에서 멀티미터의 두 단자를 측정하고자 하는 회로상의 두 점에 붙이기만 하면 된다. 이때 전압계의 내부 저항은 관측하고자 하는 두 지점사이의 저항에 비하여 매우 커야만 측정치가 실제값보다 작게 표시되는 오차가 발생하지 않는다. 멀티미터에 단자를 연결할 때 검은 선을 멀티미터의 common단자에, 붉은 선을 W·V·mA·Hz 단자에 연결하고 측정선택 스위치를 전압 측정 위치에 놓는다. 저항 측정시와 마찬가지로 측정범위는 높은 곳에서부터 낮은 곳으로 순차적으로 바꾸어 가면서 측정한다

그림 11 저항측정

그림 12 전압측정

그림 13 전류측정

③ 전류 측정

전류를 측정하기 위해서는 전류계와 부하가 항상 직렬 연결되어 있어야 한다. 즉, 회로에서 전류를 측정하기 위한 지점을 절단하고 한 쪽 끝은 전류계의 한 단자와 다른 한 쪽 끝은 전류계의 다른 한 단자와 연결하면 된다. 따라서 전류계는 등가 내부저항이 작을수록

관측오차가 줄어든다. 만약 전류 측정시 전류계가 부하와 병렬로 연결되면 계측기기에 치명적인 문제를 가져올 수 있다. 멀티미터에 단자를 연결함에 있어 검은 선을 멀티미터의 common단자에, 붉은 선을 W·V·mA·Hz 단자에 연결하고 측정선택 스위치를 측정할 전류의 형태에 따라 직류전류 또는 교류전류위치에 놓는다. 만약 측정할 전류의 크기가 어느 정도인지를 모르는 경우에는 검은 선은common 단자에, 붉은 선은 가장 왼쪽의10A단자와 같이 연결하여 계기의 최고범위인 400mA이내에 있으면 그 크기에 따라 범위 스위치를 조정한다. 계기의 측정범위와 오차, 정확도 등은 매뉴얼을 통해 확인하여야 한다.

# 4.2 전원 공급기(Power supply)

전원공급기(Power Supply)는 직류 또는 교류의 전원을 공급하는 장비로 일반적으로 그 공급 전원의 주파수는 가변될 수 없는 형태가 대부분이다. 본 실험실에서는 ED-330이라는 가변 2채널 고정 1채널의 직류 전원공급기를 주로 사용하며 ED-345BM 이라는 교류 전원공급기도 가변 진폭이면서 60Hz 주파수의 교류를 인가하는데 사용되어진다. 직류전원공급기의 활용도가 많고 사용법이 좀더 복잡한 관계로 소개는 직류 전원공급기만 한다.

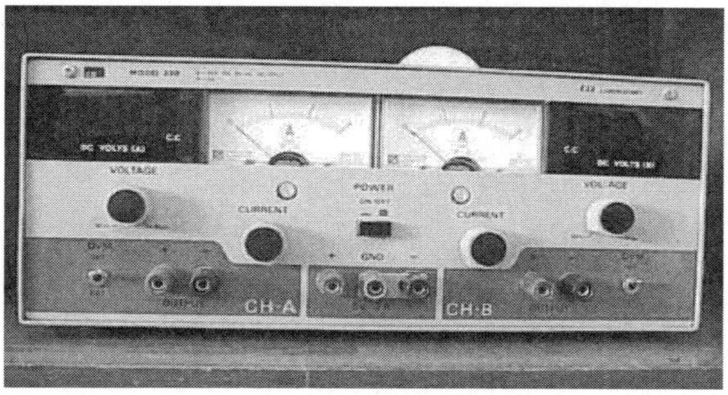


그림 1 전원 공급기

## 4.2.1 조작 Panel 설명

### 1) 전면판(FRONT PANEL)

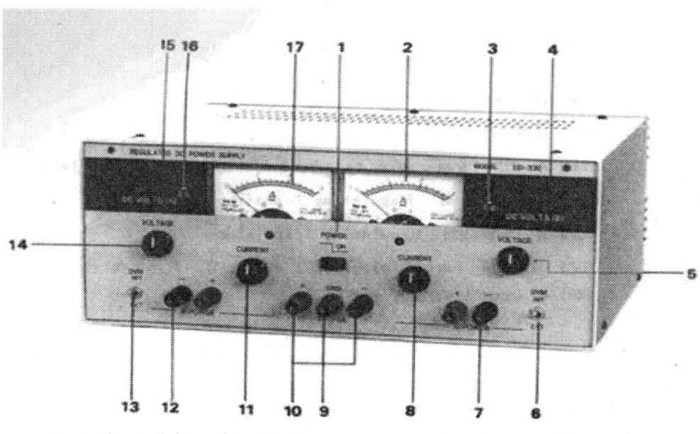


ED-330(ED-630) DC Power Supply Rear Panel View

그림 2 전원 공급기 전면판

1. 전원스위치(Push ON/OFF)
2. B-POWER(B-Ch)출력전류계
3. B-POWER Constant Current 동작표시 LED
4. B-POWER Digital Volt-Meter(3-digit)
5. B-POWER 전압가변 조절기
6. B-POWER DVM Internal External 선택스위치
7. B-POWER DC 출력 Terminals

8. B−POWER Current Limit ADJ.
9. 샤 − 시 Ground Terminals
10. Fixed Voltage(+5V, 2A) 출력 Terminal
11. A−POWER (A−Ch) Current Limit ADJ
12. A−POWER DC출력 Terminails
13. A−POWER DVM의 Internal/External 선택스위치
14. A−POWER 전압가변조절기
15. A−POWER Digital Volt−Meter(3−digit)
16. A−POWER Constant Current 동작표시 LED
17. A−POWER 출력전류계

**2) 후면판(REAR SIDE)**

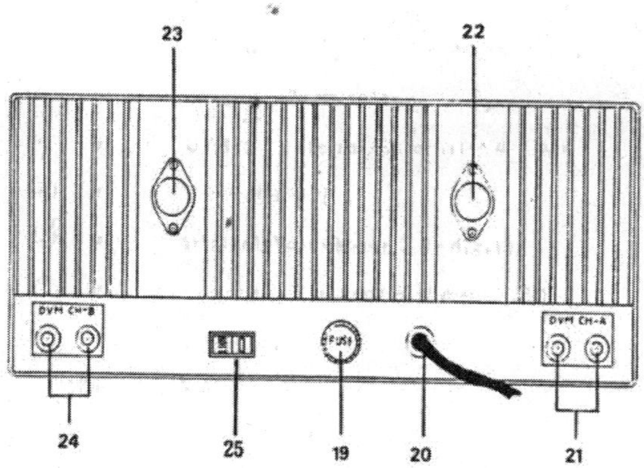


ED-330(ED-630) DC Power Supply Front Panel View

그림 3 전원 공급기 후면판

18. 입력전압선택 PLUG (110V/220V)
19. 입력전원 휴−즈 홀더
20. 입력전원 Cord
21. A−POWER의 Digital Volt−Meter의 외부입력 Jack
22. A−POWER의 Regulationg Transistor
23. B−POWER의 Regulationg Transistor
24. B−POWER의 Digital Volt−Meter의 외부입력 Jack

## 4.2.2 동작 절차

① 전원 스위치를 OFF 하라

② Power Input Voltage Selector가 입력전압과 같게 선택되었는가 확인하라.(장비뒷면에 있음)

③ AC Power Input Plug를 AC Line Power에 연결하라.

④ Voltage조절기(A−Ch 및 B−Ch)를 반시계방향 최소로 돌려 놓아라.

⑤ DVM스위치를 모두 "INT"로 하라.

⑥ 전원 스위치를 ON하라.
⑦ Digital Volt-Meter를 보면서 필요한 전압을 지시하도록 VCLTAGE를 조정하라.
⑧ 출력코-드를 필요한 DC 출력 Terminal에 연결하라.
⑨ 만약 출력전류를 제한하고 싶을 때는 DC출력 Cord를 잠시 Short시키고, Current-Meter를 보면서 CURENT를 Set하라.

▶ Note : 가변출력의 A, B Channel은 전압과 전류제한조정을 각각 임의로 조정하여 사용할 수 있으며, 이들 출력은 완전히 절연되어 출력되고 있다.

### 4.2.3 출력 전압의 직렬 연결 사용(단, MODEL ED-330 경우)

MODEL ED-330의 A-Ch 및 B-Ch 가변출력은 서로 직렬 연결하여 사용할 수 있으며, 이와 같이 사용할 경우 출력전압은 최대60V까지 증가시킬 수 있게 된다. 즉 A출력(30V) + B출력(30V) = 직렬출력(60V)를 얻게 된다.

① 전원스위치를 OFF시켜 놓아라.
② A-Ch출력단자의 (-)를 B-Ch출력단자의 (+)에 연결하라. 그러면 A채널의 (+)단은 직렬전압의 플러스단이 되고 B채널의 (-)단은 직렬전압의 마이너스단이 된다.
③ 출력전압조정 Knob를 모두 반시계방향으로 돌려놓고 전원 스위치를 ON하라.
④ 먼저 A-Ch출력과 B-Ch출력이 각각 필요한 전압의 반이 되도록 출력전압을 조정하라. 그러면 두 채널 출력의 합이 필요한 전압으로 출력될 것이다.
▶ Note : 두 채널의 출력전압이 필요한 전압의 반씩 꼭 되어야 할 필요는 없다. 약간 다르더라도 두채널 출력의 합이 필요한 전압이 될 수 있으면 된다. 그러나 각 채널의 출력 효율이 같은 것이 좋으므로 가능한 비슷하게 한다면 좋을 것이다.
⑤ Current Limiting을 시켜놓고 사용하고자 할 때에는 A-Ch 및 B-Ch출력단자를 잠시 각각 Short시켜놓고 Current조정 Knob를 돌려 원하는 제한 값으로 하라. 그리고 조정된 후에는 Short시켜 놓은 것을 모두 다시 Open시켜라.

### 4.2.4 +, - 전압의 사용

OP_AMP등과 같은 회로에서는 (+)전압과 (-)전압이 필요하게 된다. 이는 다음과 같이 연결하여 사용할 수 있다.

① A-Ch를 (+)전압출력으로 B-Ch는 (-)전압출력으로 정하여 놓고 A-Ch의 (-)출력단자와 연결 Common시켜라.
② 각 채널의 전압조정 Knob를 반시계방향으로 돌려놓아라.
③ 가운데 Common 단자에 A 채널의 (-)단과 B 채널의 (+)단을 연결한다. 그러면 A채널의 (+)단자는 플러스 15V 의 전압제공단이 될 수 있고 B채널의 (-)단은 마이너스 15V 의 전압제공단이 될 수 있다.

▶ Note : Common단자는 필요에 따라 그림3-4와 같이 GND와 연결하여 샤시 Ground를 시킬 수 있다.

④ 전원스위치를 ON시키고 각 채널의 Knob를 돌려 전압을 필요한전압(15V)이 되도록 조정한다.

### 4.2.5 DVM(Digital Volt-Meter) 사용법

ED-330/ED-630의 Panel DVM으로 외부의 직류전압을 측정할 때에는 다음과 같이하여 사용한다.

① 전면 Panel에 있는 DVM스위치(INT/EXT)를 EXT로 하라(2개의 DVM스위치가 있으므로 마음대로 1개 또는 2개 모두 사용할 수 있다.)
② 장비의 뒷면 하부에 있는 DVM외부 입력단자 DVM(A) 또는 DVM(B)단자에 Teste Leader 를 연결하라.
③ 전원스위치를 ON하라. Tester Leader를 사용하여 전압을 측정할 수 있을 것이다.

☀ 주 의 :

- Digital Volt-Meter는 외부전압을 측정할 수 있다. 이때 주의할 것은 Volt-Meter가 외부전압을 측정하고 있는 동안은 ED-330/ED-630의 자체전압은 지시할 수 없게 된다. 그러므로, VOLTAGE조절기는 절대로 움직여서는 않된다. 이는 출력전압이 변동되었어도 그 전압을 지시하지 않기 때문이다.
- Digital Volt-Meter의 최대 입력전압은 DC 100V이다.

# 4.3 신호 발생기

## 4.3.1 FM/AM 신호 발생기(FM/AM SIGNAL GENERATOR)

Model SG-1240 RF Signal Generator는 AM, FM 및 Phase Modulation이 되는 10kHz~1040MHz의 PLL Synthesize 방식의 Standard Signal Generator (SSG) 이며 Display Resolution은 500MHz까지는 10Hz, 그 이상에서는 20Hz 이다.

이 Signal Generator에는 100 Point의 Memory 기능이 있으므로 (00~99번지) 임의의 Preset시킨 Data를 Store시켜 놓았다가 필요시 Store번지만 지정하여 주면 간단히 원하는 주파수, 변조, 출력 Level 등을 출력시킬 수 있다. 또한 필요에 따라서는 Store된 Data의 Protection을 시킬 수 있도록 되어있다.

SG-1240은 GPIB Interface (Option)와 Remote Control이 가능하며 또한 Key를 잘못 조작 시에는 그 잘못된 내용의 Error Message의 Error Number가 Display 되도록 하고 있다.

RF 출력 Level은 -127dBm~6dBm (0.2μV~892mV EMF)로써 0.1dBm (또는 μV)의 Resolution으로 Display 된다. 이 SG-1240에는 Reverse Power Protection회로가 내장되어 있으므로 만약 RF 출력단자에 외부로부터 RF Power가 역입력될 경우 최대 25W 입력까지 Signal Generator를 보호될 수 있도록 하였다.

이 RF SSG의 특징은 대단히 높은 주파수 안정도를 갖고 있으므로 산업용 무선통신 장비의 생산과 품질관리 시설 그리고 주파수의 정밀을 요구하는 모든 RF회로의 연구 실험 등에 적합하도록 설계되어 있다. 또한 사용방법이 간단하고 조작상의 기동성을 갖게 하였으므로 양산 Line에서 편리하게 사용할 수 있다.

그림 1 FM/AM 신호 발생기(FM/AM SIGNAL GENERATOR)

< 사양 >

10kHz ~ 1040MHz PLL SYNTHESIZE
MODEL SG-1240
Highly Stable Frequency Outputs
GPIB Interface (Option)
Reverse Power Protection
Memory : 100 Addresses

① Data Entry Key, Cursor Key, Rotary Knob 등에 의하여 원하는 주파수, 변조도, 출력 Level 등을 편리하고 신속하게 설정하거나 변경할 수 있다.

② Panel Key에 의하여 (Second Function) 자체의 동작기능 진단 및 Calibration이 가능하다.

③ RF 출력 Connector에 역 입력으로 인한 출력회로의 보호를 위하여 Reverse Power Protection 회로를 내장하고 있다.

③ GPIB Interface (Option)의 기능을 갖고 있으므로 계측제어 자동화 System으로의 사용이 가능하다.

### 1) 신호발생기의 특징

① FREQUENCY (CARRIER)

- Range : 10 kHz ~ 1,040 MHz
- Display Resolution : 10 Hz in, 10 kHz ~ 520 MHz, 20 Hz in 520 MHz~1,040 MHz
- Display : 9 digits (Green LED)
- Accuracy : Better than ±1.5 x 10−6 (at 0~40 ℃) (After 20 minutes warm up)

② MODULATION (FM)

- Deviation : 0 ~ 100 kHz (1MHz~1,040 MHz), Carrier Freqx10 % (Below 1 MHz)
- Resolution : 10 Hz (0~10 kHz Deviation), 100 Hz (10 kHz ~ 100 Hz Deviation)
- Accuracy : ±5 % at 1 kHz/400 Hz Mod.
- Frequency Response : ±0.5 dB (50 Hz~50 Hz)
- Distortion : <2 % Total Harmonic Distortion (at 1 kHz Mod., Max.−Deviation and Carrier Freq.>250 kHz)<0.5 % (at Carrier Freq.> 250 kHz Deviation<25 kHz)

③ MODULATION (PHASE MOD)

- Range : 0~10 Radians, Resolution : 0.01 Radians
- Frequency Response : ±1 dB (10 Hz~10 kHz), Distortion Accuracy : ±5 % at 1 kHz

④ MODULATION (AM)

- Range : 0~99.5 %, Resolution : 0.5 %
- Accuracy : Better than ±4 % Depth−setting+1 % at 1 kHz Mod.
- Frequency Response : ±0.5 dB (50 Hz~15 kHz)

⑤ MOD.OSCILLATOR (FOR INTERNAL MOD)

- Frequency : 1 kHz, 400 Hz, Distortion : Less than 1 %

⑥ EXTERNAL MOD INPUT

- Range : 10 Hz~50 kHz, Input Level : 0.9 ~1.1 Vrms (with Modulation ALC)
- Input Impedance : 100 kΩ Approx.

⑦ RF OUTPUT

- Range : −127 dBm~+6 dBμ (0.2 μV ~ 892 mV), Displayed Resolution : 0.1 dB
- Accuracy : ±1 dB (10 kHz ~ 1,040 MHz, and above −10 dBm)
  ±2 dB (10 kHz ~ 1,040MHz, and Below −10 dBm)
- Flatness : Better than: ±0.5 dB (10 kHz ~ 1,040 MHz and −10 dBm~+6 dBm)
- VSWR : <1.5:1 (Below −10 dBm), Output Impedance : 50 Ω
- Protection : Reverse Power 25W Max.

⑧ SPURIOUS

- Better than −35 dB (at carrier Freq.<62.5 MHz, and 0 dBm)
- Better than −25 dB (at carrier Freq.<62.5 MHz, and 0 dBm)

⑨ RESIDUAL MOD

- FM Component: 7 Hz or Less, AM Component: 0.05 % or Less

⑩ MEMORY & SETTING FUNCTIONS

- Address 0 ~ 19 : Complete Store (Freq., Mod, Output Level)
- Address 20 ~ 99 : Carrier Frequency Store
- RF Out: 3 Independent Memory,
- Preset : FM 3.5/22.5/75 kHz . AM 30 %
- STD : Freq.
- Input : 10 MHz, 1 Vrms
- Input Power : AC 110/220 V, 50/60 Hz
- Dimensions : 430(W) x 100(H) x 420(D) mm

### 4.3.2 함수발생기(Function generator)

주파수발생기로도 불리워지는 함수발생기는 실험에 필요한 적절한 주파수를 발생시키기 위한 것으로 각각의 정현파, 삼각파 및 사각파 등을 만들어 준다.

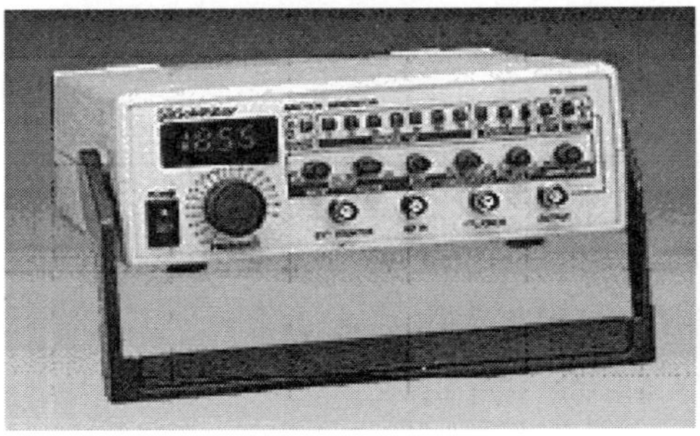

그림 2 함수발생기(Function generator)

1. 디스플레이 패널 : 내부 외부의 주파수 값의 디지털 표시
2. IN/EXT 스위치 : 내부 외부 주파수 선택
3. RANGE스위치 : 주파수의 범위 선택
4. FUNCTION스위치 : 정현파, 삼각파, 사각파의 선택
8. FREQ DIAL : 사용할 주파수 값의 선택 미세 다이얼
14. SWEEP RATE CONT : SWEEP RATE의 조절 콘트롤
15. SWEEP WIDTH CONT : SWEEP 크기의 조절 콘트롤
18. TTL/CMOS CONT : TTL이나 CMOS 모드의 선택 조정
20. DC OFFSET CONT : 출력 신호의 +,- DC의 조절 콘트롤
21. OUTPUT : 출력단자
22. AMPLITUDE : 신호의 전압값 조절
24. POWER 스위치 : ON/OFF

* 파형 : 정현파, 삼각파, 사각파, TTL파형 및 DC
* 작동 모드 : continious : 어느 파형이든 연속적으로 출력
  triggered : 수동 또는 외부 동기 입력에 의한 단일 파형 출력
* 함수 출력 : 정현파, 삼각파, 사각파를 선택할 수 있으며 출력은 고전위에서 20V P-P 또는 저전위에서 2V P-P로 출력 가변됨.

* DC오프셋과 DC출력 : 파형의 오프셋과 DC출력은 출력 파형의 선택과 관계없이 임의로 설정할 수 있다. ±10V에서부터 ±1V까지의 오프셋 전압을 가변 시킬 수 있다.
* TTL동조출력 : 함수발생기의 주파수와 같이 동기 된 TTL파형은 20개의 TTL 부하로 이끌어 낼 수 있다.
* VCG(voltage controlled generator) : 주파수를 1000:1까지 넓은 범위의 주파수 변화를 가능하게 한다.

# 4.4 오실로스코프

## 4.4.1 오실로스코프의 개요

독일의 K.F.브라운이 1897년 학교 교재로서 개발한 것이었으나, 전자기술의 발전과 더불어 없어서는 안 되는 측정장치가 되었다. 펄스기술의 발전과 함께 펄스, 그 밖의 과도 현상파형의 관측이 용이한 싱크로스코프가 개발되어 비약적으로 이용도가 높아졌다.

오실로스코프로는 관측하는 신호가 시간에 대하여 어떻게 변화하는가를 조사하는 것이 주목적인데, 보통 브라운관의 수직축(Y)에 신호의 크기를, 수평축(X)에 시간을 나타내게 되어 있다. 따라서 이것을 실현하기 위해 오실로스코프는 6개의 기본회로에 의해 조립되어 있다.

수직감쇠회로와 증폭회로는 관측파형 신호를 브라운관의 수직편향전압에 조정하기 위한 회로이고, 스위프회로는 수평축이 시간축이 되도록 동작시키는 회로이다. 동기회로(트리거 회로) 방식은 싱크로스코프로서 설치된 부분인데, 입력과 동기를 맞추기 쉽게 되어 있다. 즉, 스위프파형의 주기를 조절하여 관측파형의 주기에 맞추어져 있으므로 스위프 시간은 파형 주기의 정수배이어야 한다는 제한이 있지만, 싱크로스코프에서는 관측파형에 의해 펄스를 만들고 이것으로 스위프하는 트리거방식이므로 어떤 모양의 파형일지라도 쉽게 동기가 되어 관측하기가 용이하다. 이 밖에 파형의 정량측정을 할 수 있도록 각종의 교정장치가 달려 있다.

오실로스코프는 쉽게 말해 전기적인 신호를 화면에 그려주는 장치로서 시간의 변화에 따라 신호들의 크기가 어떻게 변화하고 있는지를 나타낸다 . 수직축(Y축)은 전압의 변화, 수평축(X축)은 시간 변화를 나타내며 화면의 명암이나 밝기는 종종 Z축이라고 부르고 있다.

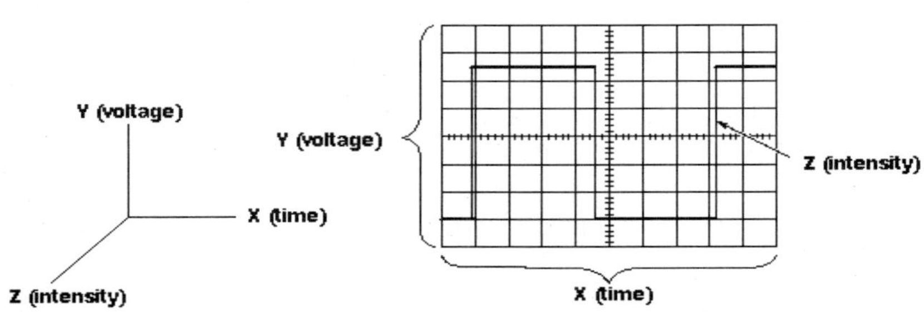


그림 1 파형의 X, Y, Z 성분

이러한 간단한 그래프로도 신호에 대한 많은 정보를 알 수 있다. 이 그래프에서 알 수 있는 몇 가지 것들은 :

① 입력신호의 시간과 전압의 크기
② 발진 신호의 주파수
③ 입력신호에 대한 회로상의 응답변화
④ 기능이 저하된 요소가 신호를 왜곡시키는 것
⑤ 직류신호와 교류신호의 양
⑥ 신호중의 잡음과 그 신호상에서 시간에 따른 잡음의 변화

오실로스코프는 화면상에 눈금이 그려져 있는 것과 제어기능들이 많다는 것을 제외하고는 작은 TV와 비슷하다. 오실로스코프의 전면에는 일반적으로 수직부, 수평부, 동기부등의 조작부가 있으며 또 화면 표시부, 입력 연결단 등도 있다.

## 4.4.2 오실로스코프의 용도

오실로스코프는 TV 정비사로부터 물리학자에 이르기까지 다양하게 사용되는 장비로서 전자장비를 설계, 보수하는 이들에게는 필수적이다.

오실로스코프의 용도는 전자분야에만 국한되지 않으며 적당한 변환기를 사용하면 모든 종류의 현상들을 측정할 수 있다. 변환기는 소리, 기계적 마찰, 압력, 빛 온도등의 물리적 자극을 전기적 신호로 변환시키는 것이다. 마이크로폰이 변환기의 좋은 예입니다. 자동차 엔지니어는 자동차 엔진의 진동을 관측하고 의학 연구가는 뇌파를 관측하는 등 오실로스코프의 이용가능성은 무한하다.

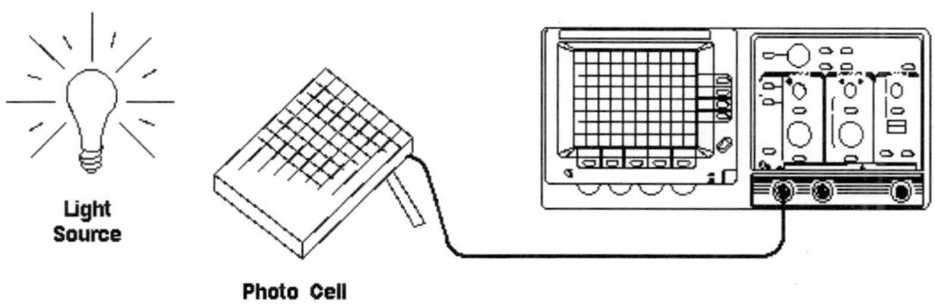


그림 2 오실로스코프로 측정한 데이터

### 1) 아날로그와 디지털

전자기기는 아날로그와 디지털 방식으로 나눌 수 있다. 아날로그 기기는 연속하여 변하는 전압으로 나타나는 반면, 디지털 기기는 전압을 샘플링한 이산 2진수로 나타낸다. 예를 들어 턴테

이블은 아날로그 장비이고 CD플레이어는 디지털장비이다.

오실로스코프에도 아날로그와 디지털 방식이 있다. 아날로그 오실로스코프는 인가된 전압이 화면상의 전자빔을 움직여서 파형을 바로 나타낼 수 있다. 전압에 비례하여 빔을 위아래로 편향시켜 화면에 파형을 주사하기 때문에 곧바로 파형을 그리게 되는 것이다. 그 반면에 디지털 오실로스코프는 파형을 샘플링한 후 아날로그-디지털 컨버터를 써서 측정한 전압을 디지털로 변환시킨다. 이 변환시킨 디지털 정보를 파형으로 재구성해서 화면에 나타내는 것이다.

아날로그나 디지털 오실로스코프가 많은 응용분야에 쓰이지만 각각은 일부 독특한 특성을 가지고 있어서 작업의 특성에 따라 좀 더 적합하거나 부적합할 수도 있다.

사람들은 종종 실시간에서 빠른 변화가 있는 신호를 보고자 할 때는 아날로그 오실로스코프를 선호한다. 디지털 오실로스코프는 한번만 발생하는 단발 현상도 포착하여 보여줄 수 있으며 디지털화된 파형의 데이터값을 처리하거나 그 데이터 값을 컴퓨터로 보내서 처리할 수도 있다. 또한 디지털화된 파형의 데이터 값을 저장해서 프린트하거나 나중에 볼 수도 있다.

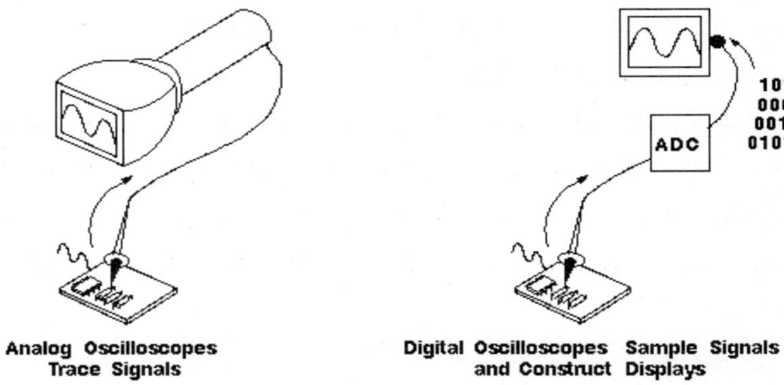


그림 3 디지털, 아날로그 오실로스코프가 그리는 파형

오실로스코프(oscilloscope)는 매우 유용한 전자 측정장치로서 미지 입력신호의 세기 시간의 정확한 측정 및 파형간의 시간 관계를 스크린상에 나타내며 전원부, 수직축 증폭부, 수평축 증폭부, 시간축 발진부, CRT 등으로 구성되어 있다.

## 4.4.3 Oscilloscope의 내부 구조

Oscilloscope의 내부 구조는 그림 4에서 보는 바와 같이 음극선관(CRT: cathode ray tube), 수직증폭기(vertical amplifier), 수평증폭기(horizontal amplifier), 시간축 톱니파 발진기(Sweep generator)로 크게 분리할 수 있다.

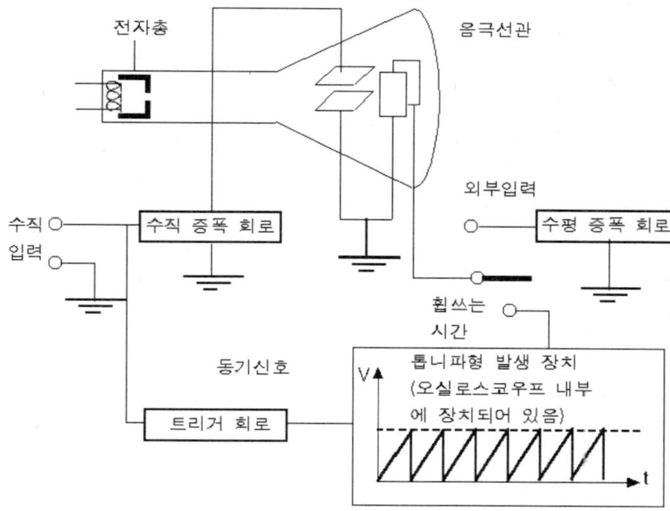


그림 4 오실로스코프의 구조

이중 가장 중요한 음극선관의 내부는 그림 5와 같이 전자총(electron gun), 수평수직 편광판(horizontal−vertical deflection system) 및 형광막(fluorescent screen)으로 나누어지며 전자총에서 방출된 전자빔은 형광판 쪽으로 사출되면서 그 도중에 한 쌍의 수평 편향판과 또 한 쌍의 수직 편광판 사이를 통과하도록 되어 있다. 전자빔은 편광판에 걸리는 전압이 0일 때 형광 스크린의 중심에 광점을 나타낸다.

스크린 상에서의 광점의 위치는 두쌍으로된 편향판에 전압이 걸릴 때 전자빔이 편향되면서 쉽게 바뀐다. 이것은 편향판 사이에 형성된 전기장으로 전자가 힘을 받기 때문이다.

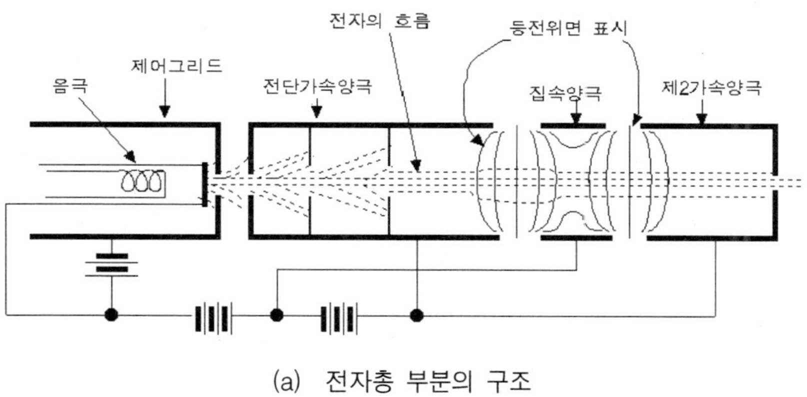


(a) 전자총 부분의 구조

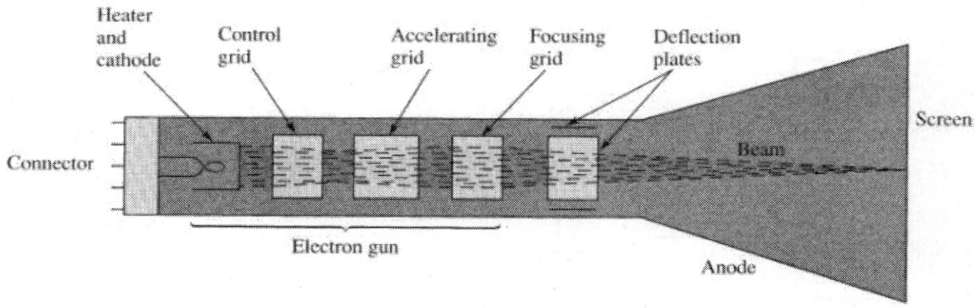


(b) 전자총 부분의 원리도

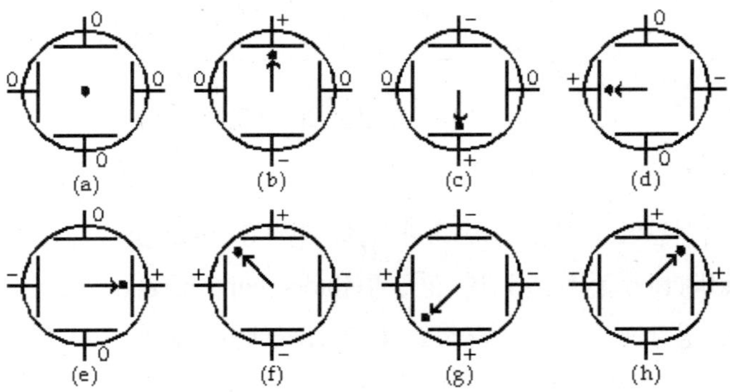


(c) 편향판의 전위에 따른 전자빔의 이동

그림 5 음극선관

## 4.4.4 동기(Synchronization)

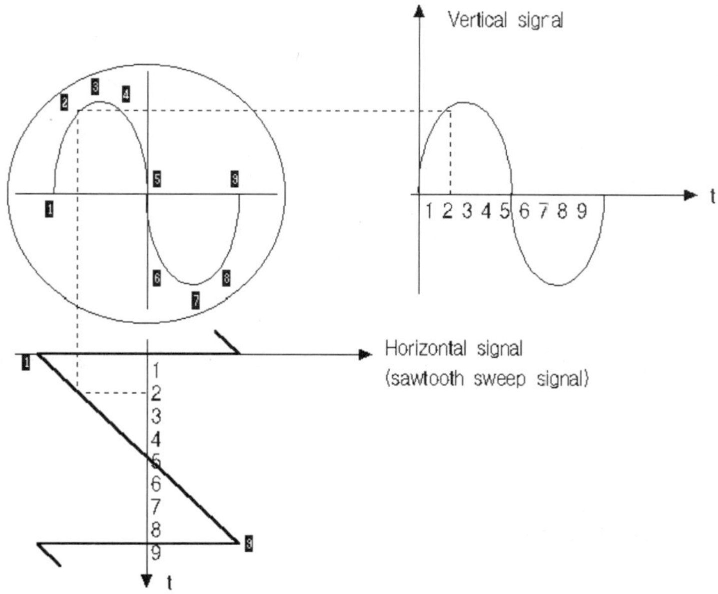


(a) 수평 동기신호

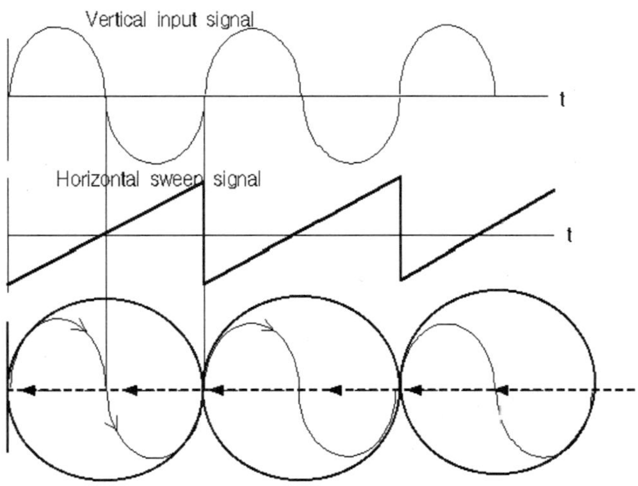


(b) 수직 동기신호

그림 6 동기신호

그림 6의 (a)는 수평편향판에 톱니파 전압을 걸고 수직편향판에는 사인파(Sine Wave)전압을 걸어 줄 때 형광 스크린에 나타나는 광점의 운동을 그린 것이다. 즉, 수평편향판에 걸리는 톱니파(Sawtooth Wave) 전압은 광점을 일정한 속도로 오른쪽으로 이동시키는 역할을 하고 수직편향판에 걸리는 전압은 사인파 전압으로 전자의 수직 운동에 기여한다.

그것을 점-대-점으로 대응시키면 스크린 상에는 사인파의 파형 모습이 그려진다. 수평편향판에 걸리는 톱니파 전압이 한 사이클의 끝에서 0으로 떨어질 때 광점은 급격히 출발점으로 되돌아가면서 다시 다음 사이클에서 동일한 모양을 그리게 된다.(그림 6의(b))

톱니파 전압과 사인파 전압은 각 사이클마다 언제나 정확히 같은 시각에 파형의 최초점에서 시작해야 한다. 그렇지 않으면 매회 동일한 모양을 그려내지 않기 때문이다.

톱니파인 스위프(Sweep)전압은 오실로스코프에 딸린 보조 회로에서 만들어지며 수직편향판에 걸리는 신호와 항상 동기(synchronization)되도록 되어 있다. 그림 6의 동기신호가 바로 그것이다.

## 4.4.5 오실로 스코프의 종류

오실로스코프를 잘 조작하기 위해서는 오실로스코프가 동작되는 원리에 대해서 조금 이해할 필요가 있다. 아날로그 오실로스코프와 디지털 오실로스코프는 내부 시스템은 유사하지만 동작원리면에서 약간 다르다.

아날로그 오실로스코프가 개념면에서 간단하므로 우선 설명하고 디지털 오실로스코프는 뒤이어 설명하겠다.

### 1) 아날로그 오실로스코프

오실로스코프의 프로브를 회로에 접속하면 전압신호는 프로브를 통해 오실로스코프의 수직부로 전달된다. (그림 7)은 아날로그 오실로스코프가 신호를 나타내주는 과정을 그린 간단한 블록 다이어그램이다.

입력된 신호는 정해놓은 수직축 크기(Volts/Division)에 따라서 감쇠기로 줄어지거나 증폭기로 증폭된다. 그런 다음 신호는 CRT의 수직 편향판에 전달된다. 이 편향판에 가해진 전압에 따라 화면의 밝은 점이 움직이게 되는데 (CRT내부의 형광물질을 때리는 전자빔이 밝은 점을 만든다.) 양전압은 점들을 윗쪽으로, 음전압은 아래쪽으로 이동시킨다. 그리고 신호는 동기부로 들어가 수평축 스위프를 시키거나 동기를 시작한다. 여기서 수평 스위프란 수평부의 동작으로 화면상의 밝은 점이 수평축 방향으로 이동하는 것을 말한다. 수평축을 트리거링하는 것은 일정 시간 간격으로 화면의 좌에서 우로 밝은 점이 움직이도록 수평축 타임베이스를 조정하는 시스템이다. 스위프가 빠르게 연속적으로 많이 발생하면 밝은 점들은 직선을 만들며, 고속에서는 매초 500,000번 이상 화면에 스위프되기도 한다.

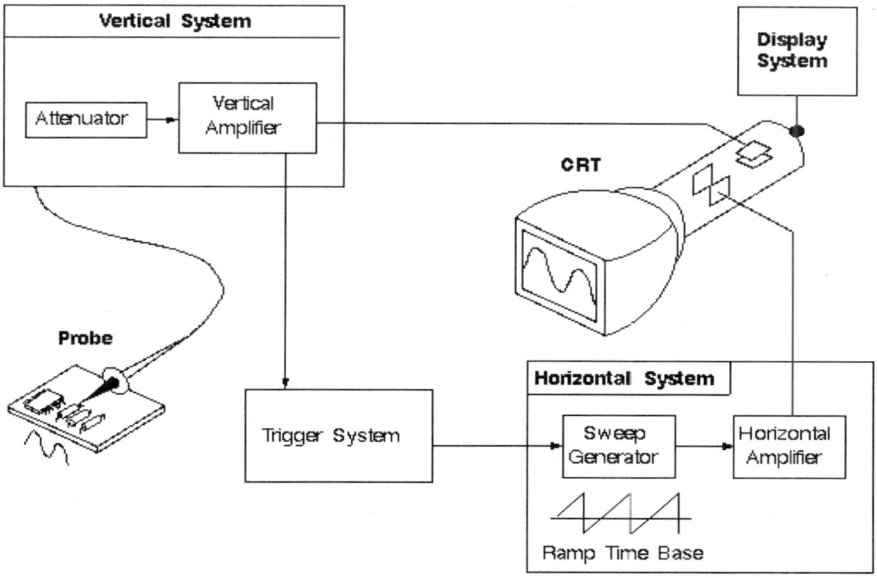


그림 7 아날로그 오실로스코프의 블록 다이어그램

수평 스위프와 수직편향이 합해져서 화면에 신호가 그려지게 되는데 이 때 동기는 계속되는 신호를 안정화시키는데 필요한 것이다. (그림 8)과 같이 반복되는 신호를 같은 점에서 스위프하면 화면상에 깨끗한 파형이 나타나게 되는 것이다.

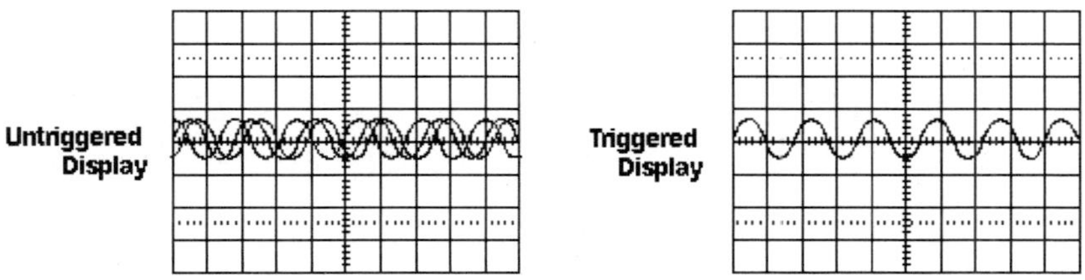


그림 8 반복되는 신호의 동기를 맞추는 트리거

결론적으로, 아날로그 오실로스코프를 사용할 때 입력신호를 조절하기 위하여 3가지의 기본적인 측정조건의 조정이 필요하다는 것을 알 수 있다.

① 신호의 증폭이나 감쇠 : 수직편향판에 신호를 인가하기 전에 Volts/Div를 조정한다.

② 시간축 : sec/Div으로 화면상 수평축의 각 눈금당 시간을 조정한다.

③ 오실로스코프의 동기 : 단발 현상, 반복 신호를 안정화시키기 위해서는 트리거 레벨을 조정한다. 또한 선명한 화면을 보기 위해 초점, 화면 밝기 조정도 필요하다.

### 2) 디지털 오실로스코프

디지털 오실로스코프를 구성하는 시스템들은 대부분 아날로그 오실로스코프와 같지만, 데이터 처리 시스템이 추가되어 있다.(그림 9)

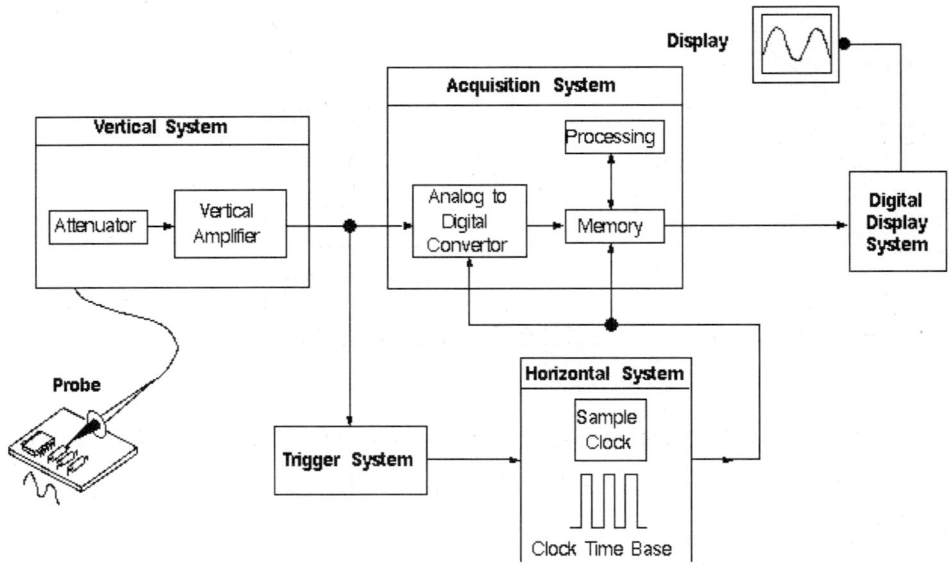


그림 9 디지털 오실로스코프의 블록 다이어그램

디지탈 오실로스코프는 이 DPS에서 전체 파형의 데이터를 모아서 화면에 나타내준다. 디지털 오실로스코프의 프로브를 회로에 연결했을 때, 수직 시스템은 아날로그 오실로스코프에서처럼 신호의 크기를 조절한다. 그리고 획득시스템에 있는 아날로그-디지털 변환기에서 이산적인 점들로 신호를 샘플한 후, 이 디지털 값들을 전압으로 변환시키는 것이다. 이때 이런 디지털 값들을 샘플점이라 하며, 수평시스템에 있는 샘플 클럭은 ADC가 샘플을 취하는 빈도를 나타낸다. 그리고 클럭에 의해 발생하는 샘플비를 샘플율이라 하며 sample/second로 표시한다. ADC로부터 얻어진 샘플점들은 메모리에 파형점으로 저장되고, 이점은 한 개 이상의 샘플점들로 구성된다. 또 이런 파형점들이 모여서 한 개의 파형 레코드를 구성한다.

일반적으로 파형 레코드를 구성하는 파형점들의 수를 레코드 길이라고 한다. 동기 시스템은 이 레코드의 시작과 끝의 점을 결정하는 것이며, 레코드 점들은 메모리에 저장된 후에 화면에 나타나는 것이다.

오실로스코프의 성능에 따라 샘플점의 추가적인 처리를 할 수 있으며, 이런 처리과정을 통해 화면상의 파형을 더 선명히 볼 수 있다. 또한 프리 동기 기능을 이용하여 동기점보다 앞서 일어난 현상을 볼 수도 있다. 기본적으로 디지털 오실로스코프도 아날로그 오실로스코프에서와 같이 부직부, 수평부, 동기 세팅부를 조정해야 한다.

가. 샘플링 방법

샘플링 방법이란 디지털 오실로스코프에서 샘플점을 얻는 방법을 말한다. 디지털 오실로스코프에서 느리게 변화하는 신호는 정확하게 화면을 구성할 수 있을 만큼 충분한 샘플점을 쉽게 잡을 수 있지만, 빠른 신호들은(오실로스코프의 최대 샘플 레이트에 비해서 어느 정도 빠른가 하는 정도) 그 만큼 충분한 샘플을 잡기가 불가능하다. 그러므로 디지털 오실로스코프는 두 가지의 샘플링 방법을 사용한다.

① 실시간 샘플링 모드 : 신호에서 한번에 몇 개의 샘플들을 잡은 후 보간법을 사용하는 모드. 이 때 보간법은 몇개 점들을 연결해서 예상되는 파형을 그려내는 처리 기술.

② 등가시간 샘플링 모드 : 신호가 계속 반복되고 있는 동안에 일정 시간 간격으로 샘플들을 모아서 파형이 형성되는 모드.

나. 보간법을 사용한 실시간 샘플링 (Real-Time sampling)

디지털 오실로스코프는 표준 샘플링 방법으로서 실시간 샘플링을 사용한다. 실시간 샘플링에서는 신호가 발생할 때 가능한 많은 샘플을 추출한다(그림 10). 그러므로 단발현상이나 과도신호가 들어올 때는 실시간 샘플링을 해야 한다.

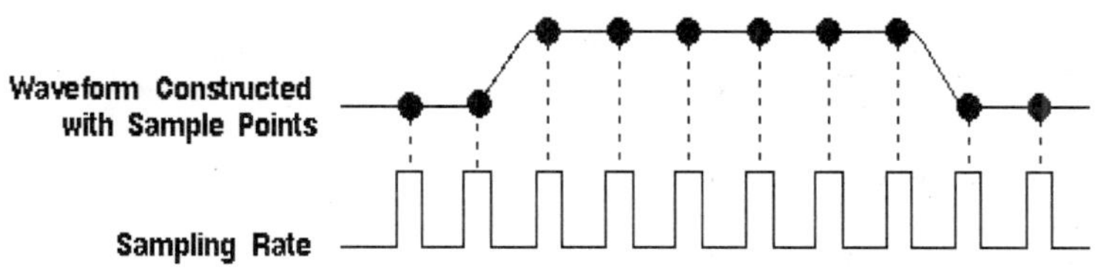


그림 10 실시간 샘플링

디지털 오실로스코프는 신호가 빠를 경우, 한 번에 단지 몇 개의 샘플만을 잡기 때문에 보간법을 사용해서 파형을 나타내 준다. 보간법은 간단히 말해 점들을 연결하는 방법이다. 선형보간

법은 샘플점들을 직선으로 연결하며, 정현 보간법은 곡선으로 연결한다.(그림 11참조)

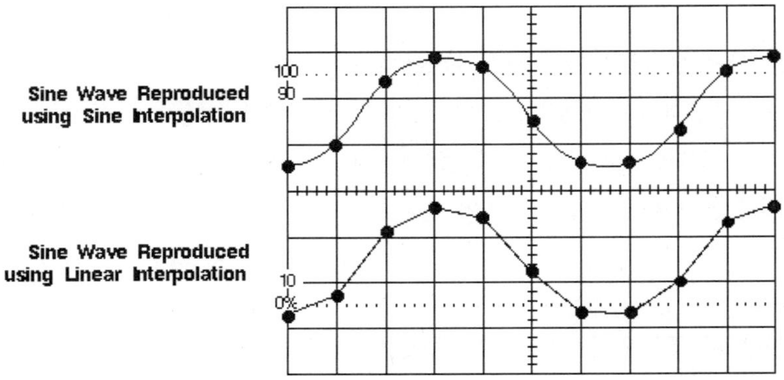


그림 11 선형, 사인 보간법

(SIN x)/x 보간법은 컴팩트 디스크 플레이어에 사용되는 오버샘플링과 유사한 수학처리 과정이타낼며, 정현 보간법을 수행하면서, 실제 획득한 샘플들 사이에 계산에 따라 점들을 추가하는 것이다. 이러한 처리를 통해서 매 사이클마다 잡는 몇 개의 샘플로도 신호를 정확하게 화면에 나 수 있다.

다. 등가 시간 샘플링

디지털 오실로스코프에서는 매우 빠르게 반복되는 신호를 잡을 경우에 등가시간 샘플링을 사용한다. 등가 시간 샘플링은 파형이 반복될 때마다, 몇 개의 샘플을 잡아 그것을 모아서 파형을 구성한다.(그림 12) 파형은 불들이 하나하나 순서대로 켜지는 것처럼 느리게 형성되는 것을 볼 수 있다. 등가 시간 샘플링 중 순차 샘플링에서는 점들이 좌에서 우로 연속적으로 나타나며, 랜덤 샘플링에서는 점들이 파형을 따라 불규칙적으로 나타난다.

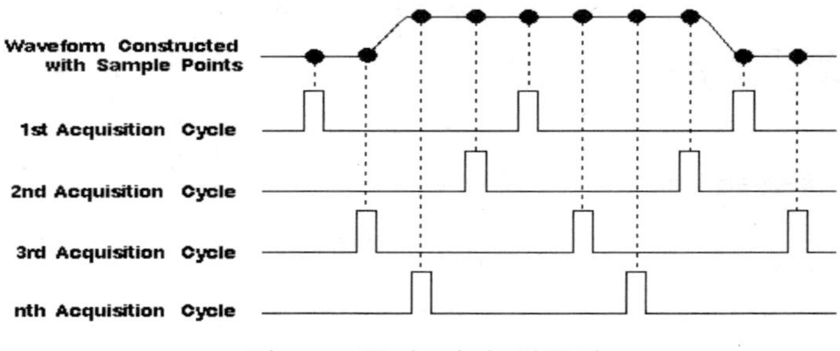


그림 12 등가 시간 샘플링

### 4.4.6 사용방법

#### (1) 각 부위별 명칭

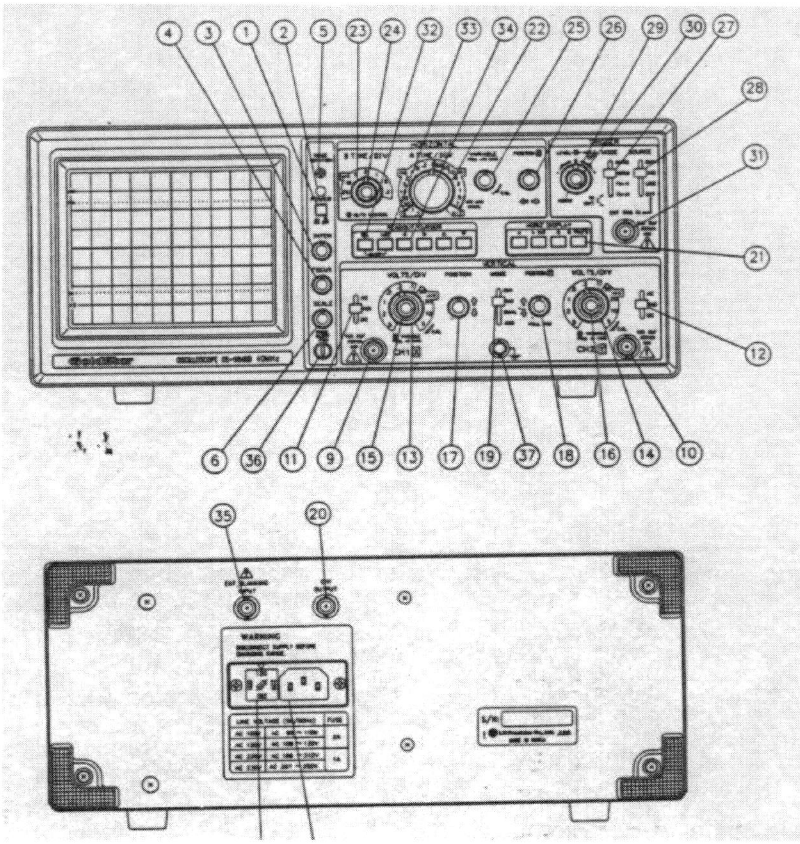

① 화면조정과 전원부

1. 전원 스위치(POWER SWITCH)
2. 전원 램프(POWER LAMP)
3. 휘도 조정(INTENSITY)
4. 초점 조정(FOCUS) : 소인선이 가장 가늘고 선명하도록 조정한다.
5. TRACE ROTATION : 소인선이 CRT의 수평선과 일치하도록 조정한다.
6. 눈금 조명(SCALEILLUM) : 눈금의 밝기를 조절하며, 어두운 곳에서 관측할 때나 화면의 사진촬영을 할 때 사용한다.
7. 전압 선택 스위치 : 사용전원에 맞도록 선택하여 사용한다.
8. 전원 커넥터 : AC전원 코드를 사용할 때 연결과 제거를 한다.

② 수직 증폭부

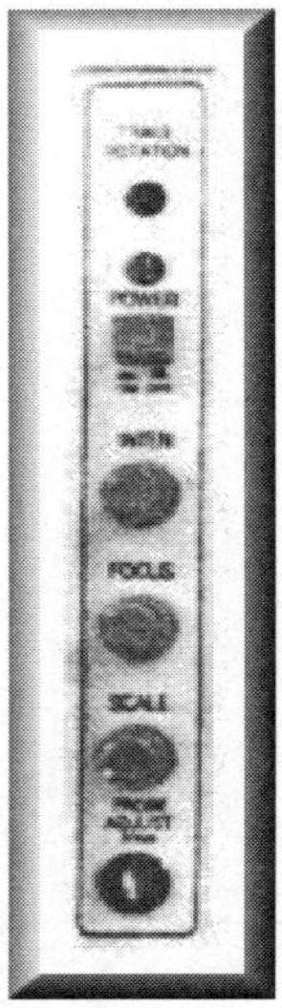


9. CH1 입력 : X-Y 동작시 X축 신호가 된다.
10. CH2 입력 : X-Y 동작시 Y축 신호각 된다.
11,12. 입력선택 스위치
13,14. VOLTS/DIV(감도)
15,16. VARIABLE(가변)
17,18. POSITION(위치 조정)
19. V. MODE : 수직축에 표시형태를 선택하는데 사용한다.
  (가) CH1 : CH1에 입력된 신호만을 CRT상에 나타낸다.
  (나) CH2 : CH2에 입력된 신호만을 CRT상에 나타낸다.
  (다) DUAL : CH1과 CH2에 입력된 두 신호를 동시에 CRT상에 나타낸다.
  (라) ADD : CH1과 CH2에 휘선이 대수합으로 나타난다.
20. CH1 OUT 커넥터 : CH1에 입력된 신호의 일부를 증폭하여 주파수 카운터나 기타 장비로 공급하는 단자이다.

③ 소인과 동기부

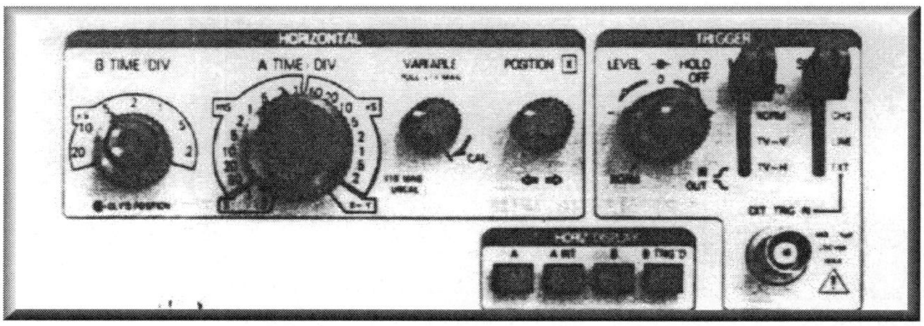


21. HORIZONTAL DISPLAY
  (가) A : A 소인만 나타난다. 일반적인 설정단이다.
  (나) A INT : A 소인까지만 휘도변조에 의해 B 소인에 대한 부분이 밝게 나타난다.
  (다) B : 휘도 변조된 부분이 확대되어 화면 전체에 나타난다.
  (라) B TRIG'D : 지연 소인이 첫 번째 동기 펄스에 의해 동기된다.
22. A TIME/DIV
23. B TIME/DIV
24. DELAY TIME POSITION
25. A VARIABLE
26. 수평축 POSITION

27. TRIGGER MODE

(가) AUTO : 소인은 자동적으로 발생한다. 동기 신호각 있을 때에는 정상적으로 동기된 소인이 얻어지고 파형은 정지한다. 신호가 없거나 동기가 안 된 경우에도 소인은 자동적으로 발생한다.

(나) NORM : 동기된 소인을 얻을 수 있으나 동기 신호가 없거나 동기가 안 되면 소인을 발생하지 않는다. 낮은 주파수(약 25Hz 이하)에서 효과적으로 동기시키고자 할 때 유효하다.

(다) TV−V : 프레임 단위의 비디오 합성신호를 측정하는 데 사용한다.

(라) TV−H : 주사선 단위의 비디오 합성신호를 측정하는 데 사용한다.

28. 동기 TRIGGER SOURCE

(가) CH1 : CH1에 신호가 있을 때 선택한다.

(나) CH2 : CH2에 신호가 있을 때 선택한다.

(다) LINE : AC전원의 주파수가 동기되는 신호를 관측하는데 사용한다. 측정신호가 포함되는 전원에 의한 성분을 안정하게 측정할 수 있다.

(라) EXT : 외부 신호가 동기 신호원이 된다. 수직축 신호의 크기와 관계없이 동기시킬 때 사용한다.

29. HOLD OFF

30. TRIG LEVEL

(가) 동기 SLOPE : 초기 소인의 동기 SLOPE 선택을 위해 사용한다. 누름 상태에서는 +SLOPE이고, 당긴 상태에서는 −SLOPE이다.

31. EXT TRIG IN : 외부 동기신호를 TRIGGER 회로에 연결할 때 사용한다.

④ READ OUT

32. 이 스위치는 커서 선택 모드 기능으로 REF CURSOR(×)와 ΔCURSOR(+)를 변환시킨다. 선택된 커서는 다른 커서보다 밝게 빛난다.

33. 1/ΔT : 이 스위치는 ΔT. 1/ΔT의 모드를 전환시킨다.

34. ▲,▼,◀,▶ : 커서를 상,하,좌,우로 이동시킨다.

32, 33. ON/OFF : 두 스위치를 동시에 누르면 READ OUT 문자가 사라지고, 다시 동시에 누르면 READ OUT 문자가 다시 나타난다.

⑤ 기타

33. EXT BLANKING INPUT 커넥터
34. CAL 단자
35. GROUND 커넥터

## 4.4.7 기본측정

### 1) 측정신호 연결방법

① PROBE를 사용하는 방법

프로브(probe) - 오실로스코프와 측정회로를 연결해 주는 선으로 오실로스코프로 전압을 측정할 때에는 악어클립 형태로 된 쪽을 반드시 회로의 접지 부분에 연결 하고 침 혹은 갈고리 형태의 단자를 측정하고자 하는 곳에 접속한다.

회로상에서 측정할 때 PROBE를 사용하는 것이 가장 좋다. PROBE에는 1×(직접연결) 위치와 10×(감쇄) 위치가 있는데, 10× 위치에서는 오실로스코프 PROBE의 입력 임피던스가 증가되어 입력신호가 1/10로 감쇄되므로 측정단위(VOLTS/DIV)를 10배로 곱해야한다. 오실로스코프의 PROBE도 역시 SHIELD된 선을 사용하므로 잡음을 방지할 수 있다. 동축 케이블을 사용하여 측정하고자 할 때에는 신호원의 임피던스 최고 주파수, 케이블의 용량 등을 정확히 알아야 하는데, 이러한 것들을 알 수 없을 때는 10× 의 PROBE를 사용하는 것이 좋다.

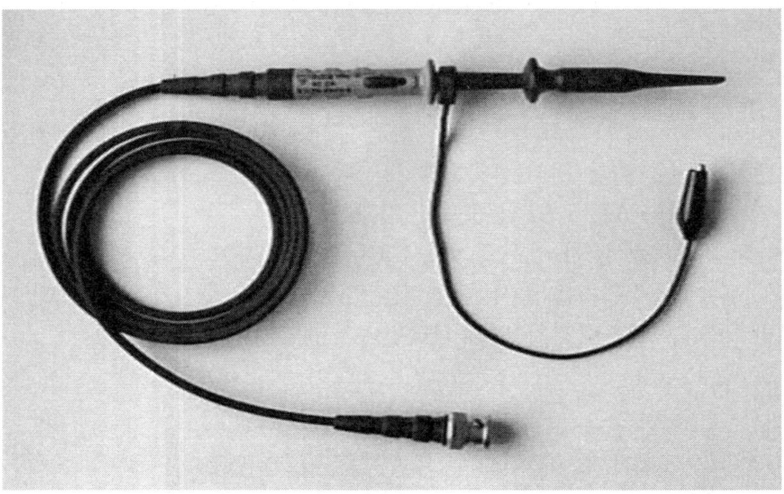

그림 13 오실로스코프 프로브

10:1 프로브 - 프로브는 측정전압을 1/10로 감쇠시켜 오실로스코프에 전달, 입력 저항 10[MΩ]

1:1 프로브 - 전압을 감쇠 없이 직접 전달, 입력 저항 1[MΩ]

② 초기 동작시 조정

가. 조정 손잡이는 다음과 같이 설정한다.

- POWER 스위치 : OFF
- INTEN : 완전히 반시계 방향
- FOCUS : 중앙
- AC-GND-DC : AC
- VOLS/DIV : 20mV
- 수직 POSITION : 누른 상태에서 중앙에 위치
- VARIABLE : 누른 상태에서 완전히 시계 방향
- V. MODE : CH1
- TIME/DIV : 누른 상태에서 완전히 시계 방향
- 수평 POSITION : 중앙
- TRIGGER MODE : AUTO
- TRIGGER LEVEL : 중앙
- HOLD OFF : NORM(최대 반시계 방향)

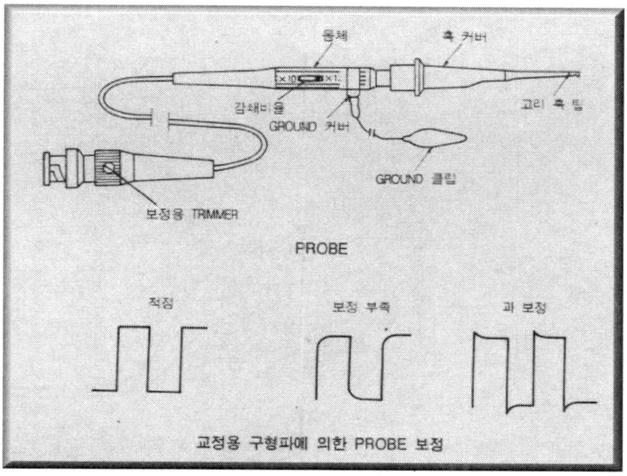

교정용 구형파에 의한 PROBE 보정

나. 전원 코드를 전원 커넥터에 연결한다.

다. POWER 스위치를 누르면 POWER 램프가 켜지고 약 30초 후에 INTEN을 시계 방향으로 돌리면 휘선이 나타나며, 관찰하기 적당한 밝기가 되도록 조절한다.

라. FOCUS를 가장 가늘고 선명한 상태가 되게 조정한다.

마. CH1 POSITION을 돌려 휘선이 수평 눈금과 일치하는지 확인한다. 휘선이 수평 눈금과 일치하지 않을시에는 TRACE ROTATION를 조정하여 일치시킨다.

바. 수평-POSITION을 돌려 가장 왼쪽 눈금과 일치시킨다.

사. PROBE를 CH1에 연결하고 팁을 CAL 단자에 연결한다. 이때 PROBE 감쇄비는 10× 위치에 놓고 VOLTS/DIV은 10mV에 놓는다.

아. 구형파의 윗부분이나 일부분이 경사지거나 뾰족하게 되면 PROBE의 보정용 TRIMMER를 작은 드라이버를 이용하여 그림과 같이 조정한다.

자. V.MODE를 CH2에 놓고 ⑦,⑧번 항목과 같이 조정한다.

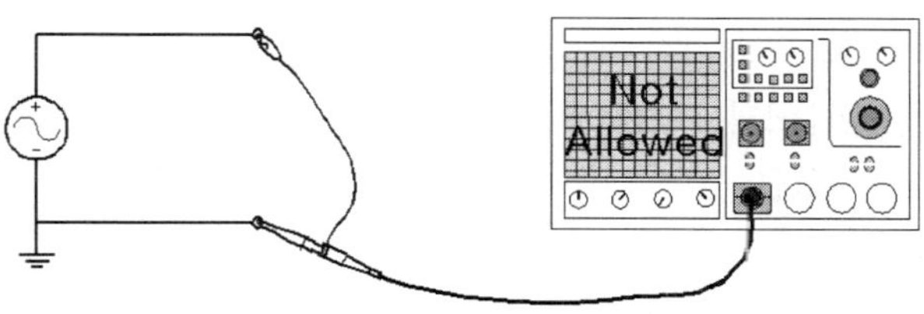


(a) 절대 안됨

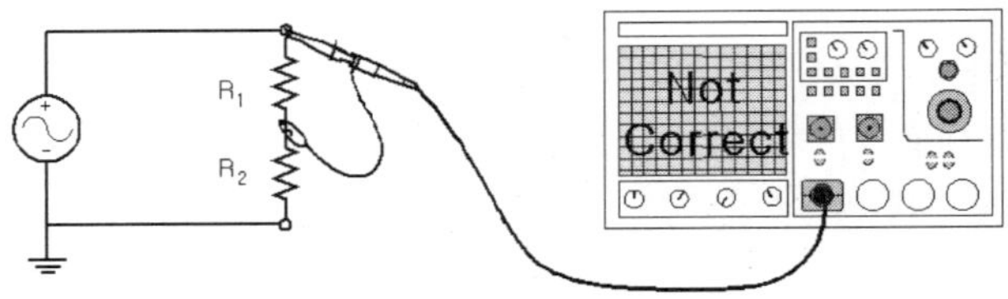


(b) 잘못된 측정

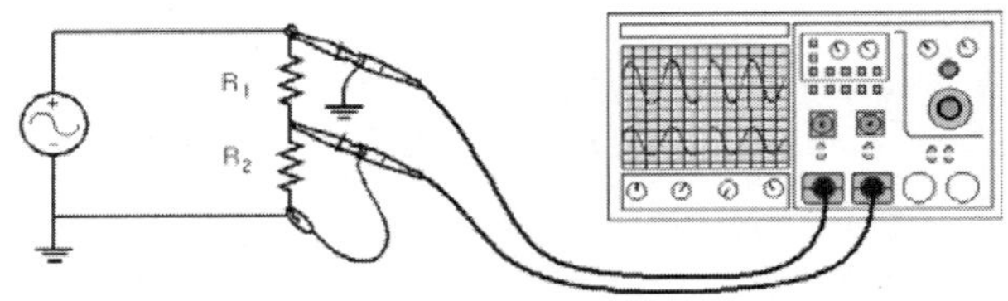


(c) 반드시 두 전압은 접지를 기준으로 측정하여야 한다

그림 14　오실로스코프를 이용한 신호 측정법

③ 1현상 측정

하나의 신호를 측정할 때 사용하는 모드이다. 대개 오실로스코프는 2개의 채널을 가지고 있으므로 CH1, CH2 중 하나를 선택하면 된다. CH1은 OUTPUT 터미널을 가지고 있으며 GHKAUIS으로 파형을 측정하면서 동시에 주파수 측정기로 주파수를 측정하고자 할 때 사용하면 좋다. CH2는 INVERT로 파형의 극성 전환이 가능하다.

가. CH1사용할 때에는 다음과 같이 설정한다.( )안은 CH2 사용할 때의 설정이다.

- POWER 스위치 : ON
- FOCUS : 중앙
- AC-GND-DC : AC
- VOLS/DIV : 20mV
- 수직 POSITION : 누른 상태에서 중앙에 위치
- VARIABLE : 누른 상태에서 완전히 시계 방향
- V. MODE : CH1 (CH2)
- HORIZ DISPLAY : A
- TIME/DIV : 누른 상태에서 완전히 시계 방향
- TRIGGER MODE : AUTO
- TRIGGER LEVEL : 중앙
- TRIGGER SOURCE : CH1 (CH2)
- HOLD OFF : NORM(최대 반시계 방향)

나. 수직축 POSITION을 조정하여 휘선을 CRT의 중앙에 위치시킨다.
다. IN 커넥터로 신호를 연결하고 VOLTS/DIV을 돌려 CRT에 충분한 신호가 나타나게 한다.
라. TIME/DIV을 돌려서 신호가 원하는 주기가 되도록 한다. 일반적인 측정에서는 2~3주기가 나타나는 것이 적당하고 밀집된 파형 관측시에는 50~100주기가 나타나게 하는 것이 적당하다. 그리고 TRIGGER LEVEL을 돌려 안정된 파형이 나타나도록 조정한다.
마. VOLT/DIV 스위치를 5mV에 위치했는데도 측정할 신호가 작아서 동기가 되지 않거나 측정이 곤란한 경우 VARIABLE(PULL×5 MAG)을 당긴다. 이 때 VOLT/DIV 스위치가 5mV인 경우 1mV/DIV로 되고 주파수 대역폭은 7MHz로 감소되며 휘선에 잡음이 증가하게 된다.
바. 측정하려고 하는 신호가 고주파로 TIME/DIV 스위치를 0.2㎲ 위치에 놓고도 너무 많은 주기가 나타날 때 TIME VARIABLE(PULL×10 MAG)를 당긴다. 그러면 소인속도가 10배 증가되기 때문에 이 때 0.2㎲는 0.2ns/DIV이 되며 0.5㎲ 경우는 50ns/DIV 이된다.
사. DC 혹은 매우 낮은 주파수를 측정할 경우 AC 결합은 신호의 감쇄나 찌그러짐이 발생함으로써 AC-GND-DC 스위치를 DC에 놓고 사용한다.
아. TRIGGER MODE의 NORM은 재소인되는 위치로서 신호 주파수가 25Hz 이하인 저주파 관측 시 TRIGGER LEVEL을 조정하여 측정할 수 있다.

④ 2현상 측정

2현상 측정은 주기능으로 다음에 설명하는 것을 제외하고는 1현상 측정과 동일하다.

가. V.MODE를 ALT나 CHOP에 놓는다.
(a) ALT는 고주파 신호인 경우(TIME/DIV 스위치 0.2ms 이상 고속)에 사용한다.
(b) CHOP은 저주파 신호인 경우(TIME/DIV 스위치 0.5ms 이상 고속)에 사용한다.

⑤ TRIGGER 선택

TRIGGER는 오실로스코프에서 부수적으로 적용해야 할 조건이 많고 신호의 정확한 동기를 요하기 때문에 가장 복잡한 동작이다.

가. TRIGGER 모드 선택
(a) AUTO TRIGGER 모드 : 신호가 없거나 신호가 있더라도 TRIGGER 조정이 잘못된 경우에도 항상 동기된 소인이 나타나므로 NORM에서 일어날 수 있는 실수를 범할 우려는 없다. 그러나 AUTO는 신호 주파수가 25Hz 이하인 경우는 사용할 수 없으며 이 때는 NORM에서 측정해야 한다.
(b) NORM TRIGGER 모드 : CRT 빔은 신호가 동기되어야 나타난다. TRIGGER 모드는 신호가 없거나 동기 조절이 잘못된 경우, 또는 수직축 POSITION 조정이 잘못되거나

VOLT/DIV 스위치가 부적당하게 된 경우에 휘선이 나타나지 않는다.

(c) TV-V, TV-H TRIGGER 모드 : TV 동기 분리 회로를 추가해서 복잡한 영상 신호(그림(a))와 같은 파형을 수평성분, 수직성분으로 분리해서 깨끗하게 동기된 파형을 관측할 수 있다. TV 신호의 수직성분의 동기(그림(b))를 위해 TRIGGER MODE 스위치를 TV-H로 선택한다. TV 신호의 수평성분의 동기(그림(c))를 위해 TRIGGER MODE 스위치를 TV-H로 선택한다. TRIGGER 분리가 되었을 때 (그림(d)) TV 동기 극성

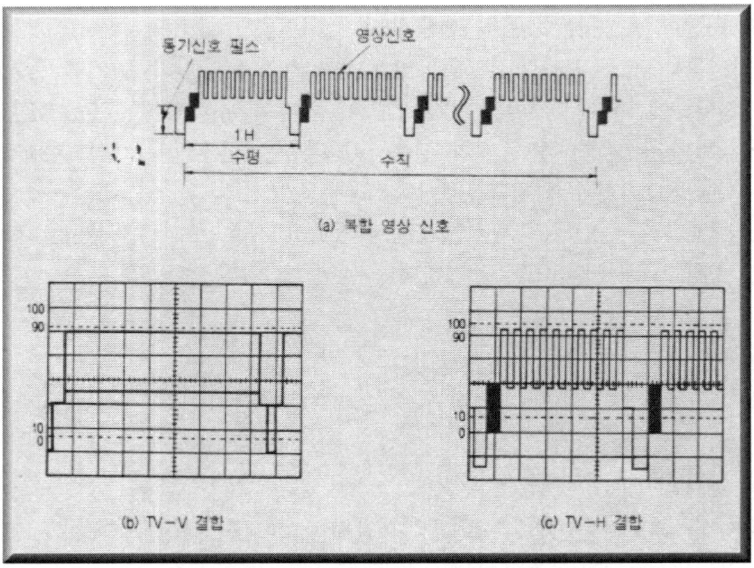

(a) 복합 영상 신호

(b) TV-V 결합

(c) TV-H 결합

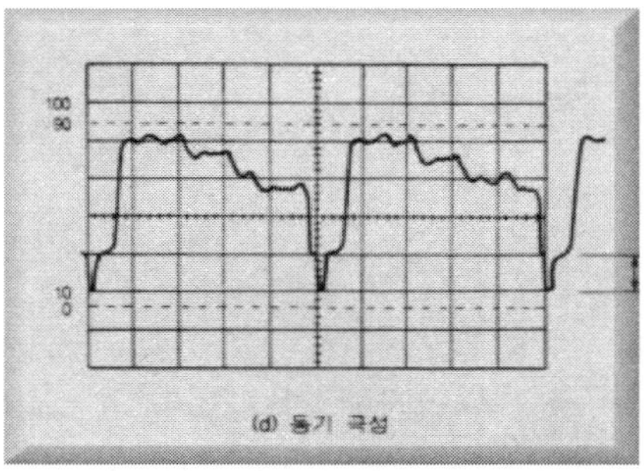

(d) 동기 극성

나. TRIGGER POINT 선택 : SLOPE는 소인의 시작점, 상승 시작점, 혹은 하강 시작점 중 어느 부분에서 시작할 것인가를 결정한다. 누른 상태에서는 상승 시작점이 되고 당긴 상태에서는 하강 시작점이 된다.

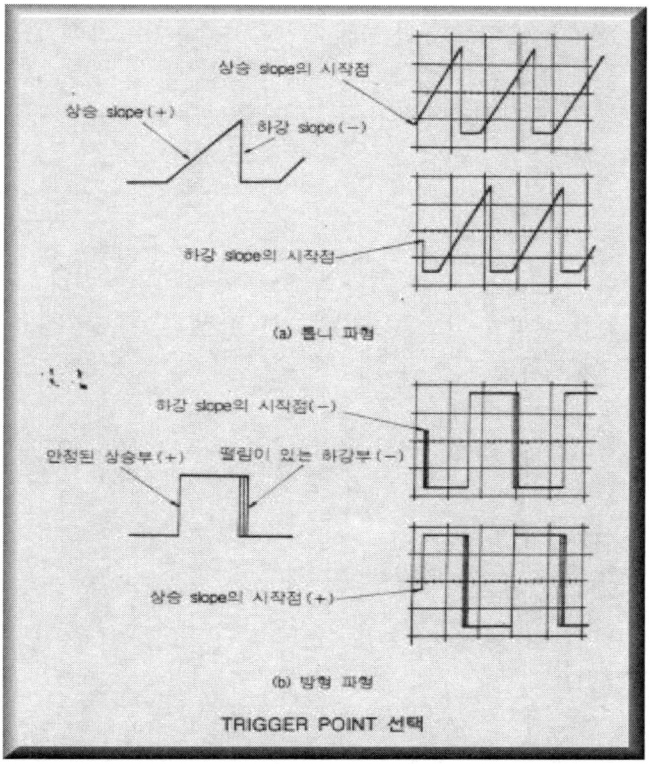


(a) 톱니 파형

(b) 방형 파형

TRIGGER POINT 선택

⑥ 진폭 측정

오실로스코프의 전압측정은 일반적으로 최대값 측정(p−p)과 순시시 최대값(p−p) 측정의 2가지가 있다. 순시시 전압측정은 GND 기준으로부터 파형상의 각점의 전압을 측정하는 것이다. 위의 측정을 모두 정확히 하기 위해서 VARIABLE은 시계 방향으로 반드시 돌려 놓는다.

가. 최대값(p−p) 전압측정

(a) 오실로스코프 수직모드의 스위치는 기본측정과 같이 설정한다.
(b) TIME/DIV는 2～3주기 정도의 파형이 되도록 조정하고, VOLT/DIV 스위치는 CRT 화면 내에 파형이 들어오도록 적당히 조정한다.
(c) 수직 POSITION을 적당히 조정하여 파형의 끝부분을 CRT관면의 수평 눈금과 일치시킨다.
(d) 수평 POSITION를 적당히 조정하여 CRT관면의 중앙 수직선상의 파형의 끝부분이 오도록 조정한다.(이 선에는 0.2칸 간격이 눈금으로 그어져 있다)
(e) 파형의 윗쪽 끝부분과 아랫쪽 끝부분의 칸과 눈금을 세어서 그 값에다 VOLT/DIV 스위치의 값을 곱하면 최대값(p−p)이 된다. 예를 들면 그림과 같은 파형을 측정하여

그때 VOLT/DIV값이 2V라면 실제는 8.0Vp-p가 된다.(4.0 div× 20.v = 8.0v)

(f) 만약 수직 확대 표시가 ×5 모드이면 측정값에다 5를 나누어 준다. PROBE가 10:1 이면 10배를 곱해 준다.

(g) 100Hz 이하의 정현파나 1KHz 이하의 구형파를 측정할 때는 AC-GND-DC 스위치를 DC에 놓는다.

나. 순시값 전압측정

(a) 오실로스코프의 수직 모드 스위치는 기본 측정절차와 같이 설정한다.

(b) TIME/DIV은 완전한 파형이 되도록 조정하고 VOLT/DIV 스위치는 4~6칸이 되도록 조정한다.(그림참조)

(c) AC-GND-DC를 GND에 놓는다.

(d) 수직 POSITION을 돌려 CRT상 수평눈금의 맨 아래 (+신호일 때)나 맨 위쪽(-신호일 때)에 일치시킨다.

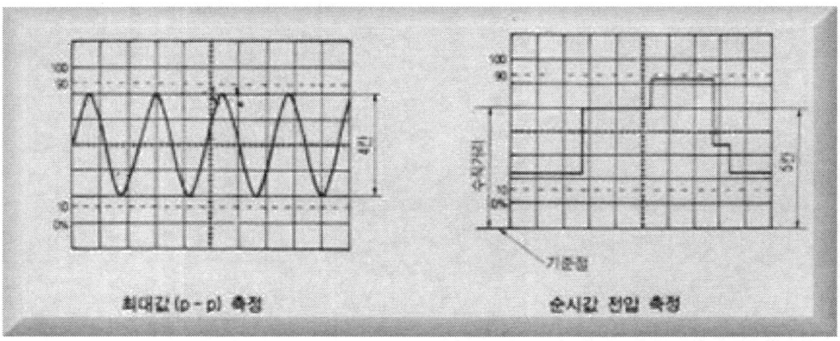


⑦ 시간 간격 측정

가. QGUS상 측정에서와 같이 스위치를 설정한다.

나. TIME/DIV를 파형이 될 수 있는 한 크게 화면에 나오도록 설정한다. TIME VARIABLE는 잠김소리가 날 때까지 시계방향 최대로 돌린다. 만약 이렇게 하지 않으면 측정값이 부정확하게 되므로 주의한다.

다. 수직 POSITION을 조정하여 수평눈금 중앙에 측정하고자 하는 파형을 일치시킨다.

라. 수평 POSITION을 돌려 파형의 왼쪽을 수직눈금에 일치시킨다.

마. 측정하고자 하는 지점까지의 눈금을 센다. 수평눈금 중앙에는 0.2칸까지의 눈금이 매겨져 있다.

바. 마.항에서 측정한 눈금에다 TIME/DIV 스위치가 설정한 값을 곱하면 구하고자 하는 시간이 된다. 만약 TIME VARIABLE가 당겨져 있으면(×10 확대모드) 측정값에다 10을 나누어 준다.

⑧ 주파수 측정

주파수의 정확한 측정이 필요할 경우에는 주파수 카운터를 사용해야 한다. 오실로스코프 후면에는 CH1 OUTPUT 커넥터가 있어 여기에 주파수 측정기를 연결하게 되면 파형관측 및 주파수 측정을 동시에 할 수 있는 편리함이 있다. 그러나 주파수 측정기가 없거나 주파수 측정기로는 측정하기 곤란한 변조 파형, 또는 잡음이 많이 실려 있는 파형은 오실로스코프로 직접 측정할 수 있다.

주파수는 주기와 상호 관련이 있다. 우선 간단히 (2)의 시간 간격 측정에서 나오는 주기 t를 알았다고 한다면 주파수는 1/t로 계산하여 간단히 구할 수 있다.

1/t의 공식을 적용하여 주기가 초일 때는 주파수는 Hz가 되고, 주기가 밀리 초(ms)이면 주기는 KHz가 된다. 주파수의 정확도는 시간축의 정확한 교정과 세밀한 주기측정에 의해 결정된다.

# Part 5

# 기초 전기 실험

## 5.1 RCL의 판독법

### 5.1.1 실험 목적

전기·전자 회로를 구성하는 가장 기본 적이고 중요한 소자들인 저항, 콘덴서 및 인덕터의 판독법을 고찰 한다.

### 5.1.2 실험 순서

**1) 저항값 판독**

(1) 2.1절의 저항 판독법을 익힌다.

(2) 다음 표 1를 완성 하시오.

표 1 컬러코드를 이용한 저항값

| | 1 색대 | 2 색대 | 3 색대 | 4 색대 | 저항값 | 오차 |
|---|---|---|---|---|---|---|
| 1 | 빨(적) | 검(흑) | 회 | 은 | | |
| 2 | 노(황) | 주(등) | 자 | 은 | | |
| 3 | 빨 | 빨 | 녹 | 은 | | |
| 4 | 갈 | 녹 | 파(청) | 은 | | |
| 5 | 녹 | 검 | 등 | 은 | | |

| | | | | | | |
|---|---|---|---|---|---|---|
| 6 | 주 | 회 | 노 | 금 | | |
| 7 | 파 | 녹 | 빨 | 금 | | |
| 8 | 보(자) | 갈 | 주 | 금 | | |
| 9 | 갈 | 빨 | 파 | 금 | | |
| 10 | 노 | 보 | 흑 | 금 | | |

(3) 표 2를 완성하시오

표 2 저항값의 컬러코드 표기

| | 저항값 | 오차 [%] | 1 색대 | 2 색대 | 3 색대 | 4 색대 |
|---|---|---|---|---|---|---|
| 1 | 1 kΩ | ± 5 | | | | |
| 2 | 2.7 kΩ | ± 10 | | | | |
| 3 | 4.7 kΩ | ± 5 | | | | |
| 4 | 470 Ω | ± 10 | | | | |
| 5 | 68 kΩ | ± 5 | | | | |
| 6 | 10 MΩ | ± 10 | | | | |
| 7 | 1.8 kΩ | ± 5 | | | | |
| 8 | 56 kΩ | ± 10 | | | | |
| 9 | 2 MΩ | ± 5 | | | | |
| 10 | 220 Ω | ± 10 | | | | |

**2) 콘덴서 및 인덕터 값 판독**

(1) 2.2절과 2.3절의 콘덴서와 인덕터 판독법을 익힌다.

(2) 콘덴에 대한 표 3를 완성 하시오.

표 3 콘덴서 판독

| | 형 명 | 정전용량 [pF] | 오차 [%] | 내압 [V] |
|---|---|---|---|---|
| 1 | 122 M 2G | | | |
| 2 | 151K 2C | | | |
| 3 | 683J 3B | | | |
| 4 | 102G 2K | | | |
| 5 | 303K 3C | | | |
| 6 | 102K 2H | | | |
| 7 | | 20 | ± 5 | 25 |
| 8 | | 150 | ± 10 | 100 |
| 9 | | 3 | ± 1 | 16 |
| 10 | | 270 | ± 20 | 50 |

(3) 인덕터에 대하여 다음을 판독하시오

- 피킹코일 Type 1 : 0.2 mH

- 피킹코일 Type 2 : 25 mH

- 초크코일 : 50 mH ± 10 %

- 초크코일 : 20 mH ± 5 %

# 5.2 직·병렬 접속회로의 전압과 전류 측정

## 5.2.1 실험 목적

(1) 저항의 직·병렬 접속회로에서 합성저항, 단자 전압 및 전체전압, 분기 전류와 전전류의 관계를 알아본다.
(2) 옴의 법칙과 전압 및 전류의 분배 법칙을 고찰한다.

## 5.2.2 관련이론

### 1) 직렬 접속회로

저항의 직렬 접속 회로는 그림 1과 같이 나타내지며 이 회로의 합성 저항, 전압 및 전류는 다음과 같이 구한다.

- 합성 저항 : RT

$$R_T = R_1 + R_2 \tag{1}$$

- 전압 : 회로에 인가된 전압 V는 저항 R1과 저항 R2로 분배된다.

$$V = V_1 + V_2 \tag{2}$$

$$V_1 = \frac{R_1}{R_1 + R_2} V \tag{3}$$

$$V_2 = \frac{R_2}{R_1 + R_2} V \tag{4}$$

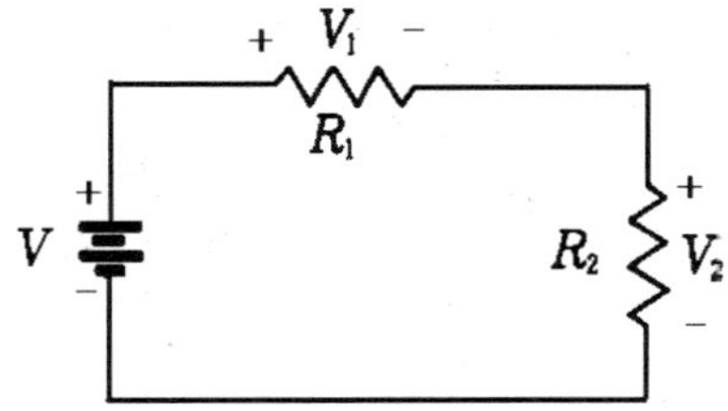


그림 1 저항의 직렬 회로

**2) 병렬 접속회로**

저항의 병렬 접속 회로는 그림 2와 같이 나타내지며 이 회로의 합성 저항, 전압 및 전류는 다음과 같이 구한다.

- 합성 저항 : RT

$$\frac{1}{R_T} = \frac{1}{R_1} + \frac{1}{R_2} \tag{5}$$

$$R_T = \frac{R_1 \times R_2}{R_1 + R_2} \tag{6}$$

- 전압 : 회로에 인가된 전압 V는 저항 R1과 저항 R2에 공동으로 인가된다.

$$V = V_1 = V_2 \tag{7}$$

- 전류 : 회로에 흐르는 전체 전류 IT는 저항값에 따라 I1과 I2로 분배되어 흐른다.

$$I_T = \frac{V}{R_T} = I_1 + I_2 \tag{8}$$

$$I_1 = \frac{R_2}{R_1 + R_2} I_T \tag{9}$$

$$I_2 = \frac{R_1}{R_1 + R_2} I_T \tag{10}$$

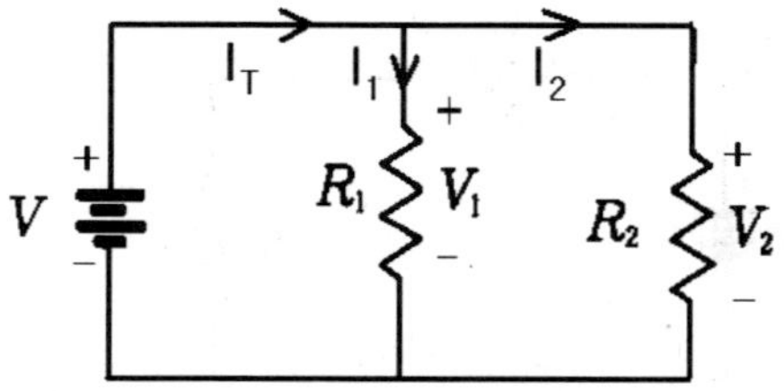


그림 2 저항의 병렬 회로

### 3) 직 · 병렬 접속회로

저항의 병렬 접속 회로는 그림 2와 같이 나타내지며 이 회로의 합성 저항, 전압 및 전류는 다음과 같이 구한다.

- 합성 저항 : RT

$$R_P = \frac{R_2 \times R_3}{R_2 + R_3} \tag{11}$$

$$R_T = R_1 + R_P = R_1 + \frac{R_2 \times R_3}{R_2 + R_3} \tag{12}$$

- 전압 : 회로에 인가된 전압 V는 저항 R1과 저항 R2//R3에 공동으로 인가된다.

$$V = V_1 + V_2 (= V_3) \tag{13}$$

$$V_1 = \frac{R_1}{R_1 + R_P} V \tag{14}$$

$$V_2 (= V_3) = \frac{R_P}{R_1 + R_P} V \tag{15}$$

- 전류 : 회로에 흐르는 전체 전류 IT(=I1)은 저항값에 따라 I2과 I3로 분배되어 흐른다.

$$I_T(I_1) = \frac{V}{R_T} = I_2 + I_3 \tag{16}$$

$$I_1 = \frac{R_3}{R_2 + R_3} I_T \tag{17}$$

$$I_2 = \frac{R_2}{R_2 + R_3} I_T \tag{18}$$

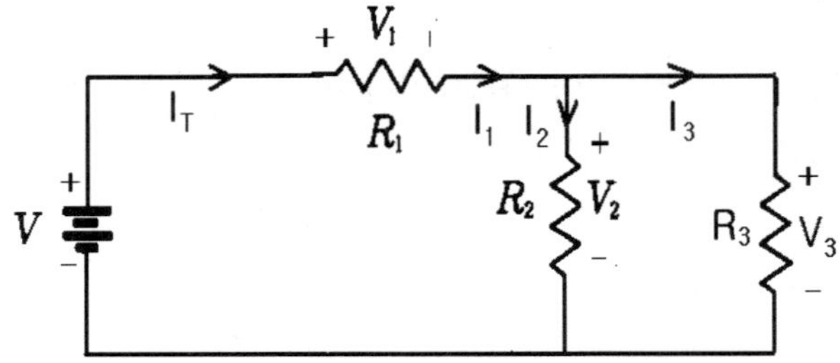


그림 3 저항의 직 · 병렬 연결

## 5.2.3 사용기기 및 재료

① 직류전원장치(D.C Power Supply) 2대

② 디지털 전압계

③ 회로시험기

④ 저항 : ( 1/2[W] ; 1.2[kΩ], 2.2[kΩ], 3.3[kΩ]) 각 1 개

## 5.2.4 실험 순서

### 1) 직렬 접속회로

- 실험 회로를 구성하기 전에 R1 = 1.2 [kΩ], R2 = 2.2 [kΩ]의 각 저항값과 합성저항 RT를 칼라 코드로 읽고 회로 시험기로 측정한 후 표 2에 기록 한다.
- V = 10 [V], R1 = 1.2 [kΩ], R2 = 2.2 [kΩ]를 이용하여 그림 1의 회로를 그림 4와 같이 빵판에 회로를 구성 한다.
- 회로를 구성하는 순서는 다음과 같다.
  ① 빵판에 저항 회로를 구성
  ② DC 전원 공급기의 출력을 0으로하고 빵판 단자에 연결
  ③ 빵판의 단자와 빵판의 회로와 연결
- 회로 시험기의 DC 전압 측정 범위를 25 V에 맞춘다.
- 빵판의 단자 양단에 회로 시험기를 연결하고 DC 전원 공급기의 출력을 조절하여 회로 시험기의 지시값이 10 V가 되도록한다. 이 값을 표 1의 인가 전압에 기록한다.
- 회로 시험기로 V1과 V2를 측정하여 표 1에 기록 한다.
- 회로 시험기로 회로에 흐르는 전류를 측정하여 표 1에 기록 한다.

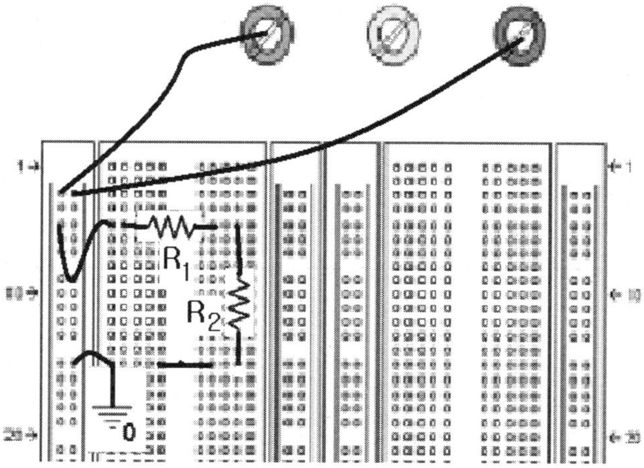


그림 4 직렬 접속회로 구성

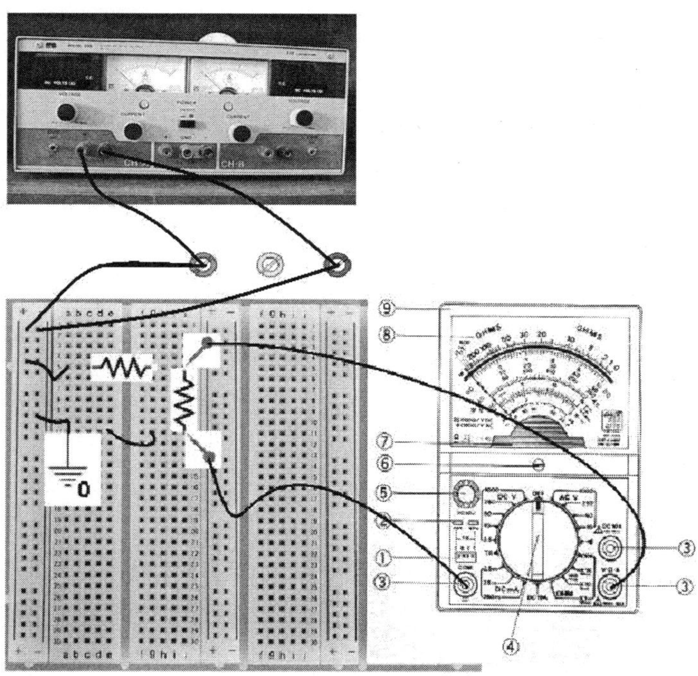


그림 5 V2의 측정 모습

표 1 직렬 접속 회로의 측정 결과 ( 인가전압 : 10 V )

| 직렬 접속 | $R_1$ | $R_2$ | $R_T$ | $V_1$ | $V_2$ | V | $I=I_1=I_2$ |
|---|---|---|---|---|---|---|---|
| 이론값 | | | | | | | |
| 측정값 | | | | | | | |

- 실험 결과 검토
  - R1 과 R2의 이론값과 측정값의 차이는 각각 얼마나 나는가?
  - V1 과 V2의 이론값과 측정값의 차이는 각각 얼마나 나는가?
  - 인가전압 V와 측정값인 V1+V2의 차이는 얼마나 나는가?
  - 전류 I의 이론값과 측정값의 차이는 각각 얼마나 나는가?

**2) 병렬 접속회로**

- 실험 회로를 구성하기 전에 R1 = 2.2 [kΩ], R2 = 3.3 [kΩ]의 각 저항값과 합성저항 RT를 칼라 코드로 읽고 회로 시험기로 측정한 후 표 2에 기록 한다.
- V = 10 [V], R1 = 2.2 [kΩ], R2 = 3.3 [kΩ]를 이용하여 그림 2의 회로를 빵판에 회로를 구성 한다.
- 회로를 구성하는 순서는 다음과 같다.

  ① 빵판에 저항 회로를 구성

② DC 전원 공급기의 출력을 0으로하고 빵판 단자에 연결
③ 빵판의 단자와 빵판의 회로와 연결

- 회로 시험기의 DC 전압 측정 범위를 25 V에 맞춘다.
- 빵판의 단자 양단에 회로 시험기를 연결하고 DC 전원 공급기의 출력을 조절하여 회로 시험기의 지시값이 10 V가 되도록한다. 이 값을 표 2의 인가전압에 기록한다.
- 회로 시험기로 V1과 V2를 측정하여 표 2에 기록 한다.
- 회로 시험기로 회로에 흐르는 전류인 IT, I1과 I2를 측정하여 표 2에 기록 한다.

표 2 병렬 접속 회로의 측정 결과 ( 인가전압 : 10 V )

| 직렬 접속 | $R_1$ | $R_2$ | $R_T$ | $V_1=V_2$ | $I_1$ | $I_2$ | $I_T$ |
|---|---|---|---|---|---|---|---|
| 이론값 | | | | | | | |
| 측정값 | | | | | | | |

- 실험 결과 검토
  - R1 과 R2의 이론값과 측정값의 차이는 각각 얼마나 나는가?

  - RT의 이론값과 측정값의 차이는 얼마나 나는가?

  - V1 = V2의 이론값과 측정값의 차이는 각각 얼마나 나는가?

  - 전류 I1과 I2의 이론값과 측정값의 차이는 각각 얼마나 나는가?

  - 총전류 IT의 이론값과 측정값의 차이는 각각 얼마나 나는가?

### 3) 직・병렬 접속회로

- 실험 회로를 구성하기 전에 R1 = 1.2 [kΩ], R2 = 2.2 [kΩ], R3 = 3.3[kΩ]의 각 저항값과 합성저항 RT를 칼라 코드로 읽고 회로 시험기로 측정한 후 표 3에 기록 한다.
- V = 10 [V], R1 = 1.2 [kΩ], R2 = 2.2 [kΩ], R3 = 3.3 [kΩ]를 이용하여 그림 3의 회로를 빵판에 회로를 구성 한다.
- 회로를 구성하는 순서는 다음과 같다.
  ① 빵판에 저항 회로를 구성
  ② DC 전원 공급기의 출력을 0으로하고 빵판 단자에 연결
  ③ 빵판의 단자와 빵판의 회로와 연결
- 회로 시험기의 DC 전압 측정 범위를 25 V에 맞춘다.
- 빵판의 단자 양단에 회로 시험기를 연결하고 DC 전원 공급기의 출력을 조절하여 회로 시험기의 지시값이 10 V가 되도록한다. 이 값을 표 3의 인가전압에 기록한다.
- 회로 시험기로 V1, V2=V3를 측정하여 표 3에 기록 한다.
- 회로 시험기로 회로에 흐르는 전류인 I1, I2과 I3를 측정하여 표 3에 기록 한다.

표 3 병렬 접속 회로의 측정 결과 ( 인가전압 : 10 V )

| 직렬 접속 | $R_1$ | $R_2$ | $R_3$ | $R_T$ | $V_1$ | $V_2=V_3$ | $I_2$ | $I_3$ | $I_1=I_T$ |
|---|---|---|---|---|---|---|---|---|---|
| 이론값 | | | | | | | | | |
| 측정값 | | | | | | | | | |

- 실험 결과 검토
  - R1, R2 및 R3의 이론 값과 측정 값의 차이는 각각 얼마나 나는가?

  - RT의 이론 값과 측정 값의 차이는 얼마나 나는가?

- V1 과 V2 = V3의 이론 값과 측정 값의 차이는 각각 얼마나 나는가?

- 전류 I2와 I3의  이론 값과 측정 값의 차이는 각각 얼다나 나는가?

- 총전류 IT=I2 의 이론 값과 측정 값의 차이는 각각 얼마나 나는가?

# 5.3 키르히호프(Kirchhoff)의 법칙

## 5.3.1 실험 목적

1) 직렬 연결된 여러 저항에서의 전압강하와 인가된 전압관계를 해석적으로 고찰한다.
2) 전기회로의 분기점에 들어오는 전류의 합과 그 분기점을 떠나는 전류 사이의 관계를 해석적으로 고찰한다.

## 5.3.2 관련이론

복잡한 전기회로의 전압 및 전류의 해는 키르히호프의 법칙을 적용함으로써 손쉽게 구할 수 있다. 이러한 법칙은 물리학자 키르히호프(1824~1887)에 의해 공식화되어 발표되었고, 이는 현대 회로해석의 초석이 되었다. 그리고 하나 또는 그 이상의 전압원이 있는 회로에서도 적용할 수 있다. 이 실험에서 하나의 전압원에 대해 고찰할 것이다.

#### 1) 전압법칙

그림 1에서의 간단한 직렬회로를 생각해 보자.

전류 $I_T$는 옴의 법칙에 의해 계산할 수 있다.

$$I_T = \frac{V}{R_T} \tag{1}$$

식 (1)로부터

$$V = I_T \times R_T \tag{2}$$

그림 1의 직렬회로에서 $V$

$$R_T = R_1 + R_2 + R_3 + R_4 \tag{3}$$

식 (3)으로부터 $R_T$값을 식 (2)에 대입하면

$$V = I_T (R_1 + R_2 + R_3 + R_4)$$

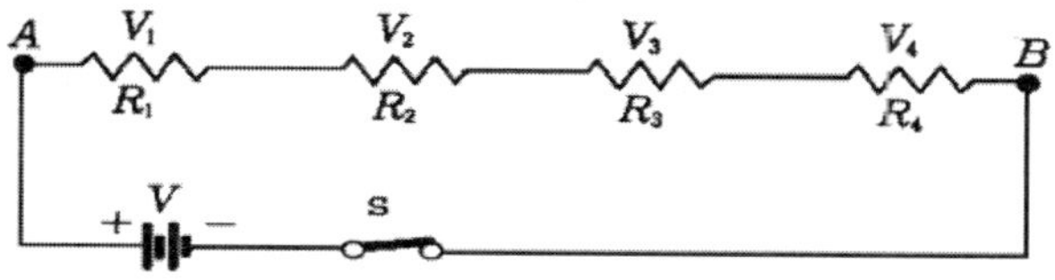


그림 1 직렬 저항 회로

또는

$$V = I_T \times R_1 + I_T \times R_2 + I_T \times R_3 + I_T \times R_4 \tag{4}$$

직렬회로의 특징 중의 하나는 전류가 회로 어떤 곳에서든 같다는 점이다. 그러므로 $I_T$는 $R_1, R_2, R_3, R_4$에서의 전체 전류이며,

$$I_T \times R_1 = V_1 : \quad R_1 \text{ 에서의 전압강하}$$
$$I_T \times R_2 = V_2 : \quad R_2 \text{ 에서의 전압강하}$$
$$I_T \times R_3 = V_3 : \quad R_3 \text{ 에서의 전압강하}$$
$$I_T \times R_4 = V_4 : \quad R_4 \text{ 에서의 전압강하}$$

를 구할 수 있다.

식 (4)는 다음과 같이 쓸 수 있다.

$$V = V_1 + V_2 + V_3 + V_4 \tag{5}$$

식 (5)는 폐회로에서 직렬 연결된 저항에 대한 키르히호프의 전압법칙의 수학적 표현 식이다.

식 (5)는 폐회로에서 하나 또는 그 이상 직렬 연결된 저항을 포함하는 회로를 일반화시킬 수 있음은 자명하다. 직렬-병렬회로의 경우(그림 2)에도 그 법칙이 적용된다.

그러므로

$$V = V_1 + V_2 + V_3 + V_4 + V_5$$

이며, 여기서 $V_1$, $V_3$, $V_5$는 각각 $R_1, R_4, R_8$에서의 전압강하이고, $V_2$와 $V_4$는 각각 $A, B$ 그리고 $C, D$ 사이의 병렬회로에서의 전압이다. 다시 말하면 식 (5)는 폐회로나 루프에서 인가된 전압이 회로에서의 전압강하의 합과 같다는 의미이다. 대수적 부호나 극성의 개념은 전기적 회로 문제를 푸는데 도움이 된다. 어떤 회로에서 저압에 + 또는 − 기호를 붙이는 것이 그 예이다.

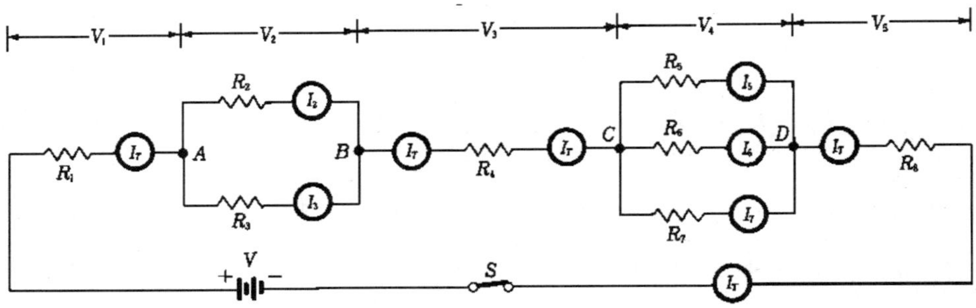

그림 2 $V = V_1 + V_2 + V_3 + V_4 + V_5$의 키르히호프의 전압법칙 적용

그림 3의 회로를 고찰하자. 그림 3 에서 화살표는 전류의 방향이고, +, − 부호는 다음과 같다. 즉 점 $A$는 $B$에 대해 음전위이고, 점 $B$는 $C$에 대해 음전위이다.

폐회로에 전압에 대한 대수적 부호를 부여함으로 가정된 전류의 방향으로 움직인다. +(정)단자가 먼저 도달하게 되는 전압원이다 전압강하를 정(+)으로 하고, −(부)단자가 먼저 도달하게 되는 전압원이나 전압강하를 부(−)로 한다.

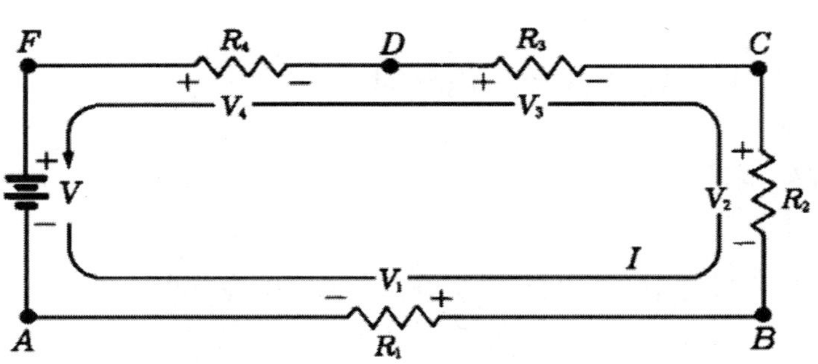

그림 3

그림 3에서 점 $A$로부터 시작하여 전류방향으로 움직이면 $-V_1, -V_2, -V_3, -V_4,$

$+V$를 얻는다. 이런 방법으로 키르히호프의 전압법칙은 다음과 같이 일반화 될 수 있다.

폐회로에서 전압의 대수적인 합은 0 이다.

그림 3의 폐회로에서 키르히호프의 법칙을 적용하고 점 $A$에서 시작하면, 다음과 같이 쓸 수 있다.

$$-V_1 - V_2 - V_3 - V_4 + V = 0 \tag{6}$$

이 식은 식 (5)와 일치하는가?

식 (5)의 우변을 좌변으로 이항함으로써 $-V_1 - V_2 - V_3 - V_4 + V = 0$ 을 얻을 수 있는데, 이 결과는 식 (6)과 동일하다.

### 2) 전류법칙

병렬 연결된 저항이 있는 회로의 전체 전류 $I_T$는 각 병렬가지의 전류합과 같다는 것을 알고 있다. 이것은 병렬회로에 제한된 키르히호프의 전류법칙의 한 표시이다. 전기적 회로의 어떤 분기점에서 들어오는 전류는 그 분기점에서 떠나는 전류와 같다는 의미이다.

직-병렬회로(그림 4)를 생각해 보자. 전체 전류를 $I_T$라고 하자. $I_T$는 화살표로 나타낸 방향으로 $A$점에서의 분기점에서 시작한다. 분기점 $A$를 떠나는 전류 $I_1, I_2, I_3$이다. 전류 $I_1, I_2, I_3$는 $B$점 분기점에서 시작하고, $I_T$는 $B$점 분기점을 떠난다. $I_T, I_1, I_2, I_3$사이의 관계는 무엇인가?

병렬회로를 지나는 전압 $V_{AB} = I_1 \times R_1 = I_2 \times R_2 = I_3 \times R_3$ 병렬회로는 그것의 합성저항 $R_T$로 대치할 수 있는데, 이 경우 그림 4는 간단한 직렬회로로 바꾸어지고 $V_{AB} = I_T \times R_T$이다.

그러므로

$$I_T \times R_T = I_1 \times R_1 = I_2 \times R_2 = I_3 \times R_3 \tag{7}$$

식 (7)을 다시 쓰면

$$I_1 = I_T \times \frac{R_T}{R_1}$$

$$I_2 = I_T \times \frac{R_T}{R_2} \qquad (8)$$

$$I_3 = I_T \times \frac{R_T}{R_3}$$

$I_1, I_2, I_3$를 더하면

$$I_1 + I_2 + I_3 = I_T \times R_T \left( \frac{1}{R_1} + \frac{1}{R_2} + \frac{1}{R_3} \right)$$

이 된다. 그런데

$$\frac{1}{R_1} + \frac{1}{R_2} + \frac{1}{R_3} = \frac{1}{R_T}$$

$$I_1 + I_2 + I_3 = I_T \times R_T \times \frac{1}{R_T} = I_T \qquad (9)$$

$$I_T = I_1 + I_2 + I_3$$

식 (9)는 그림 10-4의 회로에 적용된 키르히호프의 법칙에 대한 수학적 설명이다. 일반적으로 만일 $I_T$가 전기적 회로의 분기점에 들어가는 전류라면 그때

$$I_T = I_1 + I_2 + I_3 + \cdots\cdots + I_n \qquad (10)$$

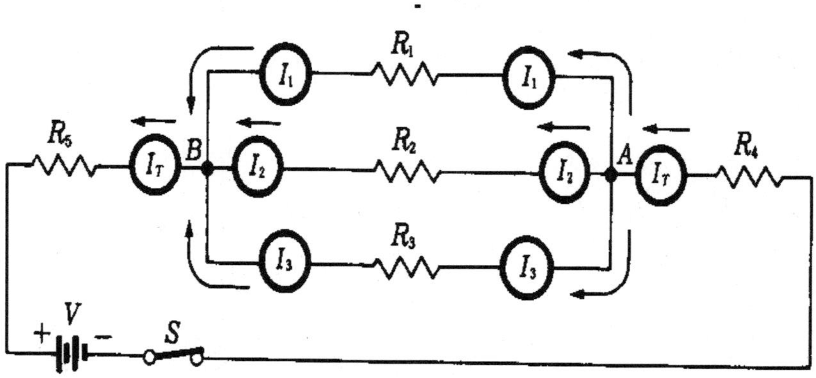


그림 4 $I_T = I_1 + I_2 + I_3$

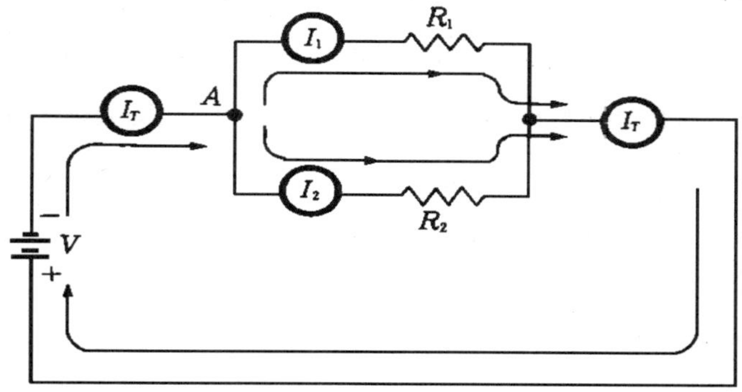


그림 5 전류의 대수합 : $I_T - I_1 - I_2 = 0$

키르히호프의 전류법칙은 어떤 분기점에서 들어오고 나가는 전류의 대수적인 합은 0 이라고 표현할 수 있는데 이는 키르히호프의 전압법칙의 공식과 유사하다.

한 루프에서 전압에 대한 일반적인 극성이 필요했던 것처럼 한 분기점에서 전류에 대한 일반적인 극성이 필요하다. 만일 분기점으로 들어가는 전류를 정(+)이라 하고, 분기점을 떠나는 전류를 부(−)라 하면 한 분기점에서 들어오고 떠나는 전류의 대수적인 합은 0 이라는 말고 식 (10)이 동일함을 알 수 있다. 그림 5를 생각해 보자. 전체 전류 $I_T$는 분기점 $A$로 들어가며 + 이다. 전류 $I_1, I_2$는 분기점 $A$를 떠나고 (−)임이 자명하다. 그러면

$$+ I_T - I_1 - I_2 = 0 \tag{11}$$

$$I_T = I_1 + I_2 \tag{12}$$

키르히호프의 전류법칙의 두 가지 표현이 같은 대수적 공식에 의해 나오는 것이 증명된다.

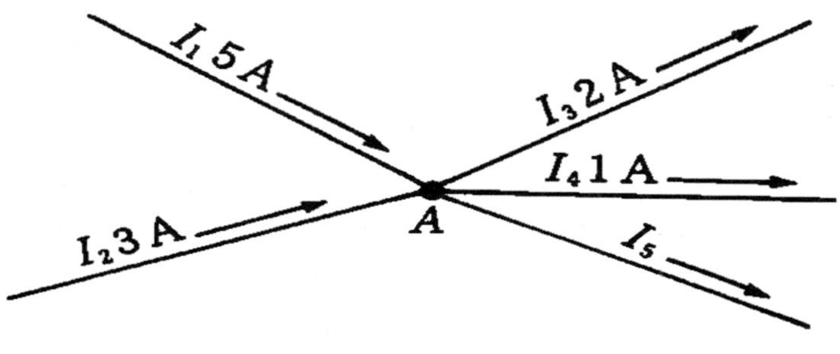


그림 6 $I_1 + I_2 - I_3 + I_4 - I_5 = 0$

다음에는 키르히호프의 전류법칙이 회로 분석에 어떻게 작용하는가를 보여준다. 그림 6에서 $I_1, I_2$는 $A$분기점으로 각각 +5, +3[A] 가 들어간다. $I_3, I_4, I_5$는 $A$를 떠난다. $I_2$와 $I_4$는 각각 2, 1[A] 이다. $I_5$의 값은 얼마인가? 키르히호프의 전류법칙을 적용하면

$$I_1 + I_2 - I_3 - I_4 - I_5 = 0$$

이고, 가지의 전류값을 대입하면

$$\begin{aligned} 5 + 3 - 2 - 1 - I_5 &= 0 \\ 8 - 3 &= I_5 \\ I_5 &= 5[A] \end{aligned}$$

를 얻는다.

## 5.3.3 사용기기 및 재료

① 직류전원장치(DC 0~50 [V])
② 회로시험기 다수
③ 직류전류계(10~100 [mA]) 다수
④ 저항 : (1/2[W], 330[Ω], 470[Ω], 1.2[kΩ], 3.3[kΩ], 4.7[kΩ], 5.6[kΩ], 10[kΩ]) 각 1개
⑤ 단극 스위치 1개

## 5.3.4 실험 순서

### 1) 전압법칙

(1) 표 1에서 보여준 $R_1, R_2, R_3, R_4$의 값의 저항을 사용하여 그림 1 의 회로를 구성하라.

(2) V = 40[V] 가 되도록 전원의 출력을 조정하라. 표 3에서 전압을 측정하여 기록하라.
$R_1, R_2, R_3, R_4$에 대한 전압 $V_1$, $V_2$, $V_3$, $V_4$를 측정하여 기록하라.
$V_1$, $V_2$, $V_3$, $V_4$를 더해 그의 합을 표 3에 기재하라.

(3) 그림 7의 회로를 구성하라.

(4) V = 40[V]가 되도록 전원의 출력을 조정하라. 이 전압을 측정하고 표 3 에 기록하라. 전압 $V_1, V_2, V_3, V_4, V_5$를 측정 기록하라.

표 1 실험에 사용된 저항(전압법칙)

| | $R_1$ | $R_2$ | $R_3$ | $R_4$ | $R_5$ | $R_6$ | $R_7$ | $R_8$ |
|---|---|---|---|---|---|---|---|---|
| Rated value, [Ω] | 330 | 470 | 1200 | 2200 | 3300 | 4700 | 10,000 | 5600 |

**2) 전류법칙**

주의 : 전류를 측정하는 전류계를 연결하기 전에 개폐 스위치 전원을 개방시켜라.

(1) V = 40[V] 인 그림 7의 회로를 구성하라. 표 2에서 $R_1, R_2, \cdots$ 등의 값을 사용하라. 표 4 에 $A$점에서 전류 $I_T$를, $B$점에서 $I_2, I_3, I_T$를, $C$점에서 $I_T$를, $D$점에서 $I_5, I_6, I_7, I_T$를 측정하여 기록하라.

전류 $I_2, I_3$를 더해 그 합을 기록하라.

전류 $I_5, I_6, I_7$을 더해 그 합을 기록하라.

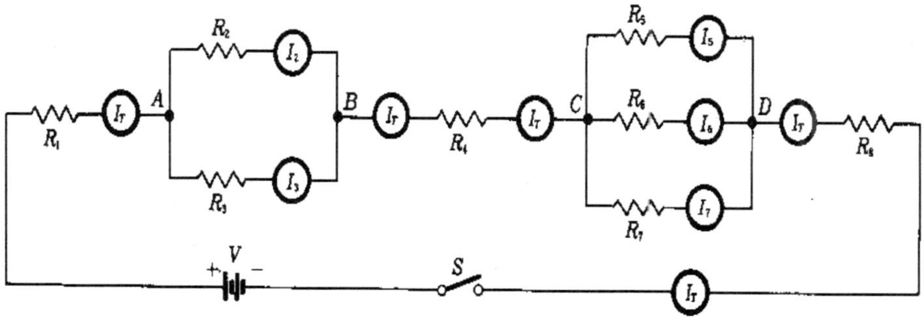


그림 7 키르히호프의 전류법칙에 대한 실험회로

표 2 실험에 사용된 저항(전류법칙)

| | $R_1$ | $R_2$ | $R_3$ | $R_4$ | $R_5$ | $R_6$ | $R_7$ | $R_8$ |
|---|---|---|---|---|---|---|---|---|
| Rated value, [Ω] | 330 | 470 | 1200 | 2200 | 3300 | 4700 | 10,000 | 5600 |

(2) $R_1 = 330[\Omega]$, $R_2 = 470[\Omega]$, $R_3 = 1200[\Omega]$을 사용하여 그림 4의 회로를 연결하고, V = 40[V] 가 되도록 전원의 출력을 조정하라.

$A$점에서 전류 $I_T$, $B$점에서 $I_1, I_2, I_3, I_T$를 표 5에 측정하여 기록하라.

$I_1, I_2, I_3$를 더해 그 합을 표 5에 기록하라.

## 5.3.5 실험실습 보고서

실험 일자 : 년 월 일 ( 요일), 교시 ~ 교시

공동실험자 : 제 조, , , , .

학 과 : 과

학 번 :

성 명 :

## 5.3.6 실험 결과 및 검토

### 1) 실험 결과

<전압법칙>

① 실험 순서 (2)에서 언급한 전원전압의 측정값을 표 3에 기록한다.

② 실험순서 (2), (4)에서 언급한 전압의 측정값을 표 3에 기록한다.

표 3 키르히호프의 전압법칙

| 실험순서 | $V$ | $V_1$ | $V_2$ | $V_3$ | $V_4$ | $V_5$ | $V_1+V_2+V_3+V_4+V_5$ |
|---|---|---|---|---|---|---|---|
| (2) | | | | | | × | |
| (4) | | | | | | | |

<전류법칙>

① 실험 순서 (1)에서 지시한 결과를 표 4 에 기록한다.

표 4 키르히호프의 전류법칙

| | $I_T$(A점) | $I_2$ | $I_3$ | $I_T$(B점) | $I_T$(C점) | $I_5$ | $I_6$ | $I_7$ | $I_T$(D점) | $I_2+I_3$ | $I_5+I_6+I_7$ |
|---|---|---|---|---|---|---|---|---|---|---|---|
| mA | | | | | | | | | | | |

② 실험 순서 (2)에서 지시한 결과를 표 5에 기록한다.

표 5 그림 4의 키르히호프의 전류법칙

| | $I_T$(A점) | $I_1$ | $I_2$ | $I_3$ | $I_T$(B점) | $I_1+I_2+I_3$ |
|---|---|---|---|---|---|---|
| mA | | | | | | |

**2) 검 토**

① 표 3에서 $V_1, V_2, V_3, V_4$[전압법칙 실험 순서 (2)]의 합을 $V$와 비교하면 어떻게 되는가? 차이가 있으면 그 차이에 대해 설명하라.

② 키르히호프의 전압법칙을 설명하라. 그리고 그것의 식을 써라.

③ 전류법칙의 실험순서 (1) 에서의 $I_2, I_3$의 합과 $A$점에서의 $I_T$를 비교하면 어떻게 되나? 그 차이를 설명하라.

④ 키르히호프의 전류법칙에 대해 설명하고, 그 식을 써라.

# 5.4 중첩의 원리

## 5.4.1 실험 목적

1) 선형회로가 어떤 것인지를 알아보고, 중첩의 원리에 대한 실험을 통해 확인한다.

## 5.4.2 관련이론

지금까지 옴의 법칙 또는 키르히호프의 법칙을 통하여 회로가 한 개의 전원을 포함하고 있는 직렬회로, 병렬회로, 그리고 직-병렬 혼합회로에 대해 이론 및 실험을 해 보았다. 그러나 실제 회로에서는 한 회로 내에 다수의 전원을 포함하는 경우가 많으므로 좀 더 복잡성을 띠게 된다. 따라서 지금까지의 회로해석보다 강력한 회로해석 방법을 이해하여야 할 필요가 있다.

**중첩(superposition)의 원리**, **테브난(Thevenin)의 정리**, **노턴(Norton)의 정리** 등과 같은 새로운 해석방법을 도입함으로써 복잡한 회로를 보다 간편한 방법으로 해석할 수 있다. 이번 실험에서는 중첩의 원리에 대해 알아보자.

### 1) 선형회로 소자

우리가 지금까지 사용해온 저항은 성형회로 소자이며, 이와 같은 소자를 사용한 회로를 선형회로(linear circuit)라 한다. 그러면 어떤 것을 선형소자라 하는가? 선형소자는 일반적으로 그 소자에 있어서 전류에 대한 전압의 비( $V/N$)가 상수인 소자를 말한다.

저항양단에 인가전압 $V$가 걸릴 때 이 저항에 흐르는 전류와 전압과의 비는 옴의 법칙을 적용하여 상수가 된다는 사실을 확인한 바 있다.

그림 1의 회로에서 $R$에 흐르는 전류는 $I$는 $V$를 2배로 증가시키면 전류도 2배가 되므로 전류와 전압의 비는 일정하다. 인가전압이 3배, 4배 …로 증가하여도 $V$와 $I$의 비는 항상 일정한 것을 확인 할 수 있다. 그래프적으로 이와 같은 관계를 확인해 보면 쉽게 이해할 수 있을 것이다.

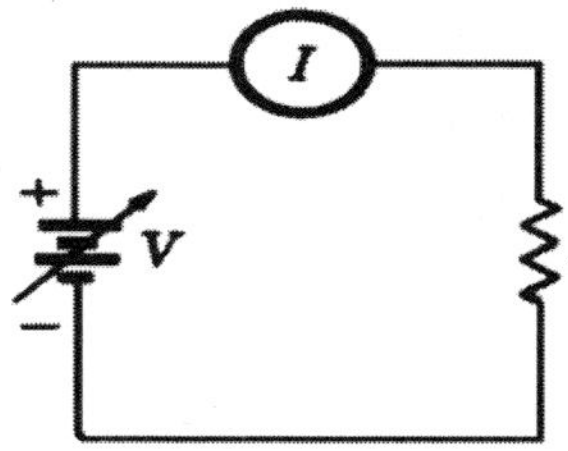


그림 1 저항에서 $V$와 $I$의 관계

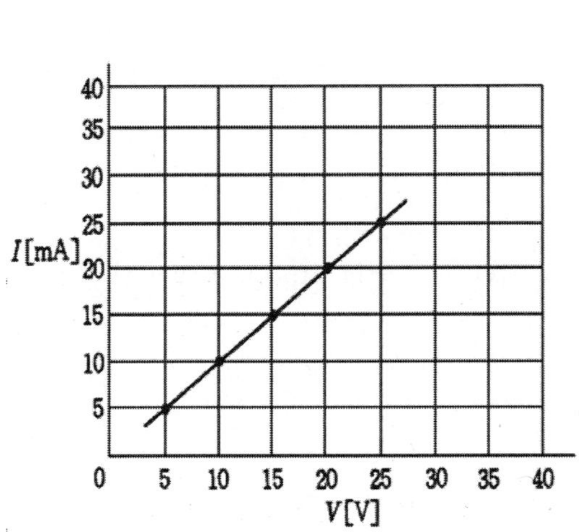


그림 2 1000[Ω] 저항에서의 $I-V$ 그래프

만약 그림 1의 회로에서 저항이 1[kΩ] 이라 할 때 인가전압을 5[V], 10[V] …등이 되어 그림 2와 같이 전류와 전압의 비는 항상 1000이 됨을 알 수 있다. 이와 같이 회로소자에 흐르는 전류와 소자 양단간의 전압과의 관계가 비례적인 특성을 나타내는 소자를 선형소자(linear element)라 하며, 이런 선형소자를 사용한 회로를 선형회로라 한다.

**2) 중첩의 원리**

일반적으로 물리계(physical system)에서 표현되는 모든 계(system)에 있어서 "어떤 시스템의 원인과 결과가 선형(linear)인 경우, 즉 원인에 비례하는 결과가 발생하는 경우 다수의 인원이 동시에 작용하여 생기는 결과는 개개인의 원인이 각각 적용할 때의 결과를 대수적으로 합한 것과 같다"고 하는 것이 중첩의 원리이다.

따라서 이와 같은 물리계의 중첩의 원리를 전기, 전자분야에 적용시키면, "성형소자로 구성되어 있는 회로망 내에 한 개 이상의 전원이 동시에 동작하는 경우 회로 내의 임의의 점에서 흐르는 전류 혹은 전압은 개개의 전류 혹은 전압원을 개별적으로 작용시켰을 때의 대수합과 같다."고 표현할 수 있다. 여기서 전원을 개별적으로 작용시킨다는 것은 전압원의 경우 다른 전압원은 단락시키고, 전류원인 경우 다른 전류원은 개방시킨다는 것을 의미한다.

문제의 해결에 이 이론을 적용하기 위해서 우리는 각각의 전원이 단독으로 동작함으로써 나타나는 현상을 이해해야만 한다.

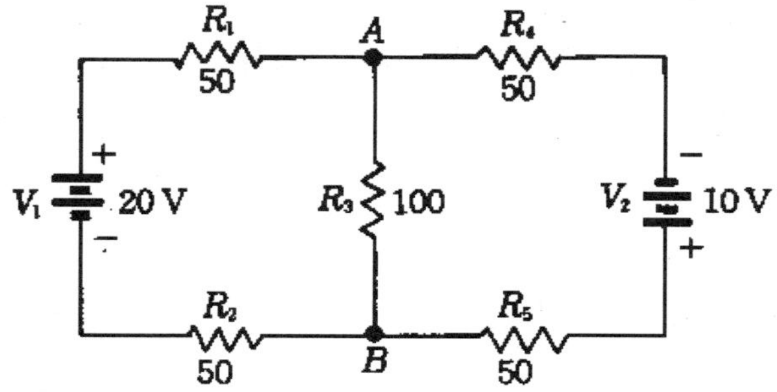


그림 3 두 개의 전압원을 갖는 회로망

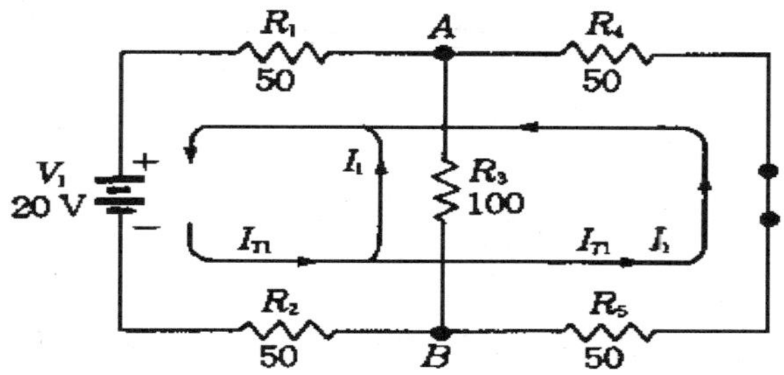


그림 4 $V_2$를 내부저항으로 대치시켜 $V_1$의 영향을 결정하기 위한 수정회로

예를 들어 그림 3과 같은 회로망에서 두 개의 전압원 $V_1$과 $V_2$를 가질 때 각각의 전압원이 회로에 어떤 영향을 미치는지를 고려해 보자. $V_1$의 영향을 고려하기 위해서는 그림 4에서처럼 $V_2$를 내부저항으로 대치시켜(전압원의 내부저항은 이상적으로 0[Ω]) 수정된 회로를 풀어야 한다. 즉 그림 4에서 $V_2$는 단락회로로 작용한다.

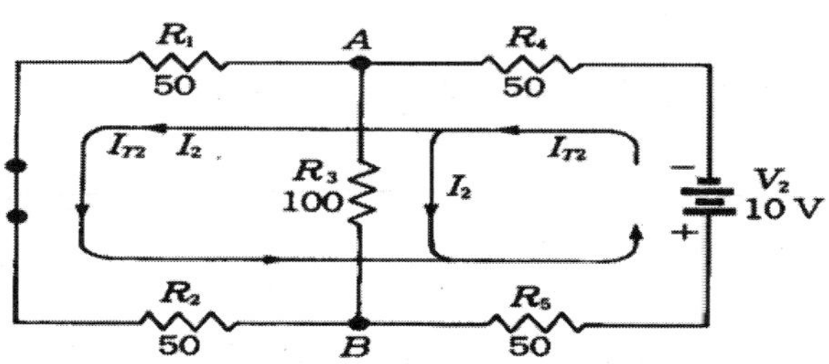


그림 5 $V_1$을 내부저항으로 대치시켜 $V_2$의 영향을 결정하기 위한 수정회로

다음으로 $V_2$의 영향을 알아보기 위해서는 그림 5 와 같이 $V_1$을 내부저항으로 대치시켜 회로를 수정해야만 한다. 즉 앞에서와 마찬가지로 그림 5에서 $V_1$은 단락회로로 작용한다. 마지막으로 수정된 각각의 회로의 결과를 대수적으로 조합하여, 본래의 회로망의 완전한 해답을 얻는다.

예를 들어 확인하여 보자.

그림 3 의 회로에서 $R_2$에 흐르는 전류를 구해보자. 중첩의 원리를 적용하여 우선 그림 4에서 $I_1$을 풀고 회로를 변경시켜 $V_1$에 대한 $I_{T1}$을 구한다.

$$I_{T1} = \frac{V_1}{R_1 + R_2 + \dfrac{R_3(R_4+R_5)}{R_3+R_4+R_5}}$$

$$= \frac{20}{100+50} = 133.3[mA]$$

$R_3 = R_4 + R_5$ 이므로, $I_{T1}$은 $R_3$와 직렬저항인 $(R_4 + R_5)$에 나뉘어 흐른다. 따라서 $I_1$= 66.67[mA] 이다. 더욱이 $I_1$은 그림 4에서 $B$에서 $A$의 방향으로 흐른다. 이 전류방향을 (+)방향으로 가정한다. $V_2$에 대한 전체전류 $I_{T2}$는 다음과 같다.

$$I_{T2} = \frac{V}{R_4 + R_5 + \dfrac{R_3(R_1+R_2)}{R_3+R_1+R_2}} = \frac{10}{100} + 50 = 66.67[mA]$$

$R_3$는 $R_1 + R_2$이므로 $I_{T2}$는 $R_3$와 $(R_1 + R_2)$에 나뉘어 흐른다. 따라서 $R_3$에서는 $I_2$는 33.33[mA]이다. 더욱이 $I_2$는 그림 5 에서처럼 $A$에서 $B$의 방향으로 흐른다. 이것은 $I_1$의 방향과 반대이다.

그림 3에서 $R_3$에서 흐르는 전체전류 $I$는 $I_1$과 $I_2$의 대수합이므로

$$I = I_1 - I_2 = 66.67 - 33.33 = 33.34[mA]$$

가 된다. 이 전류의 방향은 $B$에서 $A$로 흐르는 $I_1$의 방향과 동일하다.

## 5.4.3 사용기기 및 재료

① 직류전원장치(D.C Power Supply) 2대
② 디지털 전압계
③ 회로시험기
④ 저항 : ( 1/2[W] : 1.2[kΩ], 2.2[kΩ], 3.3[kΩ]) 각 1 개

## 5.4.4. 실험 순서

**1) 회로상에서 $V_1$과 $V_2$의 영향**

(1) R1=1.2[kΩ], R2=2.2[kΩ], R3=3.3[kΩ]를 이용하여 그림 6 의 회로를 연결하고 $V_1$은 10[V], $V_2$는 15[V]로 맞춘다.

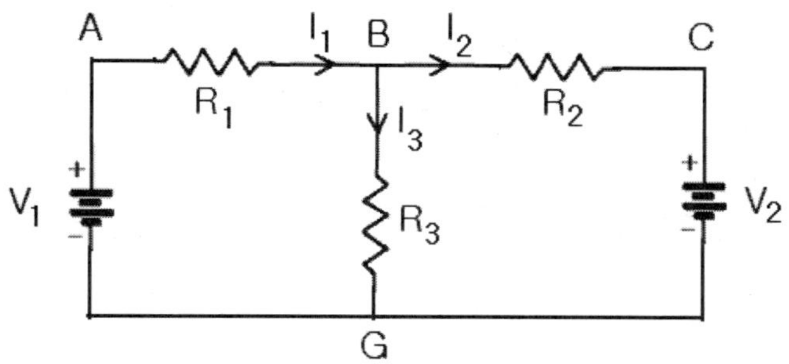


그림 6 중첩의 원리를 증명하기 위한 실험회로

(2) 저항 $R_1, R_2, R_3$ 양단 전압, 즉 $V_{AB}$, $V_{BC}$ 와 $V_{BG}$를 측정하여 표 1 에 기록한다. 이 때 각 지점에 대하여 대해 (+)인지 (−)인지를 확인하여 표시한다. 예를 들면 $A$가 $B$에 대해 −3[V]라면, $V_{AB}$ = −3[V] 등으로 나타낸다.

(3) 저항 $R_1, R_2, R_3$에 흐르는 전류 $I_1, I_2, I_3$를 측정하여 표 1 에 기록한다.

**2) $V_1$ 단독일 때**

(4) 회로에서 전원 $V_2$를 제거하고 C 점과 G점을 단락시켜라. 이 때 위에서 했던 것과 마찬가지로 표 2를 채운다.

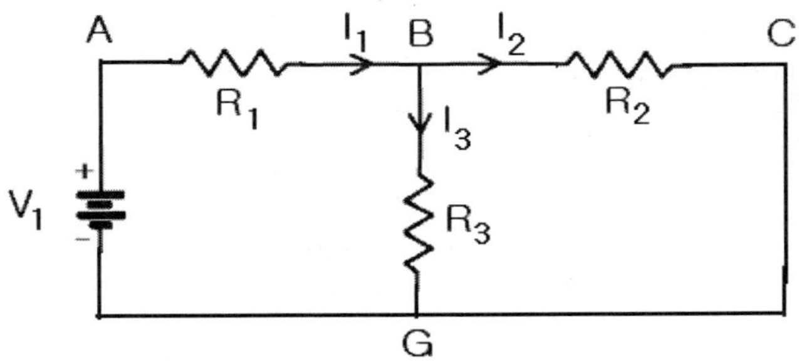


### 3) $V_2$ 단독일 때

(5) C 점과 G점을 단락된 상태를 원래대로 복구시키고, 그림 6 과 같이 $V_2$를 연결한다.

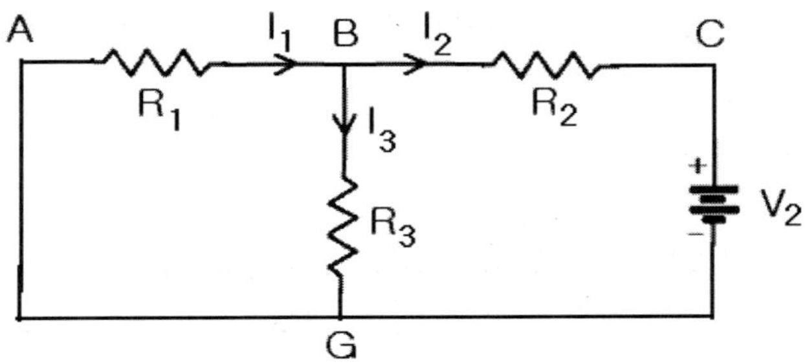


(6) 회로에서 $V_1$을 제거하고, A와 G를 단락시켜라. 이 때 실험 순서 (2)와 (3)에서 했던 것처럼 전류와 전압을 측정하여 표 3 에 기록한다.

(7) 전원을 끈다.

### 4) 중첩일 때

(8) 표 2에서 측정한 $I_1$과 표 3에서 측정한 $I_1$을 합해 표 4 에 기록한다. 같은 방법으로 $I_2$, $I_3$, $V_{AB}$, $V_{BC}$ 와 $V_{BG}$를 구하여 표 4 에 기록한다.

## 5.4.5 실험실습 보고서

실험 일자 : 년 월 일 ( 요일), 교시 ~ 교시

공동실험자 : 제 조, , , , .

학 과 : 과

학 번 :

성 명 :

## 5.4.6 실험 결과 및 검토

**1) 실험 결과**

① 실험 순서 (2), (3)의 결과를 측정하여 표 1 에 기록한다.

표 1 $V_1$과 $V_2$의 영향

| 전 류 [mA] | 전 압 [V] |
|---|---|
| $I_1$ : | $V_{AB}$ : |
| $I_2$ : | $V_{BC}$ : |
| $I_3$ : | $V_{BG}$ : |

② 실험 순서 (4)의 결과를 표 2 에 기록하라.

③ 실험 순서 (5), (6)의 측정 결과를 표 3 에 기록하라.

④ 실험 순서 (8)에서 지시한 대로 표 4 에 기록하라.

표 2 $V_1$ 단독일 때

| 전 류 [mA] | 전 압 [V] |
|---|---|
| $I_1$ : | $V_{AB}$ : |
| $I_2$ : | $V_{BC}$ : |
| $I_3$ : | $V_{BG}$ : |

표 3 $V_2$ 단독일 때

| 전 류 [mA] | 전 압 [V] |
|---|---|
| $I_1$ : | $V_{AB}$ : |
| $I_2$ : | $V_{BC}$ : |
| $I_3$ : | $V_{BG}$ : |

표 4 표 2 와 표 3 의 합

| 전 류 [mA] | 전 압 [V] |
|---|---|
| $I_1$ : | $V_{AB}$ : |
| $I_2$ : | $V_{BC}$ : |
| $I_3$ : | $V_{BG}$ : |

### 2) 검 토

① 표 4 에 나타난 각각의 전류값과 표 1 에 나타난 값과는 어떤 차이가 있는가? 또 전압에 대해서는 어떤 차이가 있는가?

② 실험 순서 (8)의 목적은 무엇인가?

③ 중첩의 원리를 사용하여 그림 6 회로의 $R_2$에 흐르는 전류를 계산하고, 그 과정도 나타내어라.

④ 3)에서 계산한 값과 표 1에서 측정한 값은 어떠한 차이가 있는가?

# 5.5 테브난의 정리

## 5.5.1 실험 목적

(1) 단일 전압원을 갖는 직류회로에서 테브난(Thevenin)의 등가전압과 등가저항을 해석적으로 결정한다.
(2) 불평형 브리지 회로에서 테브난 정리를 이용하여 등가전압과 등가저항을 실험적으로 확인한다.

## 5.5.2 관련 이론

중첩의 원리 이외에 좀더 복잡한 선형회로를 단순화하여 간단히 해석할 수 있는 정리가 테브난과 노턴의 정리인데, 노턴의 정리는 근본적으로 테브난의 정리에서 유도되는 동일한 정리라고 할 수 있다. 이번 실험에서 테브난의 정리에 대해 알아보고, 다음 실험에서 노턴의 정리를 알아본다.

전기·전자회로를 해석할 때 목적에 따라 회로망의 전부 또는 일부를 원회로망과 동일한 특정을 갖는 등가회로로 대체함으로써 쉽게 취급할 수 있는 경우가 있다. 이러한 가능성은 이미 저항의 직렬 및 병렬연결 회로에서 전류를 구하기 위해 전체 저항 회로망을 한 개의 등가저항으로 대체한 것 등을 들 수 있다. 특히 앞으로 전자회로 실험에서 취급할 트랜지스터 회로에 대한 등가회로는 회로 동작을 해석하는데 매우 유용한 기법으로 사용 될 것이다.

테브난의 정리를 한 마디로 정의하면 "한 쌍의 출력단자를 가진 임의의 능동 선형회로망은 전원전압 $V$에 임피던스 $Z$가 직렬로 접속된 등가회로로 표시할 수 있다. 여기서 전원전압 $V$는 출력단자를 개방할 때 출력단자에 나타날 개방 출력전압(open circuit output voltage)이며, 임피던스 $Z$는 회로망 안의 모든 전원을 제거하고 출력단자에서 회로망 쪽을 본 임피던스와 같다."

그림 1의 (a)회로가 주어졌을 때 테브난의 등가전압 $V_{TH}$와 등가저항 $R_{TH}$으로 나타낸 회로가 (d)이다. 우리가 등가전압과 등가저항을 알 수만 있다면 부하 $R_L$에 흐르는 전류 $I$는 옴의 법칙을 이용하여 아주 간단히 구할 수 있다. (b),(c)는 위의 정의에 의해 테브난의 정리를 적용시키는 과정을 나타낸다. (b)는 부하를 개방한 상태로서, 등가전압은 $A, B$단자 사이에 나타나는 전압으로 50[V]이다. (c)는 등가저항을 구하기 위한 회로로서 부하를 개방하고 내부전원 $V$를 단락시킨 회로이다. 이 때 등가저항은 100[Ω]이다.

이제 그림 1 (d)에서 우리는 등가전압 $V_{TH}$와 등가저항 $R_{TH}$를 이용하여 부하에 흐르는 전류 $I$를 계산해 낼 수 있게 되었다.

$$I = \frac{V_{TH}}{R_{TH}+R_L} = \frac{50}{450} = 0.111[A]$$

이와 같이 테브난의 등가회로를 구성하면 부하의 저항(또는 임피던스)값에 따라 부하에 흐르는 전류를 매우 손쉽게 구할 수 있다.

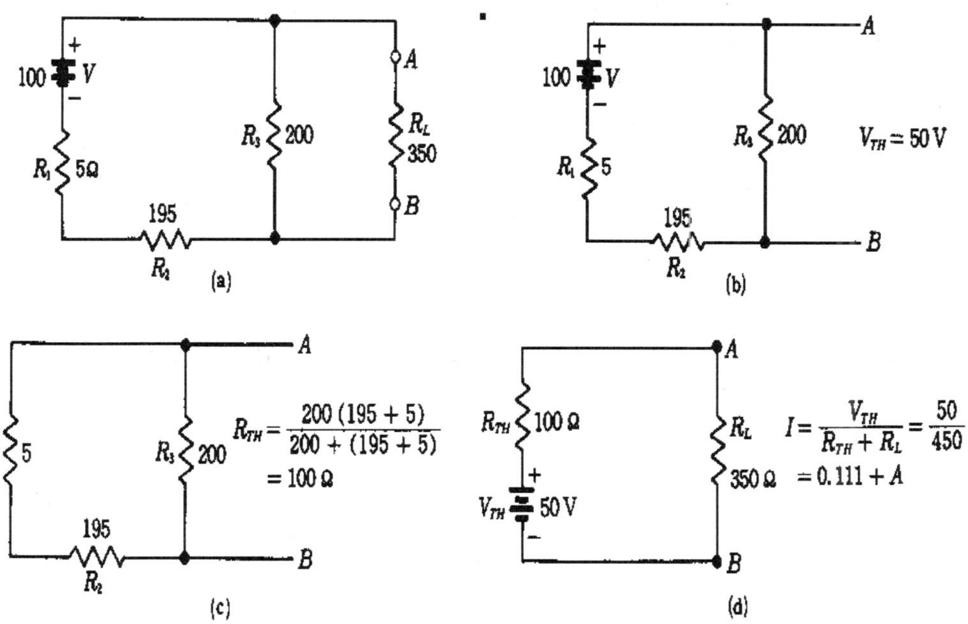


그림 1 테브난 정리의 예

· **불평형 브리지 회로의 테브난 정리**

그림 2 (a) 회로를 우리는 불평형 브리지 회로라 한다. 그림 2 (b)는 테브난 등가회로를 나타낸다. 회로에서 테브난의 정리를 적용시켜 부하로 작용하는 저항 $R_5$에 흐르는 전류를 구해 보자.

테브난의 정리를 적용시키기 위해 우선 부하저항인 $R_5$를 제거한(개방시킨) 회로를 그림 2 (c)에 나타내었다.

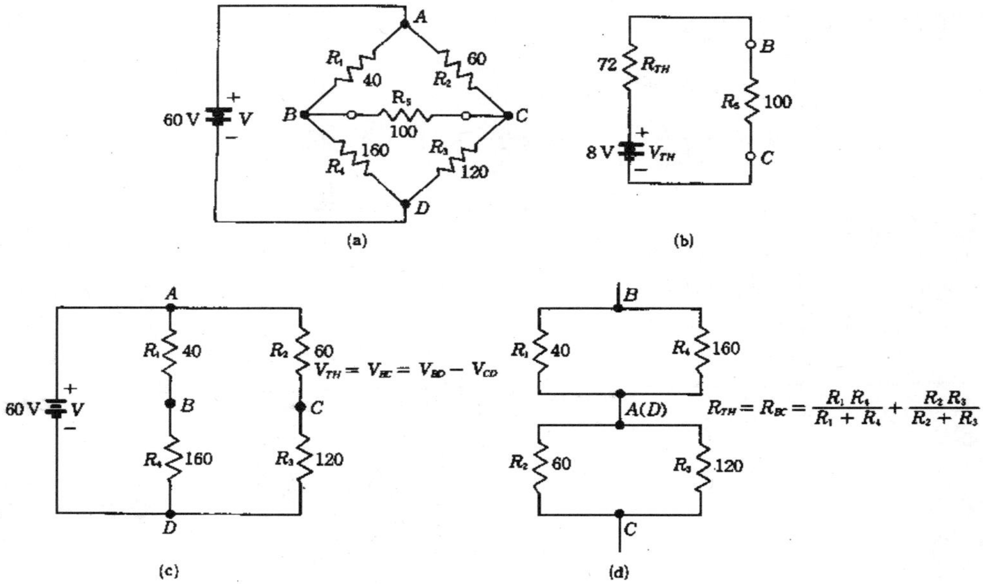


그림 2 불평형 브리지 회로

등가전압 $V_{TH}$는 $B$와 $C$간의 전압을 말하므로 $B$점의 전위와 $C$점의 전위와의 차가 등가전압 $V_{TH}$이다. 즉

$$V_{BD} - V_{CD} = V_{BC} = V_{TH} \tag{1}$$

그림 2 (c)에서 $V_{BD}$ 전압은

$$V_{BD} = \frac{160}{200} \times 60 = 48[V] \tag{2}$$

$V_{CD}$전압은

$$V_{CD} = \frac{120}{180} \times 60 = 40[V] \tag{3}$$

그러므로

$$V_{BD} = 48 - 40 = 8[V] = V_{TH} \tag{4}$$

이로써 등가전압을 결정하였으며, 다음 등가저항을 결정하기 위해 내부 전원을 제거(단락)시키면 그림 2 (d)와 같이 된다. 따라서 이 회로의 합성저항이 바로 테브난 등가저항이 된다.

즉,

$$R_B = R_{TH} = \frac{R_1 R_4}{R_1 + R_4} + \frac{R_2 R_3}{R_2 + R_3}$$

이다.

$$R_{TH} = \frac{40 \times 160}{40 + 160} + \frac{60 \times 120}{60 + 120} = 32 + 40 = 72\ [\Omega] \tag{5}$$

이제 테브난 등가전압과 등가저항이 결정되었으므로 부하저항( $R_5$)에 흐르는 전류를 그림 2 (b)에서처럼 다음과 같이 손쉽게 구할 수 있다.

$$I = \frac{R_{TH}}{R_{TH} + R_5} = \frac{8}{172} = 0.0465\ [A]$$

## 5.5.3. 사용기기 및 재료

① 직류전원장치

② 디지털 회로시험기, 혹은 아날로그 회로시험기

③ 전류계 ( 10[mA] )

④ 저항 : (1/2[W] 의 270 [Ω], 330 [Ω], 680 [Ω], 680 [Ω], 1.8 [kΩ], 2.7 [kΩ], 5.6 [kΩ]) 각 1개

## 5.5.4 실험 순서

(1) 실험에 사용되는 각 저항의 저항값을 회로시험기로 측정하여 표 1에 기록하라.

(2) R1=270[Ω], R2=330[kΩ], R3=680[Ω]를 이용하여 그림 3 의 회로를 연결한다. 그리고 인가전압이 V1=10[V]가 되게 한다. 표 2의 각 $R_L$에 대하여 부하 저항 양단전압(VL)과 이 부하에 흐르는 전류 전류(IL)를 측정하여 표 2에 기록 한다.

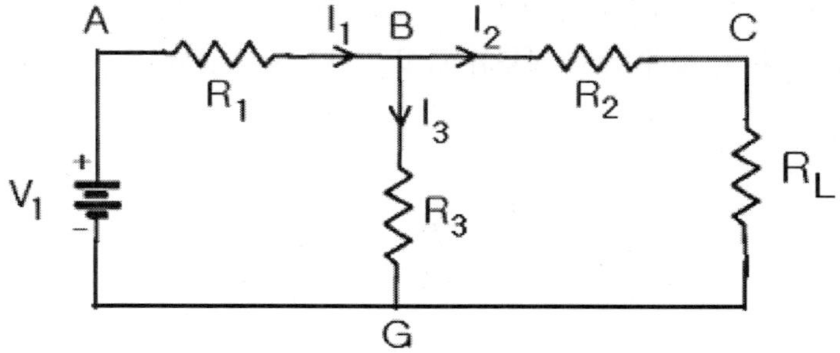


그림 3 테브난 등가회로 실험 회로

(3) 그림 3의 회로에서 부하 저항을 제거하고 CG 양단 전압(VTH)을 측정하여 표 3에 기록한다.

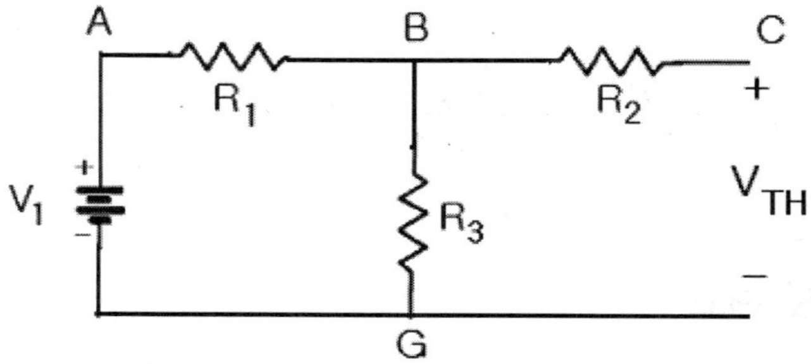


그림 4 테브난 등가 전압 측정 회로

(4) 그림 3의 회로에서 부하 저항을 제거하여 개방 회로로 만들고, 전원 전압 10 V를 단락시킨 후 CG 양단 저항(RTH)을 측정하여 표 3에 기록한다.

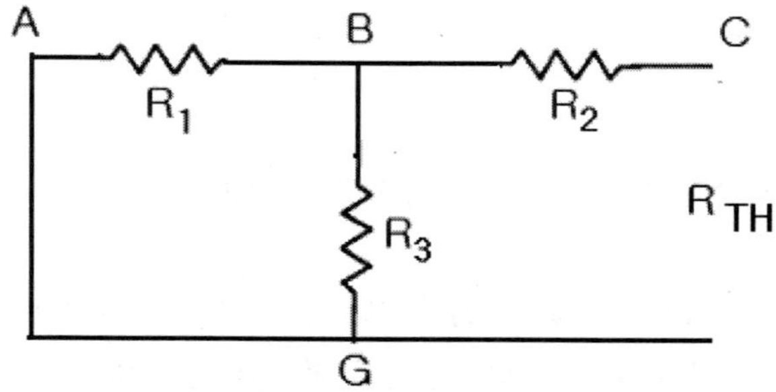


그림 5 테브난 등가 저항 측정

## 5.5.5 실험실습 보고서

실험 일자 : 년 월 일 ( 요일), 교시 ~ 교시

공동실험자 : 제 조, , , , .

학 과 : 과

학 번 :

성 명 :

## 5.5.6 실험 결과 및 검토

### 1) 실험 결과

① 실험 순서 (1)에서 지시한 측정값을 표 1 에 기록한다.

표 1 저항의 측정

| 저 항 | 색띠 판독[Ω] | 측정값[Ω] |
|---|---|---|
| $R_1$ | 270 | |
| $R_2$ | 330 | |
| $R_3$ | 680 | |
| $R_L$ | 680 | |
| $R_L$ | 1,800 | |
| $R_L$ | 2,700 | |
| $R_L$ | 5,600 | |

② 실험 순서 (2)의 결과를 표 2 에 기록한다.

표 2 전압과 전류 측정

| $R_L$ [Ω] | 측정값 | | 이론값 | |
|---|---|---|---|---|
| | $V_L$ | $I_L$ | $V_L$ | $I_L$ |
| 680 | | | | |
| 1,800 | | | | |
| 2,700 | | | | |
| 5,600 | | | | |

③ 실험 순서 (3)과 (4)의 결과를 표 3에 기록한다.

표 3 테브난 전압과 테브난 등가 저항

| $V_{TH}$ | | $R_{TH}$ | |
|---|---|---|---|
| 이론값 | 측정값 | 이론값 | 측정값 |
| | | | |

**2) 검 토**

① 테브난 전압과 테브난 등가 저항의 이론값과 측정값의 차이는 얼마나 나는가?

② 어떠한 회로에 대해서도 테브난의 정리를 실험을 통해 증명할 수 있겠는가?

③ 직류회로 해석에서 테브난의 정리를 사용할 때의 장점은 무엇인가?

# 5.6 노턴의 정리

## 5.6.1 실험 목적

(1) 한 개 이상의 전원을 포함하고 있는 직류회로에서 노턴의 등가전류와 등가저항을 해석적으로 구하고, 실험을 통하여 확인한다.

## 5.6.2 관련이론

트랜지스터 회로와 같이 주로 전류원을 고려해야 할 경우에 노턴의 정리(Norton's theorem)를 이용하여 등가회로를 구성할 수 있다. 노턴의 정리에서 전원 및 저항(또는 임피던스)으로 구성되는 임의의 2단자 선형회로망은 전류원 $I_N$과 저항 $R_N$(임피던스의 경우 $Z_N$)으로 대치할 수 있다. 여기서 전류원 $I_N$은 회로의 출력단자를 단락시켰을 때 흐르는 단락전류와 같으며, 저항 $R_N$은 테브난의 정리에서의 $R_{TH}$와 동일하다. 그림 1(a)는 부하저항 $R_L$을 포함하는 회로를 블록도로 나타낸 것이고, 그림 1(b)는 그 회로에 대해 노턴의 정리를 적용시킨 등가회로를 나타낸 것이다.

회로에서 보는 바와 같이 노턴의 등가저항 $R_N$은 부하저항 $R_L$과 병렬로 연결하며, 노턴의 등가전류원 $I_N$과 병렬로 구성되어 있다. 따라서 부하전류 $I_L$은

$$I_L = \frac{I_N \times R_N}{R_N + R_L} \tag{1}$$

으로 구할 수 있다.

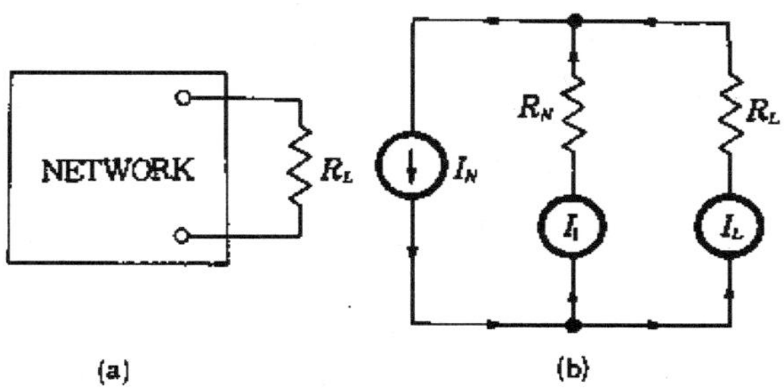


그림 1 (a) 부하저항 $R_L$에 대한 회로망, (b) 노턴의 등가회로

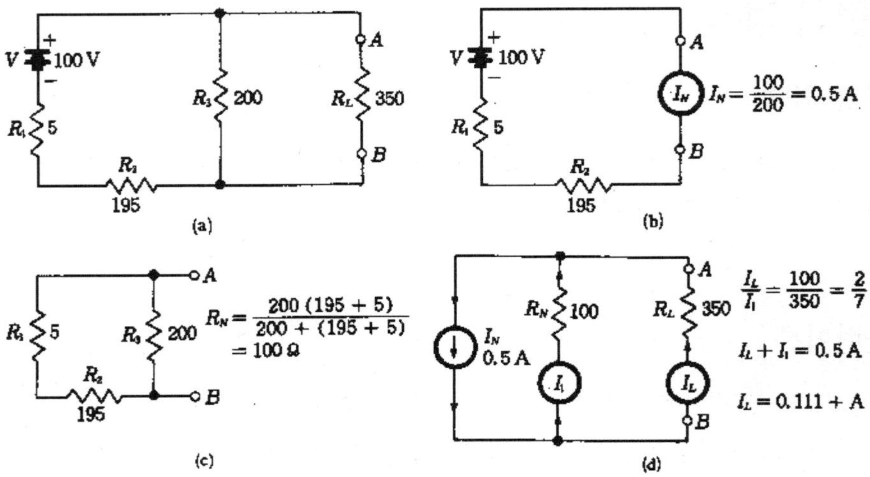


그림 2 직류회로망에서의 노턴의 정리를 적용

### 1) 노턴의 정리의 응용 예

위에서 언급한 노턴의 정리에 대한 이론을 그림 2 의 회로에 적용하여 이해해 보도록 하자.

그림 2(a)의 회로에 대해 부하에 흐르는 전류 $I_L$을 구하기 위해서는 옴의 법칙과 키르히호프의 법칙 또는 테브난의 정리를 사용하여 구할 수 있음은 우리가 이미 알고 있다. 그러나 이번 실험에서는 노턴의 정리를 사용하여 구해보기로 한다. 우선 부하저항을 제거하여 $A$와 $B$ 단자를 단락시키고, 이 때 단락된 $AB$ 사이를 흐르는 단락전류를 구하면 이 전류가 바로 노턴의 등가전류가 된다[그림 2 (b)]. 따라서 노턴의 등가전류 $I_N$은

$$I_N = \frac{V}{R_T} = \frac{100}{195+5} = \frac{100}{200} = 0.5[A] \tag{2}$$

다음 노턴의 등가저항을 구한다. 노턴의 등가저항은 테브난의 정리에서 테브난 등가저항을 구하는 것과 같으므로 우선 부하저항을 제거(개방)시키고 내부전원을 제거(단락)시켜 부하저항을 개방한 단자에서 들여다 본 합성저항을 구한다. 이것이 그림 2(c)에 나타나 있다. 이 때 합성저항 $R_N$은 100[Ω]이며, 이 합성저항이 바로 노턴의 등가저항인데, 노턴의 등가전류 $I_N$과 병렬로 연결된다[그림 2(b)].

이제 노턴의 등가전류와 등가저항이 구해졌으므로 그림 2(b)의 회로에서 부하전류 $I_L$을 구하면

$$I_L = \frac{I_N \times R_N}{R_N + R_L} = \frac{0.5(100)}{100+350}$$

$$I_L = \frac{50}{450} = 0.111[A] \quad (3)$$

그러므로

$$I_L = 0.111[A] \quad (4)$$

와 같이 되어 테브난 정리의 실험에서 구한 전류값과 동일한 결과를 갖고 온다.

### 2) 두 개 이상의 전원을 포함한 직류회로에 노턴의 정리를 적용시킨 예

이번에는 직류회로망 내에 두 개 이상의 전원이 포함되어 있는 회로에 키르히호프의 법칙을 이용한 방법, 테브난의 정리를 이용한 방법, 그리고 노턴의 정리를 이용한 방법을 각각 적용하여 비교해 보자.

#### (가) 키르히호프의 법칙 적용

우선 그림 3(a)의 회로에 키르히호프의 법칙을 적용하여 보자. 폐회로망(loop)은 $ABCDA$로 이루어지는 것과 $DFGCD$로 이루어지는 두 개의 폐회로망을 생각할 수 있다. $ABCDA$의 폐회로망을 폐회로망 1, $DFGCD$의 폐회로망을 폐회로망 2로 하자. 폐회로망 1과 2의 전류방향은 그림에서와 같이 정하며, 각각 $I_1$, $I_2$라 하자. 폐회로망 1과 2에 키르히호프의 법칙을 적용시키면 폐회로망 1에서

$$+V_1 - (I_1 + I_2)R_2 + V_2 - I_1 \times R_1 = 0 \quad (5)$$

여기에 주어진 값을 대입하여 간단히 하면

$$100 - 2200(I_1 + I_2) + 150 - 1000 I_1 = 0 \quad (6)$$

$$3200 I_1 + 2200 I_2 = 250 \quad (7)$$

폐회로망 2에서

$$-I_2 R_3 - (I_1 + I_2)R_2 + 150 = 0 \quad (8)$$

이고, 주어진 값을 대입하여 간단히 하면

$$-1200I_2 - 2200(I_1 + I_2) + 150 = 0 \tag{9}$$

$$2200I_1 + 3400I_2 = 150 \tag{10}$$

따라서 식 (7)과 (9)를 풀면 $I_1$=0.0861[A], $I_2$=−0.0116[A]를 결정할 수 있다. 이와 같은 과정에서 $I_1$과 $I_2$의 방향은 서로 반대인 점에 주의하여야 한다.

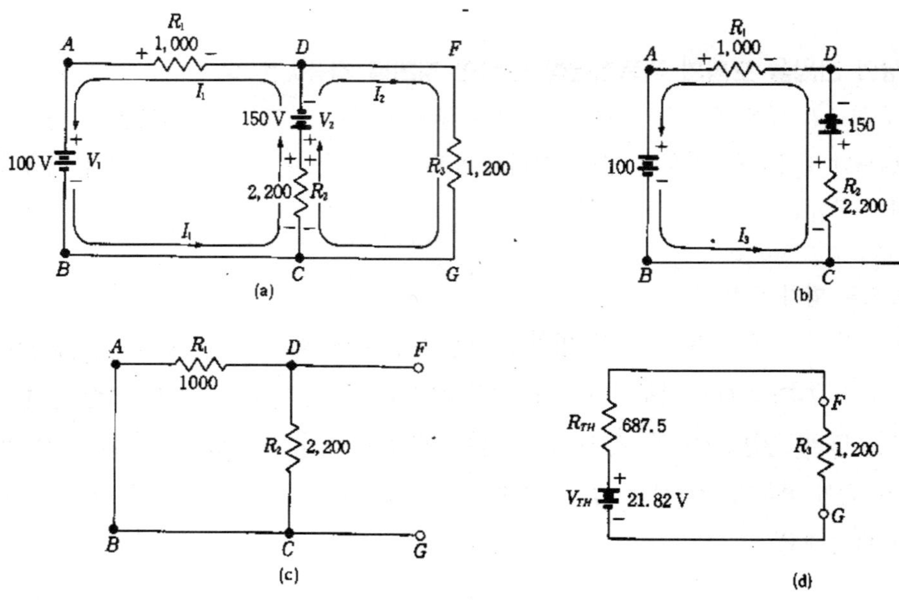


그림 3 키르히호프의 법칙과 테브난의 정리를 이용한 회로망 해석

**(나) 테브난 정리의 이용**

이번에는 그림 3(a) 회로의 $R_3$에 흐르는 전류 $I_2$를 결정하기 위한 방법으로 테브난의 정리를 적용시켜 보자. 추선 $R_3$를 개방한 상태에서 $F$와 $G$ 사이에 걸리는 전압을 결정한다. 이와 같은 회로는 그림 3(b) 와 같으며, 여기서 $V_{FG} = V_{TH} = -150 + I_3R_2$와 같이 된다. 따라서 $V_{TH}$를 결정하기 전에 먼저 $I_3$를 결정해야 하므로, 키르히호프의 법칙을 폐회로망 $ABCDA$에 적용시키면

$$100 - I_3(2200) + 150 - I_3(1000) = 0 \tag{11}$$

이고, 3200 $I_3$ = 250 이므로

$$I_3 = \frac{250}{3200} = 0.0781[A] \tag{12}$$

가 결정된다.

이제는 테브난의 등가전압을 구할 수 있게 되었다.

$$I_3R_2 = (0.0781)\ (2200) = 171.82\ [V] \tag{13}$$

이므로, 테브난의 등가전압은

$$V_{TH} = -150 + I_3R_2 = 21.82[V] \tag{14}$$

로 결정된다.

다음 테브난 등가저항을 구하기 위해 그림 3(c)와 같이 $R_3$를 개방한 상태에서 내부전원을 모두 제거(단락)시킨다. 이 때 $F$와 $G$ 단자에 들여다 본 합성저항이 바로 테브난의 등가저항이므로

$$R_{TH} = \frac{2200 \times 1000}{2200 + 1000} = 687.5[\Omega] \tag{15}$$

와 같이 결정된다. 이제 그림 3(d)와 같이 최정적인 테브난 등가회로가 결정되었으므로 $R_3$에 흐르는 전류 $I_2$를 결정할 수 있게 되었다.

$$I = I_2 = \frac{V_{TH}}{R_{TH} + R_3} = \frac{21.82}{1887.5} = 0.0116[A] \tag{16}$$

### 3) 노턴 정리의 적용

그림 3(a)와 동일한 그림 4(a)에서 $R_3$에 흐르는 전류 $I_2$를 결정하기 위해 노턴의 정리를 적용시켜 해결해 보자. 노턴의 등가회로를 구성하는 과정이 그림 4(b),(c),(d)에 나타나 있다. 노턴의 등가전류를 구하기 위해 $R_3$를 제거(단락)하면 그림 4(b)와 같이 된다. 여기서도 폐회

로망이 두 개 발생하는데 $ABCGFDA$로 이루어지는 폐회로망을 폐회로망 1이라 하고, $DFGCD$로 이루어지는 폐회로망을 폐회로망 2라 할 때 폐회로망 1과 2에 흐르는 전류를 각각 $I_4$와 $I_5$로 하자.

이 폐회로망에 키르히호프의 법칙을 적용시키면 폐회로망 1에서는

$$+100 - I_4(1000) = 0 \qquad I_4 = \frac{100}{1000} = 0.1[A] \tag{17}$$

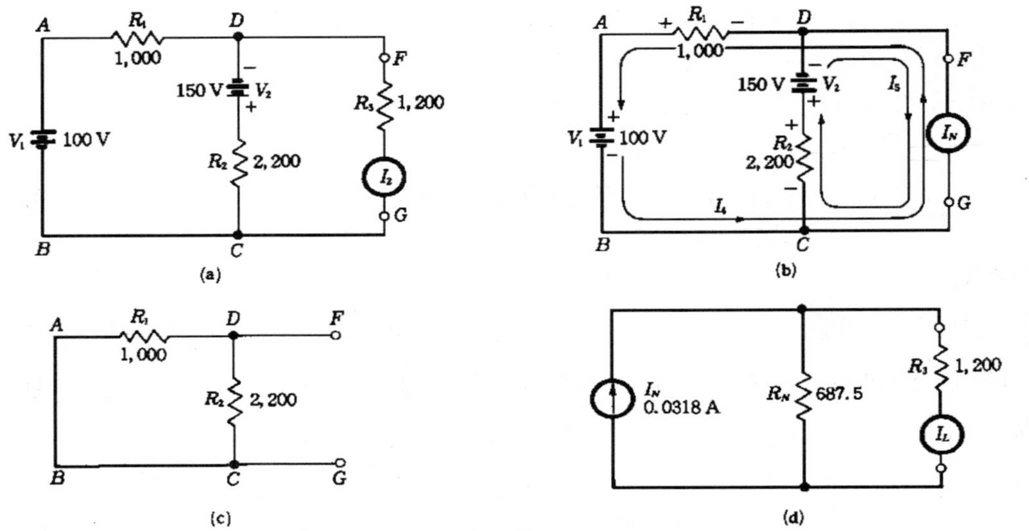


그림 4 노턴의 정리를 이용한 회로망 해석

이고 폐회로망 2 에서는

$$-2200I_5 + 150 = 0 \qquad I_5 = \frac{150}{2200} = 0.068[A] \tag{18}$$

와 같이 되어 $I_4$와 $I_5$의 차가 우리가 구하고자 하는 노턴의 등가전류이다.

따라서

$$I_N = 0.1000 - 0.0682 = 0.0318[A] \tag{19}$$

으로 결정되며, 다음 노턴의 등가저항을 구하기 위해 그림 4(c)의 회로에서 $R_3$를 제거(개방)

시키고, 내부전원을 제거(단락)시키면 그림 4(d)와 같다. 이 때 $FG$에서 들여다 본 합성저항이 노턴의 등가저항이므로

$$R_N = 687.5[\Omega] \tag{20}$$

이 결정된다. 이 등가저항은 물론 노턴의 등가전류 $I_N$과 병렬연결된다. 이렇게 하여 그림 4(d)와 같은 노턴의 등가회로를 구성할 수 있으며, 이로 인해 $R_3$에 흐르는 부하전류 $I_2$를 구할 수 있다.

$$I_2 = \frac{I_N \times R_N}{R_N + R_L} = \frac{0.0318 \times 687.5}{687.5 + 1200} = \frac{0.0318 \times 687.5}{1887.5} = 0.0116[A] \tag{21}$$

이로서 $R_3$에 흐르는 전류 $I_2$는 키르히호프의 법칙 및 테브난의 정리를 이용하여 구한 값과 동일함을 알 수 있다.

## 5.6.3 사용기기 및 재료

① 직류전원장치 2대(0~50[V])
② 디지털 회로시험기 1 대
③ 직류전류계(50[mA]) 2 대
④ 저항(1/2[W] ; 3.3[kΩ], 5.1[kΩ], 8[kΩ], 10[kΩ]) 각 1 개
⑤ 가변저항기(2[W], 10[kΩ]) 1 개

## 5.6.4 실험 순서

(1) 그림 5(a)의 회로를 연결한다. 이 때 $S_1$은 개방시키고, 직류전원장치 $V_1$과 $V_2$를 인가하여 $V_1$ = 40[V], $V_2$ = 20[V]가 되게 조정한다.

(2) $S_2$를 개방하고 $S_1$은 닫는다. 이 때 $V_1$과 $V_2$는 각각 15[V], 10[V] 로 유지한다. 전류계로 $R_3$에 흐르는 전류 $I_L$을 측정하여 1의 $I_L$란 "측정값"이라 표시된 "본래회로" 칸에 기록한다.

(3) $S_2$를 닫아 $R_3$를 단락시킨다. 이 때 전류 $I_N$을 측정하여 $I_N$칸의 측정값에 기록한다 (참고 : $R_3$를 단락시킬 때 흐르는 전류 $I_N$이 노턴의 등가전류이다).

(4) 회로에서 $V_1$과 $V_2$를 제거하고 $R_3$도 제거한다. 그리고 $D$와 $E$, 그리고 $A$와 $B$를 단락시킨다. $S_1$은 계속 닫아 놓고, $S_2$는 개방시킨다. 이 때 $F$와 $G$ 사이의 저항을 측정하여 표 1 의 $R_N$란 "측정값" 칸에 기록한다
(참고 : 이 저항은 노턴의 등가전류와 연결된다).

(5) 그림 5(b)의 회로를 연결한다. 이 때 $S_1$은 개방하고 $R_3$은 5.1[kΩ]을 사용한다. $M_1$과 $M_2$는 회로의 노턴의 등가전류와 부하전류를 측정하기 위한 것이다. $V$의 출력전압을 0 으로 한다(주의 : $R_N$은 10[kΩ], 2[W] 의 가변저항을 사용하되, 실험 순서(4)에서 측정한 저항값으로 맞춘다).

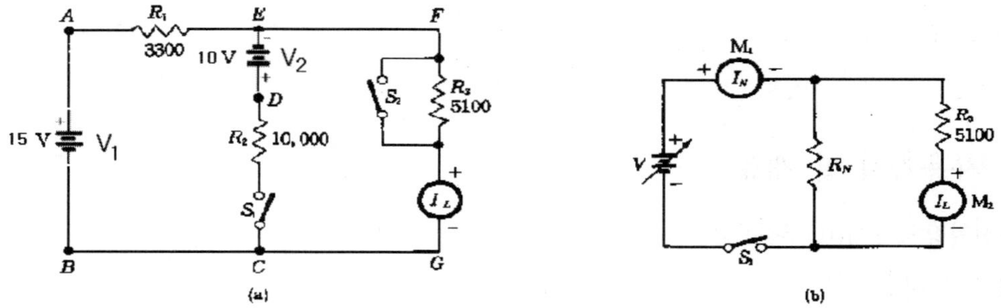


그림 5 노턴의 정리를 위한 실험회로

(6) 이제 $S_1$을 닫고 $M_1$에서 측정한 전류값이 $I_N$과 같을 때까지 천천히 직류전원장치를 조정한다. $I_N$은 실험 순서 (3)에서 측정한 것이다. $M_2$로 $R_3$에 흐르는 전류 $I_L$을 측정하여 표 1 의 $I_L$란 "측정값"이라고 표시된 "노턴" 칸에 기록한다.

(7) 전원을 끈다. 그림 5(a)의 회로에서 노턴의 등가전류 $I_N$을 계산하여 표1의 $I_N$란 "계산값" 칸에 기록하되 계산 결과도 함께 나타낸다. 또한 노턴의 등가저항 $R_N$도 계산하여 위와 같이 $R_N$의 "계산값" 칸에 기록한다. 이렇게 구해진 등가전류와 저항을 갖고 $R_3$에 흐르는 전류 $I_L$을 구하여, $I_L$란의 "계산값" 칸에 기록하되, 계산 결과도 함께 나타낸다.

(8) 부하저항 $R_L$을 각각 3.3[kΩ], 8[kΩ], 10[kΩ]으로 바꾸어 실험 순서 (2)~(7)을 반복한다.

## 5.6.5 실험실습 보고서

실험 일자 : 년 월 일 ( 요일), 교시 ~ 교시

공동실험자 : 제 조, , , , .

학 과 : 과

학 번 :

성 명 :

## 5.6.6 실험 결과 및 검토

### 1) 실험 결과

① 실험 순서 (2)~(7)에 지시한 측정값과 계산값을 각각 구하여 표 1 에 기록한다.

표 1 노턴의 정리에 대한 실험 결과

| $R_L$[Ω] | $I_N$[mA] | | $R_N$[Ω] | | $I_L$[mA] | | |
|---|---|---|---|---|---|---|---|
| | 측정값 | 계산값 | 측정값 | 계산값 | 측 정 값 | | 계산값 |
| | | | | | 노 턴 | 본래회로 | |
| 5100 | | | | | | | |
| 3300 | | | | | | | |
| 8000 | | | | | | | |
| 10,000 | | | | | | | |

② 실험 순서 (8)에 언급한 3개의 다른 부하저항 $R_L$을 이용하여 표 1 에 기록한다.

## 2) 검 토

① 그림 5(a)의 회로에서 측정된 $I_L$과 그림 5(b)에서 측정된 노턴의 등가회로에서 측정된 $I_L$ 값과는 어떤 차이가 있는가?

② $I_N$의 측정값과 계산값은 같은가?

③ $R_N$의 측정값과 계산값은 같은가?

④ 표1의 결과값을 보고, 여러분이 기대할 수 있는 결과가 나왔는가?

⑤ 그림 5(a)의 회로에 대한 노턴의 정리를 적용 시킬 수 있겠는가?

# 5.7 $RL$ 직렬회로의 임피던스

## 5.7.1 실험 목적

(1) $RL$ 직렬회로의 임피던스 $Z$는 아래와 같은 공식으로 나타낼 수 있음을 실험적으로 증명한다.

$$Z = \sqrt{R^2 + X_L^2}$$

(2) $Z$, $R$과 $X_L$과의 관계는

$$Z = \frac{R}{\cos\theta} = \frac{X_L}{\sin\theta}$$

과 같은 관계를 나타냄을 실험적으로 증명한다. 여기서 θ 는 $R$과 $Z$ 사이의 위상각이다.

## 5.7.2 관련이론

### 1) $RL$ 직렬회로의 임피던스

AC회로에 흐르는 교류전류를 억제하는 양을 임피던스(impedance)라 한다. 그림 1 회로를 고려해 보자. 교류전류가 흐르는 초크 코일($L$)의 저항이 0 이라고 하면, 전류는 단지 초크의 $X_L$에 의해서만 방해를 받게 된다. 즉 $Z = X_L$이다. 이 경우 $L = 8$[H] 이고, $f = 60$[Hz]라면

$$X_L = 2\pi f L = 6.28(60)(8) = 3014[\Omega]$$

$V = 6.3$[V]라면 회로에는 얼마만한 전류 $I$가 흐르는가?
옴의 법칙을 적용하면

$$I = \frac{V}{X_L} \tag{1}$$

따라서 $I = 6.3$ / 3014 = 2.09[mA]가 된다. 만약 인덕턴스 $L$과 관련된 저항 $R$이 있거나

그림2와 같이 $R = 3000[\Omega]$과 $L$이 직렬로 연결되어 있다면 전류는 2.09[mA] 보다 적을 것이다.

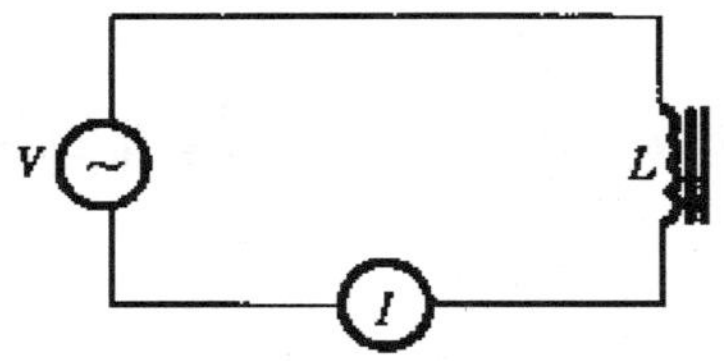


그림 1 $L$단독인 회로에서 전류는 유도성 리액턴스에 의해 제한된다.

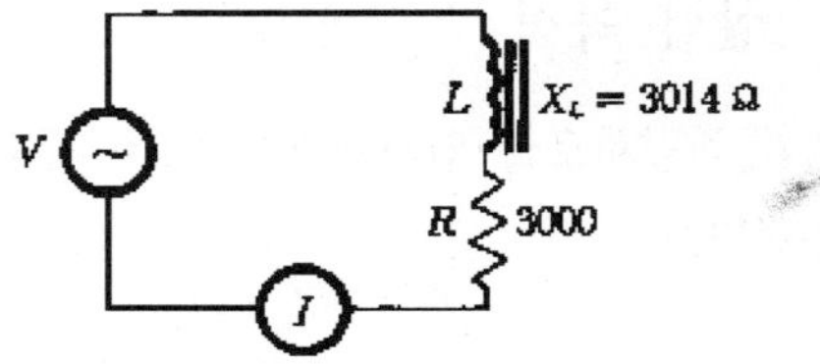


그림 2 $R$과 직렬로 된 $L$의 임피던스는 $L$단독일 경우보다 크다.

앞부분에서 계산된 값과 같은 $X_L$이라면 이 때 전류는 1.485[mA]를 나타낸다. 이것은 $RL$ 직렬회로의 전체 임피던스가 $R$과 $X_L$의 간단한 대수합으로 나타낼 수 없음을 의미한다. $Z$는 $X_L$과 $R$의 위상합(phase addition)으로서 수학적인 측면에서 설명될 수 있다.

**페이저(phasor)**는 시간에 따라 변하는 양을 나타내는 벡터를 설명하는데 사용된다. $Z$가 정현파 $V$와 $I$에 관계가 있기 때문에 $Z$를 언급할 경우 페이저(phasor)를 사용한다. 그림 3의 페이저도는 $X_L$과 $R$이 90의 위상차를 갖고 있음을 보여주며, $X_L$이 $R$보다 90앞서고 있다.

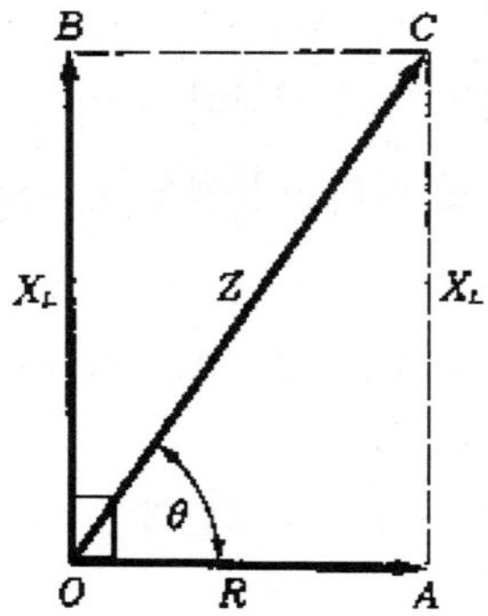


그림 3 $RL$ 직렬회로에서의 페이저도

$X_L$과 $R$에 의한 페이저의 합이 벡터로 표시되어 있으므로 평행사변형법에 의한 벡터합성으로 구할 수 있으며, 그 합이 바로 임피던스 $Z$이다. 이 $Z$는 그림 3에서와 같이 직각삼각형

의 사변형이므로 피타고라스 정리에 의해

$$Z = \sqrt{R^2 + X_L^2} \tag{2}$$

로 구해진다.

식 (2)는 $RL$회로에서 $R$과 $L$을 알고 있을 경우 $RL$회로의 임피던스를 구하는 공식이다. 예를 들어 $R = 40[\Omega]$이고, $X_L = 25[\Omega]$일 때

$$\begin{aligned} Z &= \sqrt{40^2 + 25^2} = \sqrt{1600 + 625} \\ &= \sqrt{2225} = 47.17[\Omega] \end{aligned}$$

따라서 교류회로와 직류회로에서 해석하는 수학적 방법의 중요한 차이점을 볼 수 있다. 즉 저항이 직렬로 연결되어 있는 직류회로에서 합성저항은 저항 개개의 대수합으로 결정되지만, 저항과 인덕턴스로 구성된 교류회로에서 합성 임피던스는 대수합이 아니고 $R$과 $X_L$에 의한 페이저(phasor) 합으로 나타난다는 차이점이 있다. 그러나 식 (2)에 의한 방법은 다소 불편한 점이 있으므로 삼각법에 의한 또 다른 해석 방법을 주로 사용한다. 삼각법에 의한 또 다른 한 방법은 다음과 같다.

그림 2에서 $R$과 $X_L$을 알면 $R$과 $Z$ 사이의 $\Theta$는

$$\tan\Theta = \frac{X_L}{R}$$

에 의해 구해진다. 또한

$$\Theta = \tan^{-1}\frac{X_L}{R} \tag{3}$$

$$\frac{X_L}{Z} = \sin\Theta$$

$$Z = \frac{X_L}{\sin\Theta} \tag{4}$$

마찬가지로,

$$Z = \frac{R}{\cos\Theta} \tag{5}$$

이다. 따라서 $Z$를 구하는 과정은

① 식 (3) 에 의해 $\Theta$를 구한다.

② 식 (4), (5)에 $R$, $X_L$, $\Theta$를 대입하여 $Z$를 구한다.

[예] $R = 40[\Omega]$, $X_L = 25[\Omega]$ 일 때 삼각법으로 $Z$를 구하라.

[해] 그림 3 을 참고한다.

1. $\tan\Theta = \dfrac{X_L}{R} = \dfrac{25}{40} = 0.625$

   $\Theta = 32°$

2. $Z = \dfrac{X_L}{\sin\Theta} = \dfrac{25}{\sin\ 32°} = 47.17[\Omega]$

   $Z = \dfrac{R}{\cos\Theta} = \dfrac{40}{\cos\ 32°} = 47.17[\Omega]$

**2) $RL$직렬회로에 적용되는 옴의 법칙**

교류회로의 옴의 법칙에서 전류 $I$는 전압과 임피던스 $Z$와의 비로 나타낸다.

$$I = \frac{V}{Z} \tag{6}$$

$$Z = \frac{V}{I} \tag{7}$$

그러므로 그림 2 회로에서 $V$와 $I$는 측정할 수 있으므로 $Z$는 $V$와 $I$를 대입하여 쉽게 구할 수 있다. 또한 $Z$는 식 (5)에 의하거나 삼각법 공식인 식 (1)과 (7)에 의해서도 구할 수 있다.

[예] 그림 2 회로에서 $X_L = 25[\Omega]$, $R = 40[\Omega]$이고, 공급전압 $V = 47[V]$라고 하면, 회로상에서 전류계로 측정할 때 1[A]가 측정될 것이다. 이 때 임피던스는

$$Z = \frac{V}{I} = \frac{47}{1} = 47[\Omega]$$

전류를 측정하고 $Z$를 계산함으로써 식 (2), (4), (5)를 증명할 수 있다. 전류를 직접 측정하지 않고 전류를 구할 수 있는 또 다른 방법은 $R$ 양단전압 $V_R$을 측정 하여

$$I = \frac{V_R}{R} \tag{8}$$

의 식을 이용한다.

전류를 구하면 임피던스 $Z = V / I$ 에 의해서 구할 수 있게 된다.

### 5.7.3 사용기기 및 재료

① 함수 발생기
② 회로 시험기
③ 오실로 스코프 : 100 MHz
④ 저항 : 200[Ω], 1[kΩ]
⑤ 인덕터 : 20[mH]

### 5.7.4 실험 순서

(1) 그림 4의 회로를 연결하고, 함수 발생기의 출력 신호를 10[kHz], 2[Vp-p]의 정현파가 되도록 한다.

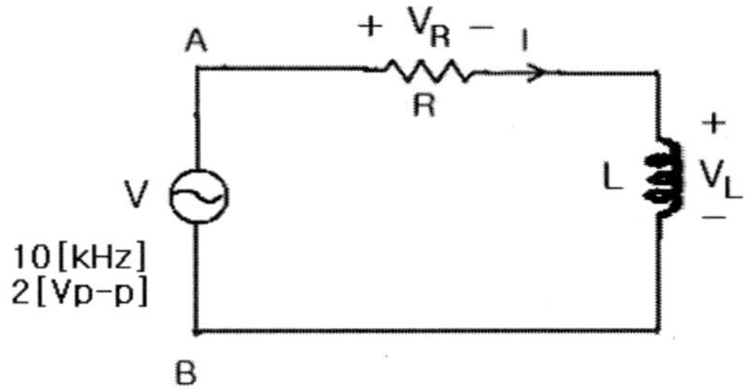


그림 4 $RL$ 회로의 임피던스 Z를 결정하는 실험회로

(2) 회로에 가해지는 전압 V, $R$ 양단전압 $V_R$과 $L$ 양단전압 $V_L$을 오실로 스코프를 이용

하여 측정한 후 기록하며, 이때 $X_L$과 $Z$도 계산하여 기록한다.

( $X_L = V_L/I$ ; $Z = V_{AB}/I$)

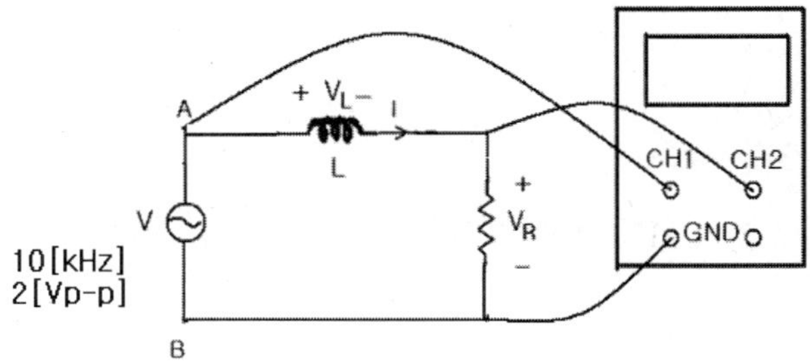


그림 5 VR과 VL 측정법

(3) $Z = \sqrt{R^2 + X_L^{\ 2}}$ 의 식에 $X_L$과 $R$을 대입하여 Z를 계산하고 표 1 에 기록하라. 식 $I = V_R/R$에 의해 회로에 흐르는 전류를 계산한다.

(4) 표 1의 각 저항 $R$에 대하여 실험 순서 (2)와 (3)을 반복하여 실험한다.

(5) 표 1에 있는 $Z = V_{AB}/I$와 $X_L = V_L/I$의 값을 표 2에 옮겨 기록한다. $X_L$과 $R$의 각각의 값에 대해 식 (3)을 이용하여 Θ와 tan Θ를 구한다. 다음 식(4)와 (5)를 사용하여 $Z$의 값을 구하여 표에 기록한다.

## 5.7.5 실험실습 보고서

실험 일자 : 년 월 일 ( 요일), 교시 ~ 교시

공동실험자 : 제 조, , , , .

학 과 : 과

학 번 :

성 명 :

## 5.7.6 실험 결과 및 검토

### 1) 실험 결과

① 실험 순서 (2)에 의한 측정 결과 및 계산값을 표 1 에 기록한다.

② 실험 순서 (3)에 의한 $Z$를 계산하고, 표 1 에 기록한다.

③ 실험 순서 (4)에 의한 $R = 2.7[\text{k}\Omega]$ 저항에 대한 실험을 계속하여 표 1 에 기록한다.

④ 실험 순서 (5)에 대한 결과를 표 2 에 기록한다.

표 1

| $R$ [Ω] | $I$ [A] | $V_{AB}$ [V] | $V_R$ [V] | $V_L$ [V] | $X_L = \frac{V_L}{I}$ [Ω] | $Z = V_{AB}/I$ [Ω] | $Z = \sqrt{R^2 + X_L^2}$ [Ω] | $I = V_R/R$ [Ω] |
|---|---|---|---|---|---|---|---|---|
| 200 | | | | | | | | |
| 1,000 | | | | | | | | |

표 2

| $R$ [Ω] | $Z=V_{AB}/I$ [Ω] | $X_L=V_L/I$ [Ω] | $\tan\Theta=X_L/R$ | $\Theta$ degrees | $Z$[Ω] $R/\cos\Theta$ | $Z$[Ω] $X_L/\sin\Theta$ |
|---|---|---|---|---|---|---|
| 200 | | | | | | |
| 1,000 | | | | | | |

**2) 검 토**

① 표 1을 참고하여 $R = 5[k\Omega]$ 일 때 $Z$의 두 종류의 값이 같은가? 또한 $27[k\Omega]$일 경우 어떠한 지를 설명하라.

② 공식 $Z=\sqrt{R^2+X_L^2}$ 에 대하여 표에 기록된 자료들로부터 어떤 결론을 얻을 수 있는가?

③ 전류계로 측정한 값 $I$와 계산값( $I = V_R/R$)과 같은지의 여부와 그 이유를 설명하라.

④ $Z$를 정의하라.

⑤ 이 실험에서 오차가 발생하는 원인은 무엇이 있는가?

# 5.8 *RL* 직렬회로의 전압 특성

## 5.8.1 실험 목적

(1) *RL* 직렬회로에서 전압 $V$와 전류 $I$ 사이의 위상각 Θ를 측정한다.

(2) 공급전압 $V$, 저항 양단전압 $V_R$, 인덕터 양단전압 $V_L$ 사이에는

$$V = \sqrt{V_R^2 + V_L^2}$$

$$V_R = V\cos\Theta = V\times\frac{R}{Z}$$

$$V_L = V\sin\Theta = V\times\frac{X_L}{Z}$$

와 같은 관계가 성립하고 있음을 실험을 통해 확인한다.

## 5.8.2 관련이론

### 1) 페이저(Phasor)

페이저는 크기(amplitude)와 방향(direction) 특성을 갖는다. 따라서 벡터(vector)와 같은 정의를 갖는다. 하지만 벡터는 공간영역(space domain)과 관계가 있고 페이저는 시간 영역(time domain)과 관계가 있다. 전기회로에서 페이저량은 정현파 전압과 전류로 설명된다. 따라서 페이저량을 임피던스 관계로 취급할 수 있다. 동일한 주파수를 갖는 정현파 전압과 전류가 페이저로 표현되면 쉽게 가산, 감산을 할 수 있다.

페이저를 계산할 경우는 크기와 방향을 갖고 있으므로 벡터로 해석하여야 한다.

### 2) *RL* 직렬회로의 위상각

직렬회로에 흐르는 전류는 어느 점에서나 같기 때문에 공급전압 $V$, $V_R$, $V_L$ 사이의 페이저를 언급할 경우 전류를 기준으로 페이저로 취급한다. 저항에서 전압과 전류의 페이저는 동상(in phase)이므로 그림 1 과 같이 $V_R$ 은 전류 페이저를 연장하여 표시한다.

인덕턴스에 흐르는 전류는 전압보다 90늦기 때문에 페이저 $V_L$은 전류 $I$ 보다 90빠르다. 따라서 $V_L$ 이 $V_R$ 보다 90빠른 것은 당연하다.

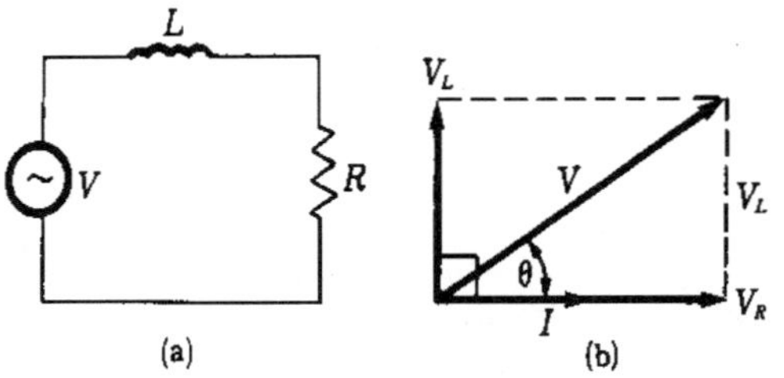


그림 1　$RL$ 직렬회로에서 위상관계

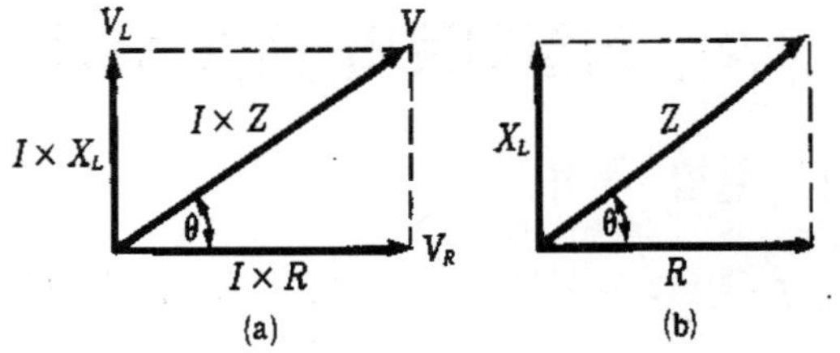


그림 2　$V$와 $I$의 위상각은 $Z$와 $R$사이의 각과 동일하다.

### 3)　$V_R$과 $V_L$의 페이저의 합

그림 1 (a)와 같은 직렬 $RL$ 전압분배회로에서 동일한 공급전압 $V$가 인가될 때 $V_R$과 $V_L$의 합은 어떻게 되겠는가? $V_R$과 $V_L$은 90°의 위상차가 있으므로 대수합으로 해결할 수는 없다. 그림 1(b)와 같이 공급전압은 $V_R$과 $V_L$ 축으로 이루어진 사변이 된다. 따라서 피타고라스의 정리에 의해

$$V = \sqrt{V_R^2 + V_L^2} \tag{1}$$

이 성립된다.

유도성 회로에서 전압과 전류사이의 위상관계는 어떠한가? 그림 1(b)에서 보면 공급전압 $V$는 전류 $I$ 보다 $\Theta$ 만큼 늦다. 이 $\Theta$ 는 그림 2 에 나타난 것처럼 임피던스 페이저도에서 $Z$와 $R$ 사이의 각 $\Theta$ 와 동일하다.

그림 2 (b)는 그림 1(b)를 다시 그린 것으로서, $V_R$은 $I$와 $R$을 곱한 것이고, $V_L$은 $I$와 $X_L$ 을, $V$는 $I$와 $Z$를 곱한 것이다. 여기서 $I$는 공통이므로 그림 2 (b)와 같은 임피던스도를 그릴 수 있다.

그림 1 (b)에 대한 해석은 다음과 같다.

$$\frac{V_R}{V} = \cos\Theta \tag{2}$$

$$V_R = V\cos\Theta \tag{3}$$

이 성립된다. 또한

$$V_L = V \sin \Theta \tag{4}$$

이고, 삼각법에 의해

$$\cos \Theta = \frac{R}{Z}$$
$$\sin \Theta = \frac{X_L}{Z}$$

식 (3)과 (4)에 이 값을 대입하면

$$V_R = V \times \frac{R}{Z} \tag{5}$$
$$V_L = V \times \frac{X_L}{Z} \tag{6}$$

이 성립된다.

$V$, $R$, $X_L$을 알고 있다면 $RL$ 직렬회로에서 $V_R$과 $V_L$을 계산하는데 식 (3), (4), (5), (6)들이 이용된다.

[예] 25[Ω]의 리액턴스를 갖는 인덕턴스와 40[Ω]의 저항으로 직렬 연결된 회로 양단에 47[V]를 공급하면

(1) $V$와 $I$ 사이의 위상각 Θ는?
(2) $V_R$은?
(3) $V_L$은?

[해1] 식(3), (4)를 이용하여

(1) $\tan \Theta = \frac{X_L}{R} = \frac{25}{40} = 0.625$

$\Theta = 32^\circ$

(2) $V_R = V \cos \Theta$

$$= 47 \cos 32^{\circ}$$
$$= 40[V]$$

(3) $V_L = V \sin \theta$
$$= 47 \sin 32^{\circ}$$
$$= 25[V]$$

[해2] 식 (5), (6)을 이용하여

(1) $\tan \theta = \dfrac{X_L}{R} = \dfrac{25}{40} = 0.625$
$$\theta = 32^{\circ}$$

(2) $Z = \dfrac{R}{\cos \theta} = \dfrac{4}{\cos 32^{\circ}} = 47[\Omega]$
$$V_R = V \times \frac{R}{Z}$$
$$= 47 \times \left(\frac{40}{47}\right)$$
$$= 40[V]$$

(3) $V_L = V \times \dfrac{X_L}{Z}$
$$= 47 \times \frac{25}{47}$$
$$= 25[V]$$

우리는 식 (1)을 사용하여 [해 1]과 [해 2]의 방법을 검토할 수 있다. 식(1)에 $V_R$과 $V_L$을 대입하면

$$V = \sqrt{40^2 + 25^2}$$
$$= 47[V]$$

계산값 $V$는 실질적으로 공급전압 $V$와 같으므로 해는 옳다.

### 5.8.3 사용기기 및 재료

① 함수 발생기
② 회로 시험기
③ 오실로 스코프 : 100 MHz
④ 저항 : 200[Ω], 1[kΩ]
⑤ 인덕터 : 20[mH]

### 5.8.4 실험 순서

**< 위상각 Θ 측정 >**

그림 1(a)에서 $V_R$과 $I$는 동상(in phase)이다. 공급전압 $V$는 전류 $I$를 앞서므로 각 Θ는 $V$와 $V_R$사이의 각 Θ를 측정하여 구할 수 있다.

(1) 그림 4의 회로를 연결하고, 함수 발생기의 출력 신호를 10[kHz], 2[Vp-p]의 정현파가 되도록 한다.

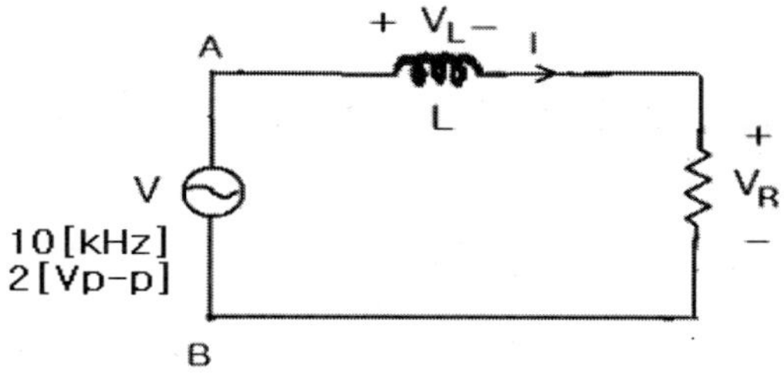


그림 4 *RL* 회로의 임피던스 Z를 결정하는 실험회로

(2) 그림 5로부터 위상각을 측정하여 표 1 에 기록한다.

(3) 측정된 각 Θ가 $Z$와 $R$ 사이의 각 Θ와 동일한지 확인한다. $V_R$ 값을 측정하여 기록한다. 측정값 $V_R$을

$$I = \frac{V_R}{R}$$

식에 대입하여 전류 $I$를 계산한다. $V_L$(rms)를 측정한다.

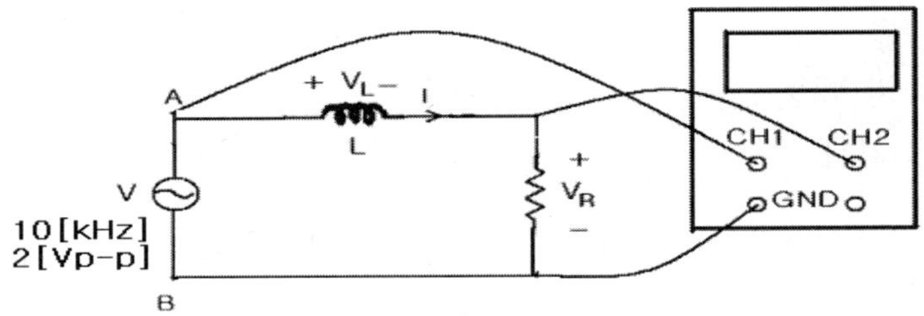


그림 5 VR과 VL 측정법

$V_L$의 리액턴스 $X_L$과 계산하여 기록한다. 계산값 $X_L$과 $R$의 값을

$$\Theta = \tan^{-1}\frac{X_L}{R}$$

에 대입하여 각 Θ를 구한다.

(4) 표 1의 각 저항에 대하여 실험 순서 (2), (3)을 반복한다.

(5) 표 1 의 $V_R$, $V_L$을 표 2에 옮겨 적는다. $V_R$과 $V_L$의 값에 대하여

$$V = \sqrt{V_R^2 + V_L^2}$$

을 계산하여 표 2 에 기록한다.

(6) 표 1 과 2 의 자료를 가지고 식 (3), (4), (5), (6)을 증명하여라. 또한 증명한 방법과 계산과정을 설명하여라.

## 5.8.5 실험실습 보고서

실험 일자 : 년 월 일 ( 요일), 교시 ~ 교시

공동실험자 : 제 조, , , , .

학 과 : 과

학 번 :

성 명 :

## 5.8.6 실험 결과 및 검토

### 1) 실험 결과

① 실험 순서(1), (2)에서 지시한 위상각 Θ를 표 1 에 기록한다.

② 실험 순서 (3)에서 지시한 내용 즉, $V_R$, $I$, $V_L$, $X_L$, Θ 등의 측정값 및 계산값을 표 1에 기록한다.

③ 실험 순서 (4)의 내용대로 저항을 1.2[kΩ]으로 바꾸어 반복실험을 수행하고, 그 결과를 표 1 에 기록한다.

④ 실험 순서 (5)에서 $V_R$, $V_L$을 토대로 $V = \sqrt{V_R^2 + V_L^2}$ 의 값을 계산하여 표 2 에 기록한다.

표 1

| $R$[Ω] | 위상각 Θ | $V_R$[V] | $I = \frac{V_R}{R}$ [A] | $V_L$[V] | $X_L = \frac{V_L}{I}$ [Ω] | Θ(도) = $\tan^{-1}\frac{X_L}{R}$ |
|---|---|---|---|---|---|---|
| 200 | | | | | | |
| 1,000 | | | | | | |

표 2

| $R$[Ω] | 인가전압[Vrms] | $V_R$[V] | $V_L$[V] | $V$[V] |
|---|---|---|---|---|
| 200 | 6.3 | | | |
| 1,000 | 6.3 | | | |

## 2) 검 토

① 표 1에서 $R = 4.7$[kΩ]에 대응되는 측정된 위상각과 계산된 위상각이 왜 서로 같은지 이유를 설명하라. 만약 서로 다르다면 왜 다른지 설명하라. $R = 1.2$[kΩ]에 대해서도 언급하라.

② 실험에서 오차가 생기는 이유들은 어떤 것이 있는가?

③ $V = \sqrt{V_R^2 + V_L^2}$ 을 실험 결과로서 증명하라(적당한 데이터를 대입하여 증명하라).

# 5.9 $RC$ 직렬회로의 임피던스

## 5.9.1 실험 목적

(1) $RC$ 회로의 임피던스 $Z$ 가

$$Z = \sqrt{R^2 + X_C^2}$$

으로 주어짐을 실험을 통해 확인한다.

(2) $Z$ 와 $R$, 그리고 $X_C$와의 관계는

$$Z = \frac{R}{\cos\Theta} = \frac{X_C}{\sin\Theta}$$

와 같음을 실험을 통해 확인한다.

## 5.9.2 관련이론

그림 1 회로는 이미 $RL$ 실험 회로와 매우 유사한 방법으로 $RC$ 회로의 임피던스를 해석하는 회로이다. $RC$ 회로의 임피던스 $Z$ 는 $R$과 $X_C$의 페이저(phasor)합으로 나타난다.

그림 2 는 이와 같은 관계를 나타내는 $R$과 $X_C$의 페이저도이다. $X_C$는 $R$ 보다 90도 늦는데, 이는 $X_L$ 이 $R$ 보다 90도 빠른 것과 비교하여 생각해 볼 필요가 있다.

그림 2에서 $Z$는 삼각형의 사변이며, 피타고라스의 정리에 의허

$$Z = \sqrt{R^2 + X_C^2} \tag{1}$$

로 구해진다.

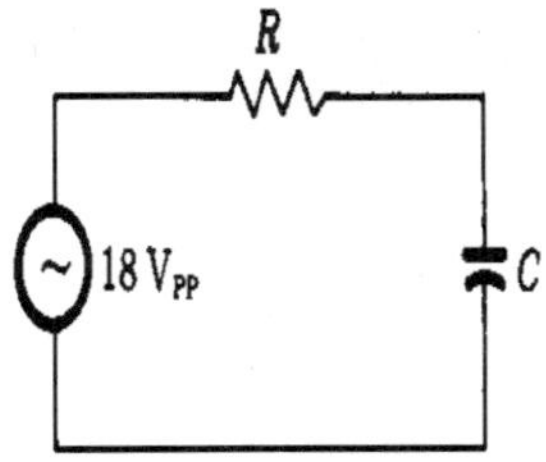


그림 1 $RC$ 직렬회로

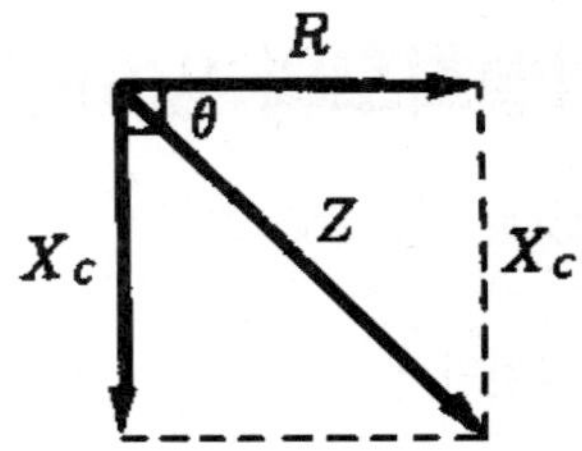


그림 2 $RC$직렬회로의 임피던스

이 식으로부터 $R$과 $X_C$를 알고 있으면, $Z$를 구할 수 있다. 예를 들어 $R$ = 30[Ω]이고, $X_C$ = 40[Ω] 일 때, $Z = \sqrt{30^2+40^2} = 50[\Omega]$이다.

그림 2를 고찰하여 보면 $R$과 $X_C$를 알고 있다면 $R$과 $Z$ 사이의 각 Θ도 알 수 있다. 즉

$$\tan\Theta = \frac{X_C}{R} \tag{2}$$

이고,

$$\Theta = \tan^{-1}\frac{X_C}{R} \tag{3}$$

으로 $Z$를 계산할 수 있다.

$$\frac{X_C}{Z} = \sin\Theta \tag{4}$$

이고,

$$Z = \frac{X_C}{\sin\Theta} \tag{5}$$

$$Z = \frac{R}{\cos\Theta} \tag{6}$$

으로 주어진다.

그러므로 $Z$를 구하는 과정은

1. 식 (2)와 (3)을 이용하여 $\Theta$를 구한다.
2. 식 (5)와 (6)을 이용하여 $Z$를 구한다.

[예] $R$ = 30[Ω], $X_C$ = 40[Ω] 일 때 $Z$ 를 구하라.

[해] 임피던스 삼각형 그림 2를 그린다.

1. $\tan\ \Theta = \frac{X_C}{R} = \frac{40}{30} = 1.33$

   $\Theta = 53.1$

2. $Z = \frac{R}{\cos\ \Theta} = \frac{30}{\cos\ 53.10} = 50[\Omega]$

이 결과는 삼각형 공식을 이용하여 구한 값과 동일하다.

**< $RC$ 직렬회로에 적용한 옴의 법칙 >**

옴의 법칙은 '전류 $I$ 는 공급전압 $V$와 임피던스 $Z$와의 비와 같다'는 것을 보여준다.

$$I = \frac{V}{Z} \tag{7}$$

$$Z = \frac{V}{I} \tag{8}$$

식 (8)은 $Z$와 $X_C$, 그리고 $R$ 사이의 관계를 증명하는데 이용된다. 그림 1 회로에서 식 (8)에 측정값 $V$와 $I$ 를 대입하여 $Z$를 구할 수 있다.

[예] 그림 1 회로와 같은 직렬회로에서 $X_C$ = 40[Ω], $R$ = 30[Ω]이고, 공급전압 $V$ = 10[V]라 하자. 이 때 흐르는 전류가 0.2[A]라면

$$Z = \frac{V}{I} = \frac{10}{0.2} = 50[\Omega]$$

이다.

따라서 전류측정과 일련의 $Z$를 구하는 과정으로서 식 (1), (5), (6)을 정명한 셈이 된다.

그림 1에서 직접 전류계로 전류를 측정하지 않고 전류를 구하는 방법은 $R$ 양단 전압 $V_R$을 구함으로써 해결할 수도 있다. $R$에 흐르는 전류는

$$I = \frac{V_R}{R} \tag{9}$$

로서 구할 수 있다.

직렬회로에 흐르는 전류 $I$는 어느 곳에서나 동일하므로 구한 $I$ 값이 이 회로의 전류이다.

위의 예에서처럼 전류가 구해지면 $Z = \frac{V}{I}$ 식에 $I$를 대입하여 이 회로의 임피던스를 구할 수 있다. 여기서 $V$는 측정된 값으로 알고 있는 값이며, $I$는 계산된 값이다.

## 5.9.3 사용기기 및 재료

① 함수 발생기
② 회로 시험기
③ 오실로 스코프 : 100 MHz
④ 저항 : 200[Ω], 1[kΩ]
⑤ 콘덴서 : 0.1[μF]

## 5.9.4 실험 순서

(1) 그림 4의 회로를 연결하고, 함수 발생기의 출력 신호를 10[kHz], 4[Vp-p]의 정현파가 되도록 한다. ( 표 1의 저항을 바꿀 때마다 확인)

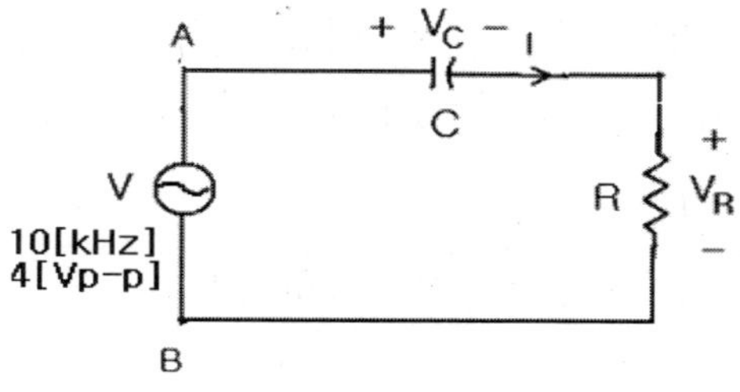


그림 3 $RC$ 직렬회로의 실험회로

(2) 회로에 가해지는 전압 V, $R$ 양단전압 $V_R$과 $C$ 양단전압 $V_C$을 오실로 스코프를 이용하여 측정한 후 기록하며, 이때 $X_L$과 $Z$도 계산하여 기록한다.

( $X_L = V_L/I$ ; $Z = V_{AB}/I$)

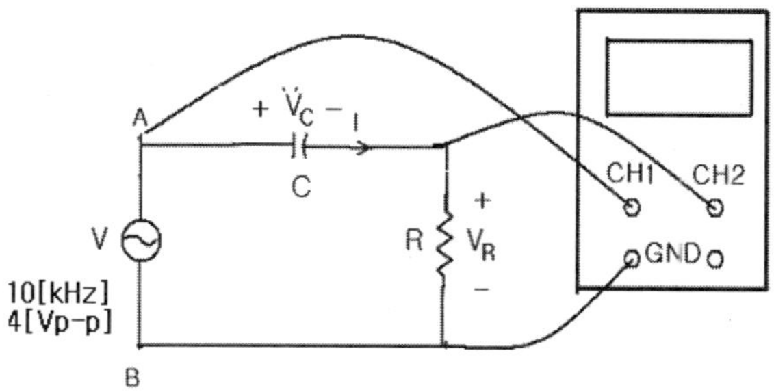


그림 4 $V_R$과 $V_C$의 측정법

(3) 공식 $X_C = \dfrac{1}{2\pi FC}$을 이용한 $X_C$와 $Z$의 계산된 값을 표 1에 기록한다.

(4) 저항사이의 전압 $V_R$을 측정하여 기록하고, $V_R/R$을 이용하여 전류 $I$를 계산한다.

(5) 표 1의 각 저항에 대하여 실험 순서 (2), (3), (4)를 반복하여 실험한다.

(6) 표 1 로부터 $Z = V/I$값과 $C$해당하는 $X_C$의 값을 표 2토 옮겨 적어라. 각각의 $C$와 $R$에 대해 식 (2)와 (3)을 사용하여 Θ와 tan Θ를 결정하여 표 2 에 기록한다. 다음에 식 (5)와 (6)을 이용하여 $Z$ 의 값을 계산한다.

## 5.9.5 실험실습 보고서

실험 일자 : 년 월 일 ( 요일), 교시 ~ 교시

공동실험자 : 제 조, , , , .

학 과 : 과

학 번 :

성 명 :

## 5.9.6 실험 결과 및 검토

### 1) 실험 결과

① 실험 순서 (2) ~ (4)에 의한 측정값 $V$와 계산값 $Z$를 표 1 에 기록한다.

② 실험 순서 (5)에 대한 반복실험(순서 2, 3, 4)을 하여 표 1 에 기록한다.

표 1

| $R$[Ω] | $C$[㎌] | $I$[㎃] | $V$[V] | $Z=\frac{V}{I}$ [Ω] | $X_C$ [Ω] | $Z=\sqrt{R^2+X_C^2}$ [Ω] | $V_R$[V] | $I=\frac{V_R}{R}$ [A] |
|---|---|---|---|---|---|---|---|---|
| 200 | 0.1 | | | | | | | |
| 1,000 | 0.1 | | | | | | | |

③ 실험 순서 (6)의 결과를 표 2 에 기록한다.

표 2

| $R[\Omega]$ | $C[\mu F]$ | $I$[mA] | $Z=\frac{V}{I}$ [Ω] | $X_C$ [Ω] | $\tan\Theta = \frac{X_C}{R}$ | Θ [degrees] | $Z[\Omega]$ | |
|---|---|---|---|---|---|---|---|---|
| | | | | | | | $\frac{R}{\cos\Theta}$ | $\frac{X_C}{\sin\Theta}$ |
| 200 | 0.1 | | | | | | | |
| 1,000 | 0.1 | | | | | | | |

2) 검 토

① 표 1 에 있는 두 개의 $Z$값이 같은지의 여부와 다를 경우에 그 차이점은 무엇인가?

② 표 1 의 자료에서 오차가 발생할 수 있는 원인은 어떤 것이 있는가?

③ 표 1 의 $Z$란에서 측정값 $I$와 계산값(식 $I = V_R/R$ 이용)은 같은가? 다를 경우 그 이유를 설명하라.

④ $Z$를 정의하라.

⑤ 표 2에 나타난 자료로서 식 (5)와 식 (6)을 증명하라.

# 5.10 $RC$ 직렬회로의 전압 특성

## 5.10.1 실험 목적

(1) $RC$ 직렬회로에서 공급전압 $V$와 전류 $I$ 사이의 위상각 $\Theta$를 측정한다.

(2) 공급전압 $V$, 저항에 걸린 전압 $V_R$, 그리고 $C$에 걸린 전압 $V_C$ 사이에 이루어지는 관계식이

$$V = \sqrt{V_R^2 + V_C^2}$$

$$V_R = V\cos\Theta = V \times \frac{R}{Z}$$

$$V_C = V\sin\Theta = V \times \frac{V_C}{Z}$$

로 나타낼 수 있음을 실험을 통해 확인한다.

## 5.10.2 관련이론

$RC$ 회로 해석과 $RL$ 회로 해석에는 유사한 점이 있다. 그 차이는 유도성 회로에서는 $I$가 공급전압 $V$ 보다 늦는다는 것이고, 용량성 회로에서 전류 $I$는 공급전압 $V$ 보다 빠르다는 점이다.

**< 공급전압보다 전류사이의 위상관계 >**

직렬회로에서 전류는 어느 것에서나 동일하므로 전류 $I$는 기준 페이저(phasor)로 사용된다. 물론 그림 1(a)와 같은 $RC$ 직렬회로에서도 마찬가지이다.

저항에서 전류와 전압은 동상(in phase)이므로 그림 1(b)에서 보는 바와 같이 전압 $V_R$은 전류 페이저와 같은 선상에 있으며, 다만 확장되어 표현될 뿐이다. 그러나 커패시터에서 전류는 전압보다 90도 빠르기 때문에 페이저 $V_C$는 전류 $I$ 보다 90도 늦게 그려져 있다.

또한 $V_C$가 $V_R$ 보다 90도 늦는다는 것도 분명한 사실이다. $V_R$과 $V_C$는 직렬 $RC$ 회로에서 분압회로를 구성한다.

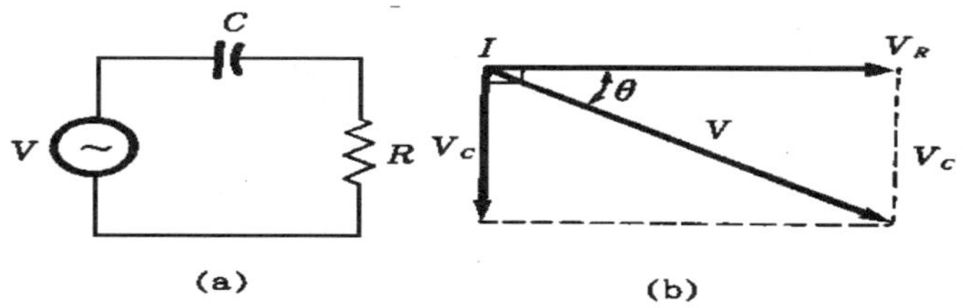


그림 1 $RC$ 직렬회로의 위상관계

$RL$ 회로처럼 공급전압 $V$는 페이저 합으로 나타나며, 이와 같은 관계가 그림 1(b)에 나타나 있다. 이 그림에서는 보는 바와 같이 $V$는 $V_R$과 $V_C$로 이루어진 삼각형의 사변이므로 피타고라스 정리에 의해

$$V=\sqrt{V_R^2+V_C^2} \tag{1}$$

로 주어진다.

그림 1(b)는 $V$와 $I$ 사이의 위상관계를 나타내고 있다. 전류 $I$는 공급전압 $V$ 보다 Θ만큼 앞서고 있음을 볼 수 있다. 여기서 문제는 이전 실험에서처럼 임피던스 페이저 $Z$와 저항 $R$ 사이의 각 Θ와 $RC$ 직렬회로에서 전류가 공급전압보다 앞선 각 Θ와 같은지의 여부이다. 그림 2 로부터 그 값이 서로 같다는 것을 알 수 있다. (a) 부분은 $V$, $V_R$, $V_C$ 사이의 위상관계를 나타내는 그림 1(b)를 다시 그린 것이다. $V_R$은 $I$와 $R$의 곱으로 $V_C$는 $I$와 $X_C$의 곱으로, 그리고 $V$는 $I$와 $Z$의 곱으로 나타내었다. $I$는 서로 공통이므로 소거할 수 있으며 이에 따라 그림 2(b)로 생각해도 무방하다. 그렇기 때문에 그림 1(b)와 2(b)에서 각 Θ가 같다는 것은 분명해진다. 그림 1(b)를 해석해 봄으로써 $V$, $V_R$, $V_C$ 그리고 위상각 Θ와의 관계를 알 수 있다.

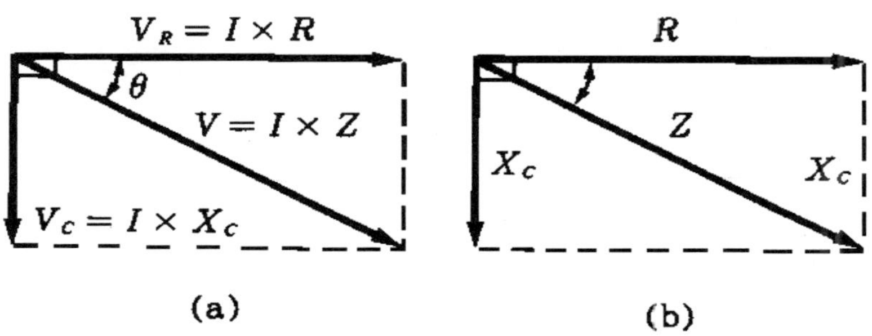


그림 2 $RC$ 직렬회로에서 $I-V$와 $Z-R$의 위상관계

$$\frac{V_R}{V} = \cos\ \Theta \qquad (2)$$

$$V_R = V\sin\ \Theta \qquad (3)$$

마찬가지로,

$$V_C = V\sin\ \Theta \qquad (4)$$

임피던스 삼각형을 참고로 하면

$$\cos\ \Theta = \frac{R}{Z}$$

이고,

$$\sin\ \Theta = \frac{X_C}{Z}$$

가 됨은 분명하다.

식 (3)과 (4)에 삼각법으로 구한 값을 대입하여

$$V_R = V \times \frac{R}{Z} \qquad (5)$$

$$V_C = V \times \frac{X_C}{Z} \qquad (6)$$

을 구할 수 있다.

식 (5)와 (6)의 $RC$ 직렬회로에서 $V_R$은 공급전압 $V$에 $R$과 $Z$와의 비를 곱하여 구할 수 있고, $V_C$는 $V$에 $X_C$와 $Z$와의 비를 곱하여 구할 수 있음을 보여주고 있다.

[예] 저항 30[Ω]과 리액턴스가 40[Ω]인 커패시터와 직렬로 연결된 회로에 100[V]가 공급되면

(a) $V$와 $I$ 사이의 위상각 $\Theta$는 얼마인가?

(b) $R$ 양단전압 $V_R$은?

(c) $C$ 양단전압 $V_C$은?

[해1]

1. $\tan\Theta = \frac{X_C}{R} = \frac{40}{30} = 1.33$

   $\Theta = 53.13^\circ$

2. $V_R = V\cos\Theta$

   $= 100\cos 53.13^\circ$

   $= 60[V]$

3. $V_C = V\sin\Theta$

   $= 100\sin 53.13^\circ$

   $= 80[V]$

[해2]

1. 앞의 경우(해 1)에서 $\Theta = 53.13^\circ$

2. $Z = \sqrt{R^2 + X_C^2} = \sqrt{30^2 + 40^2} = 50[\Omega]$

   $V_R = V \times \frac{R}{Z} = 100 \times \frac{30}{50} = 60[V]$

3. $V_C = V \times \frac{X_C}{Z} = 100 \times \frac{40}{50} = 80[V]$

   체크 : $\sqrt{V_R^2 + V_C^2} = \sqrt{60^2 + 80^2} = 100[V] = V$

## 5.10.3 사용기기 및 재료

① 함수 발생기

② 회로 시험기

③ 오실로 스코프 : 100 MHz

④ 저항 : 200[Ω], 1[kΩ]

⑤ 콘덴서 : 0.1[μF]

## 5.10.4 실험 순서

그림 1에서 전압 $V_R$은 전류 $I$와 동상이다. 공급전압 $V$가 전류 $I$보다 늦는 위상각 $\Theta$는 실험 2에서 이용한 방법을 사용하여 $V$와 $V_R$사이의 위상각을 측정하여 구할 수 있다.

(1) 그림 3 의 회로를 연결한다. 그림 4의 회로를 연결하고, 함수 발생기의 출력 신호를 10[kHz], 4[Vp-p]의 정현파가 되도록 한다. ( 표 1의 저항을 바꿀 때마다 확인)

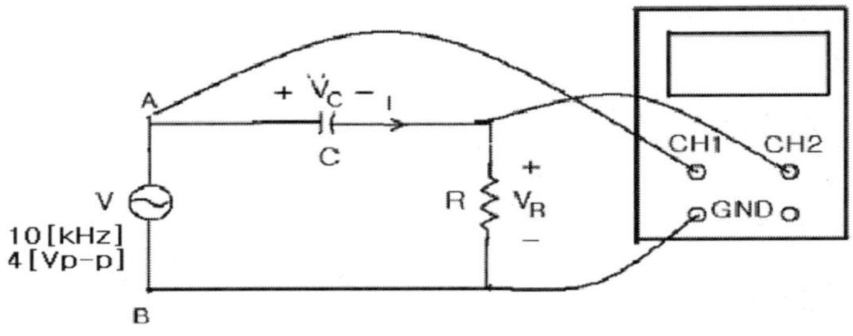


그림 3 $V$와 $I$의 위상각 측정 실험

(2) 그림 3 회로에서 공급전압과 전류사이의 위상각을 측정하여 표 1 에 Θ를 기록한다.

(3) 그림 3에서 커패시터 $C$의 $X_C$를 계산하여 기록한다. 식 $\Theta = \tan^{-1}\dfrac{X_C}{R}$에 $X_C$와 $R$ 값을 대입하여 위상각 Θ를 결정한다. 회로의 임피던스 $Z$를 계산하여 기록한다.

(4) 그림 3 의 회로에서 $R$을 표 1의 저항값에 따라 $V$와 $I$ 사이의 위상각을 측정하여 기록한다. 또한 실험 순서 (3)에서처럼 위상각을 계산하여 기록한 후, 회로의 임피던스 $Z$를 계산하여 기록한다.

(5) 함수 발생기의 출력을 조절하여 회로에 가해지는 10[kHz]의 진폭을 표 2와 같이 조정한 후 오실로스코프로 $V_R$ 과 $V_C$를 측정하여 표 2 에 기록한다. $\sqrt{V_R^{\,2} + V_C^{\,2}}$ 을 계산하여 표 2 에 기록한다.

## 5.10.5 실험실습 보고서

실험 일자 : 년 월 일 ( 요일), 교시 ~ 교시

공동실험자 : 제 조, , , , .

학 과 : 과

학 번 :

성 명 :

## 5.10.6 실험 결과 및 검토

### 1) 실험 결과

① 실험 순서 (2), (3)의 위상각 Θ 의 측정값과 계산값, $X_C$, $Z$를 표 1 에 기록한다.

② 실험 순서 (4)에서 실험 순서 (2), (3)을 반복하여 표 1 에 기록한다.

표 1

| $R$[Ω] | $C$[㎌] | Θ[도], 측정값 | $X_C$[Ω] | Θ[도] $= \tan^{-1}\frac{X_C}{R}$ | $Z$[Ω] |
|---|---|---|---|---|---|
| 200 | 0.1 | | | | |
| 1,000 | 0.1 | | | | |

③ 실험 순서 (5), (6), (7)의 측정값을 표 2 에 기록한다.

표 2

| $R[\Omega]$ | $C[\mu F]$ | $V[V_{P-P}]$ | $V_R[V]$ | $V_C[V]$ | $\sqrt{V_R^2+V_C^2}\,[V]$ |
|---|---|---|---|---|---|
| 200 | 0.1 | 2 | | | |
| | | 5 | | | |
| | | 10 | | | |
| 1,000 | 0.1 | 2 | | | |
| | | 5 | | | |
| | | 10 | | | |

**2) 검　토**

① 표 1에서 측정한 값 Θ와 계산한 값 Θ와의 사이에 어떤 관계가 있는가?

② 표 1 에 기록한 Θ에서 Θ를 측정하는데 생기는 오차는 왜 발생되는가?

③ $V$, $V_R$, $V_C$에 대해 표 2 에 나타난 자료를 보고 어떤 결론에 도달하는가?

# 5.11 $RL, RC$ 병렬회로의 임피던스

## 5.11.1 실험 목적

$RL$ 및 $RC$ 병렬회로의 임피던스를 실험적으로 구한다.

## 5.11.2 관련이론

### 1) $RL$ 병렬회로의 임피던스

그림 1의 회로는 $R$과 $L$의 병렬회로로써 $R$에는 전류 $I_R = V/R$, $L$에는 전류 $I_L = V/X_L$이 흐른다. $V, I_R, I_L, I_T$(전체 전류)관계를 알아보자.

그림 2는 이것들의 위상관계를 표시한 것으로서, $V$를 기준으로 하면 $I_R$은 $V$와 동상이고, $I_L$은 90지연된다. 따라서

$$I_T = \sqrt{I_R^2 + I_L^2} \tag{1}$$

가 되며,

$$\Theta = \tan^{-1}\frac{I_L}{I_R} \tag{2}$$

그림 1 의 임피던스는

$$Z = \frac{V}{I_T} \tag{3}$$

가 된다.

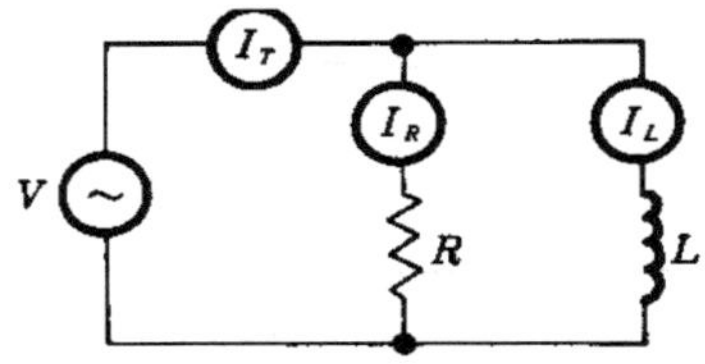


그림 1 $RL$ 병렬회로의 전체 전류

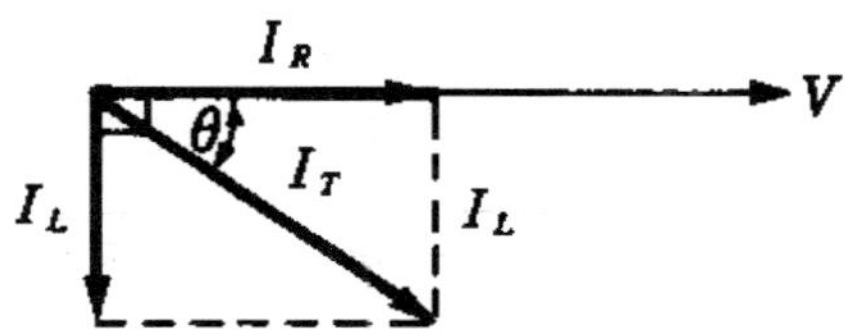


그림 2 $RL$ 병렬회로 전류의 벡터 합

### 2) $RC$ 병렬회로의 임피던스

그림 3의 $RC$ 병렬회로의 해석은 $RL$ 병렬회로의 해석방법과 유사하다. 그림 3 의 회로에 있어서 $R$에는 전류 $I_R = V/R$이, $C$에는 전류 $I_C = V/X_C$가 흐르며, $V, I_C, I_R, I_T$(전체전류)의 위상관계를 그림 4에 표시하였다.

$I_C$는 $V$ 보다 90앞서며

$$I_T = \sqrt{I_R^2 + I_C^2} \tag{4}$$

$$\Theta = \tan^{-1}\frac{I_C}{I_R}$$

가 되고, 임피던스는

$$Z = \frac{V}{I_T} \tag{6}$$

가 된다.

$RC$ 병렬회로에서 전류는 전압보다 위상이 앞서고, $RL$ 병렬회로에서 전류는 전압보다 위상이 뒤진다.

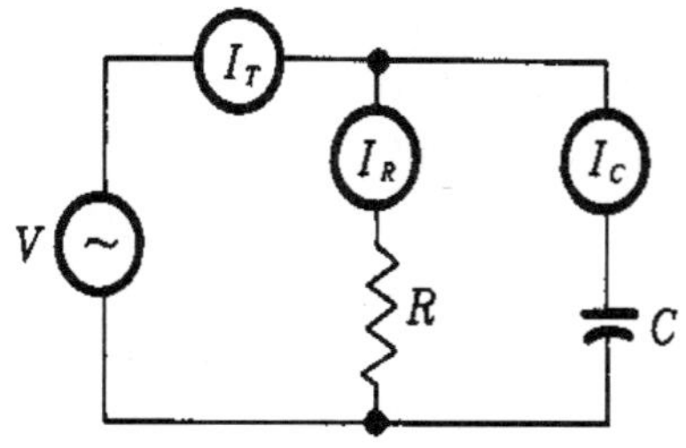


그림 3 $RC$ 병렬회로의 전체 전류

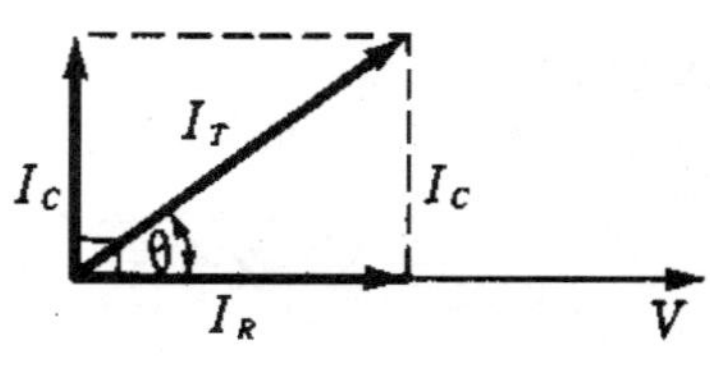


그림 4 $RC$ 병렬회로의 전류의 벡터합

## 5.11.3 사용기기 및 재료

① 함수 발생기
② 회로 시험기

③ 저항 : 1[kΩ](1/2[W]) X 2
④ 인덕터 20[mH]
⑤ 커패시터 : 0.1[μF]

### 5.11.4 실험 순서

**< $RL$ 병렬회로의 임피던스 >**

(1) 그림 5 의 회로를 저항 R=1[kΩ] 2개, L=20[mH] 및 함수 발생기를 이용하여 결선한다.

(2) 함수 발생기의 출력을 조절하여 함수 발생기와 직렬로 연결된 1[kΩ] 저항에 걸린 전압이 1 Vp-p가 되도록한 후 $V_{AB}$를 오실로 스코프로 측정하여 표 1에 기록한다.

(3) $I_T = 1V_{p-p}/R$, $I_R = V_{AB}/R$ 및 $I_L = \sqrt{I_T^2 - I_R^2}$ 를 계산하여 표 1에 기록 한다.

(4) 전원을 끄고 $Z = V_{AB}/I_T$를 구하여 표 1에 기록한다.

(5) 함수 발생기와 직렬로 연결된 1[kΩ] 저항에 걸린 전압이 4[Vp-p]가 되도록한 후 실험 순서 (2)~(4)를 반복하고 그 결과를 표 1 에 기록한다.

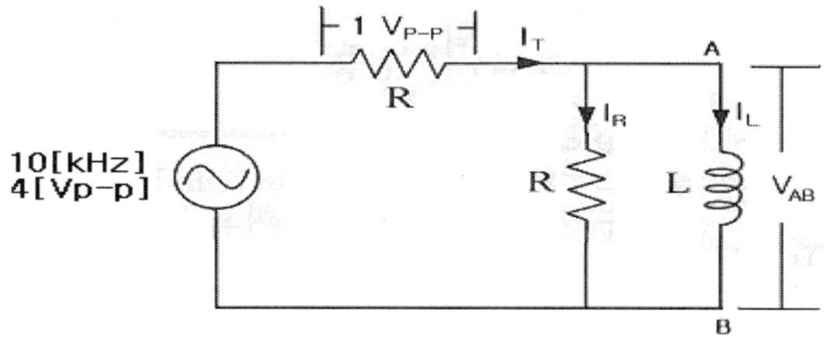


그림 5 RL 병렬회로의 실험 회로

**< $RC$ 병렬회로의 임피던스 >**

(6) 그림 6 의 회로를 저항 R=1[kΩ] 2개, C=0.1[μF] 및 함수 발생기를 이용하여 결선한다.

(7) 함수 발생기의 출력을 조절하여 함수 발생기와 직렬로 연결된 1[kΩ] 저항에 걸린 전압

이 1 Vp−p가 되도록한 후 $V_{AB}$를 오실로 스코프로 측정하여 표 2에 기록한다.

(8) $I_T = 1\,V_{p-p}/R$, $I_R = V_{AB}/R$ 및 $I_C = \sqrt{I_T^2 - I_R^2}$ 를 계산하여 표 2에 기록 한다.

(9) 전원을 끄고 $Z = V_{AB}/I_T$를 구하여 표 2에 기록한다.

(10) 함수 발생기와 직렬로 연결된 1[kΩ] 저항에 걸린 전압이 4 Vp−p가 되도록한 후 실험 순서 (6)~(9)를 반복하고 그 결과를 표 2에 기록한다.

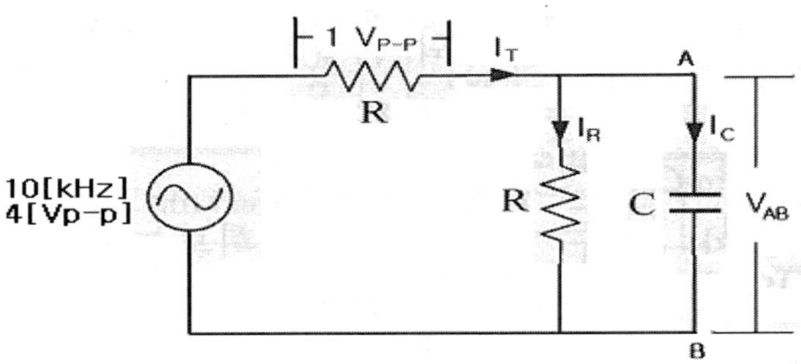


그림 6 RC 병렬회로의 실험 회로

## 5.11.5 실험실습 보고서

실험 일자 : 년 월 일 ( 요일), 교시 ~ 교시

공동실험자 : 제 조, , , , .

학 과 : 과

학 번 :

성 명 :

## 5.11.6 실험 결과 및 검토

**1) 실험 결과**

① 실험 순서 (1)~(5)에서 언급한 결과를 표 1 에 기록한다.

표 1 $RL$ 병렬회로

| $V_{AB}$[V] | $I_R$[A] | $I_L$[A] | $I_T$[A] | $Z=\frac{V_{AB}}{I_T}$[Ω] |
|---|---|---|---|---|
| 1 $V_{p-p}$ | | | | |
| 2 $V_{p-p}$ | | | | |

② 실험 순서 (6)~(10)에서 언급한 결과를 표 2 에 기록한다.

표 2 $RC$ 병렬회로

| $V_{AB}$[V] | $I_R$[A] | $I_C$[A] | $I_T$[A] | $Z=\frac{V_{AB}}{I_T}$[Ω] |
|---|---|---|---|---|
| 1 $V_{p-p}$ | | | | |
| 2 $V_{p-p}$ | | | | |

## 2) 검 토

① 표 1에서 $I_T$의 측정값과 계산값 $\sqrt{I_R^2 + I_L^2}$ 은 일치되는지의 여부와 일치하지 않을 경우, 오차의 원인을 분석하라.

② 표 2에서 $I_T$의 측정값과 계산값 $\sqrt{I_R^2 + I_C^2}$ 은 일치되는지의 여부와 일치하지 않을 경우, 오차의 원인을 분석하라.

③ $RL$, $RC$ 병렬회로의 임피던스를 $Z = V/I_T$로 계산하면 $Z$의 절대값만 알 수 있다. 각 경우에서 $Z$의 위상각을 계산하라.

④ 각 회로에 있어서 전류들의 위상도를 그려라.

# 5.12 *RLC* 직렬 공진회로

## 5.12.1 실험 목적

(1) *LC* 직렬 공진회로에서 공진 주파수

$$f_R = \frac{1}{2\pi\sqrt{LC}}$$

로 주어진다는 것을 실험적으로 증명한다.

(2) *LC* 직렬 공진회로의 주파수 응답 특성을 고찰한다.

## 5.12.2 관련이론

### 1) *LC* 직렬 공진회로의 공진 주파수

그림 1의 회로를 고려해 보자. 여기서 $V$는 교류전원의 주파수 및 출력전압을 수동으로 조작할 수 있다. 어느 특정한 주파수 $f$와 출력전압 $V$에 대해서 $I=\frac{V}{Z}$의 전류가 흐른다. $R$, $L$ 그리고 $C$의 각각의 양단에 걸리는 전압강하는 $IR$, $IX_L$, $IX_C$로 나타낸다.

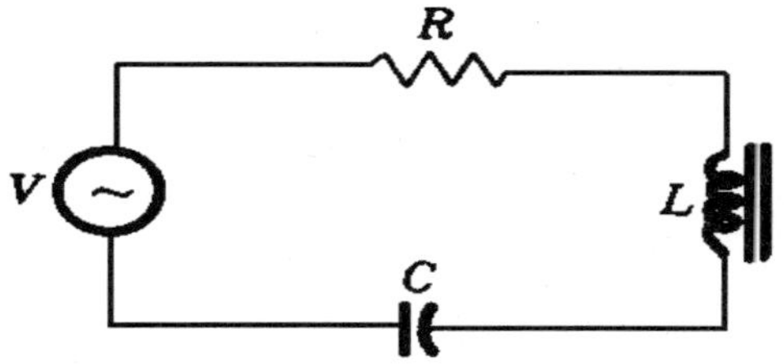


그림 1 *RLC* 직렬회로

전원주파수가 변하고 전압 $V$가 일정한 경우 전류 $I$와 $R$, $L$ 그리고 $C$ 양단의 전압강하가 변하게 된다.

$X_L = X_C$인 주파수를 공진 주파수(resonant frequency) $f_R$이라 부른다.

$$X_L = 2\pi fL \qquad (1)$$

$$X_C = \frac{1}{2\pi fC} \qquad (2)$$

$f_R$에서 $X_L = X_C$ 일 때

$$2\pi f_R L = \frac{1}{2\pi f_R C} \qquad (3)$$

식 (3) 으로부터

$$f_R{}^2 = \frac{1}{(2\pi)^2 LC} \qquad (4)$$

즉,

$$f_R = \frac{1}{2\pi\sqrt{LC}} \qquad (5)$$

여기서, $f_R$은 [Hz], $C$는 [F], $L$은 [H] 의 단위가 주어진다.

[예] $L$ = 8[H], $C$ = 0.01μF] 인 $LC$ 직렬 공진회로에서 공진 주파수를 구하라.

[해]

1. $f_R = \frac{1}{2\pi\sqrt{LC}}$
2. $f_R = \frac{1}{2\pi\sqrt{8\times0.01\times10^{-6}}}$
3. $f_R = \frac{1}{2\pi\sqrt{8\times1.0\times10^{-8}}}$
4. $f_R = \frac{10^4}{2\pi\sqrt{8}}$
5. $f_R = 563$ [Hz]

### 2) 직렬 공진회로의 특성

$RLC$ 회로의 몇 가지 특성을 고려해보자.

1) 리액턴스 소자의 전압강하는 전류 $I$ 와 소자의 리액턴스 $X$의 곱과 동일하다.

2) 용량성 리액턴스 $X_C$는 유도성 리액턴스 $X_L$의 영향을 감소시키려는 경향이 있다.

3) $RLC$ 직렬회로의 임피던스

$$Z=\sqrt{R^2+(X_L-X_C)^2}$$

이다.

4) 회로의 임피던스 $Z$는 $X_L=X_C$이고, 전류 $I$ 가 최대일 때 최소가 된다. 즉

$$Z=\sqrt{R^2+O^2}=R$$

이 된다.

공진시에 임피던스 $Z$는 순수한 저항성분의 회로로 구성되므로

$$I=\frac{V}{Z}=\frac{V}{R}$$

이 되며, 공진시에 회로는 최대 전류가 흐른다.

공진 주파수 $f_R$에서 인가전압 $V$가 $R$양단에 나타날 때 공진전류 $I$는 식 (6)으로 얻어진다.

$$I=\frac{V}{R} \tag{6}$$

공진시에 전류 $I$는 단지 $R$에 의해서만 제한되므로 그 회로는 저항성이라고 일컬어진다. $f_R$ 보다 큰 주파수에서 $X_L$은 $X_C$보다 크게 된다. 이 회로는 유도성 회로이며, 반면에 $X_C$가 $X_L$ 보다 크면 이 회로는 용량성 회로가 된다.

공진시에 $L$ 양단의 전압 $V_L$과 $C$ 양단의 전압 $V_C$는 똑같이 최대가 된다. 이론적으로 공진 주파수에서 $R$이 0 이 되면 전류 $I$는 무한대가 되며, 전압 $V_L$과 $V_C$는 무한정 크게 된다.

실제적으로 이 조건은 $L$이 약간의 저항 $R_L$을 포함하고 있기 때문에 실현되지는 않는다.

**3) 직렬 공진회로의 주파수 응답**

직렬 공진시에 $L$이나 $C$양단의 전압을 측정하여 $V_L$, $V_C$와 주파수 $f$ 간의 그래프가 작성된다. 이것은 회로의 주파수 응답 특성의 한 형태이다.

전류 $I$는 공진 주파수 $f_R$과 $f_R$ 양측의 주파수에서 측정되며, $I$와 $V$간의 그래프는 주파수 응답 특성의 또다른 형태이다. 본 실험에서 $V_C$와 $f$ 간의 응답특성을 고려한다.

## 5.12.3 실험기기 및 재료

① 저주파 신호발생기
② 오실로스코프
③ 회로 시험기
④ 커패시터(0.001[㎌], 0.01[㎌], 0.05[㎌]) 각 1 개
⑤ 인덕터(30[mH], 초크)
⑥ 저항(1/2[W], 100[Ω])

## 5.12.4 실험 순서

< 공진 주파수 >

(1) 저주파 신호발생기를 30[㎑]로 고정시키고, 신호발생기의 출력 양단에 오실로스코프를 연결한다. 신호발생기의 출력단자 케이블에 100[Ω]의 카본저항을 접속시킨다.

(2) 그림 2와 같은 회로( $L$=30[mH], $C$=0.001[㎌])를 연결하고, 신호발생기의 출력을 조절하여 오실로 스코프로 측정 한 VAG가 2[ $V_{P-P}$]가 되도록 한다.

(3) 그림 2의 $C$ 양단에 오실로 스코프를 연결하고 양단의 $V_C$의 실효값 전압을 측정한다. $C$ 양단의 최대 전압 $V_C$가 나타날 때까지 저주파 신호발생기를 30[㎑]를 중심으로 양쪽

으로 변화시켜 본다. 이 신호발생기의 주파수가 공진 주파수이고, 이 값을 읽고 표 1의 측정값 란에 기록한다.

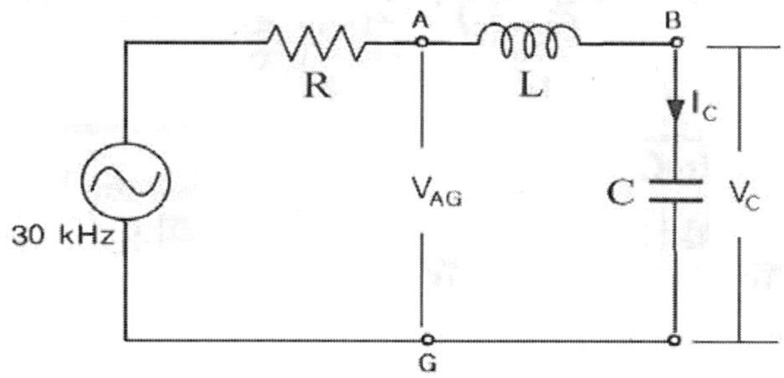


그림 2 $LC$ 직렬의 공진 주파수 결정 실험회로

(4) 그림 2 에 0.001[㎌]의 커패시터를 0.05[㎌]의 커패시터로 대치시켜 실험 순서 (2),(3)의 방법을 수행한다. 역시 그 회로의 공진 주파수를 얻어내어 표 1에 기록한다.

(5) 0.01[㎌]의 커패시터를 사용하여 실험 순서 (4)를 반복한다.

(6) 회로에 사용된 $L$과 $C$의 각 값에 대해서 식 (5)를 이용하여 공진 주파수를 계산하고, 표 1 의 계산값 란에 기록한다.

**< 주파수 응답 >**

(7) 회로 양단에 접속되어 잇는 신호발생기의 출력을 오실로스포크로 측정하여 VAG가 2[$V_{P-P}$]가 되도록 한다.

(8) 실험 순서 (5)의 회로를 그대로 두고, 공진 주파수 $f_R$을 측정하여 표 2 에 기록한다.

(9) 공진시의 $C$ 양단의 전압 $V_C$를 측정하여 표 2 에 기록한다.

(10) 표 2 의 주파수 편차를 계산하여 주파수 란에 기록한다.

(11) 표 2에 나타나 있는 주파수를 신호발생기로 세팅하여 회로의 주파수 응답을 검사한다. 그리고 각 주파수의 세팅에 대해서 $C$ 양단의 전압 $V_C$를 표 2 에 각각 기록한다.

## 5.12.5 실험실습 보고서

실험 일자 : 년 월 일 ( 요일), 교시 ~ 교시

공동실험자 : 제 조, , , , .

학 과 : 과

학 번 :

성 명 :

## 5.12.6 실험 결과 및 검토

### 1) 실험 결과

① 실험 순서 (3)~(6)에 의한 공진 주파수를 표 1 에 기록한다.

표 1 $LC$ 직렬의 공진 주파수

| 실험 순서 | $L$[mH] | $C$[μF] | 공 진 주 파 수 [Hz] | |
|---|---|---|---|---|
| | | | 측 정 값 | 계 산 값 $f_R = \frac{1}{2\pi\sqrt{LC}}$ |
| (1)~(3), (6) | 30 | 0.001 | | |
| (4), (6) | 30 | 0.05 | | |
| (5), (6) | 30 | 0.01 | | |

② 실험 순서 (7)~(11)에 지시한 내용대로 결과를 표 2 에 기록한다.

표 2 주파수의 공진 데이터

$C$ = 0.001[μF]

| 주파수 편차[Hz] | 주 파 수[Hz] | $V_C$[Vrms] |
|---|---|---|
| $f_R$ - 6000 | | |
| $f_R$ - 5000 | | |
| $f_R$ - 4000 | | |
| $f_R$ - 3000 | | |
| $f_R$ - 2000 | | |
| $f_R$ - 1000 | | |
| $f_R$ - 500 | | |
| 공진주파수 $f_R$ | | |
| $f_R$ + 500 | | |
| $f_R$ + 1000 | | |
| $f_R$ + 2000 | | |
| $f_R$ + 3000 | | |
| $f_R$ + 4000 | | |
| $f_R$ + 5000 | | |
| $f_R$ + 6000 | | |
| 전 압[$V_{P-P}$] | | 2 |

### 2) 검 토

① 직렬회로의 임피던스는 공진시에 어떻게 되는가?

② 표 2 의 데이터를 이용하여 $V_C$와 $F$의 주파수 응답곡선을 작성하라.

# 5.13 병렬 공진회로의 특성

## 5.13.1 실험 목적

(1) $RLC$ 병렬회로의 공진 주파수의 특성을 실험을 통해서 확인한다.

(2) 공진 주파수에서 전류와 임피던스를 측정한다.

(3) 주파수 변화에 따른 $RLC$ 병렬회로의 임피던스를 측정한다.

## 5.13.2 관련 이론

### 1) 고선택도(High- $Q$)에 대한 공진 주파수

$L$과 $C$가 병렬로 연결된 그림 1(a)의 회로를 생각해 보자. 이론적인 회로는 $L$에 의한 저항 $R_L$을 고려한 그림 1(b)의 회로로 수정되어야 한다. 여기서 회로의 선택도 $Q$는 높다(즉 $R_L$은 $X_L$과 비교할 때 적다고 본다)고 가정하고, $C$에 의한 저항과 회로 연결시 이용된 선의 저항은 무시하기로 한다. $X_L = X_C$인 조건에서 주파수를 고선택도(High- $Q$)회로에서 병렬공진이 일어나는 주파수로 정의하는데, 이는 직렬회로에서와 같은 조건이다.

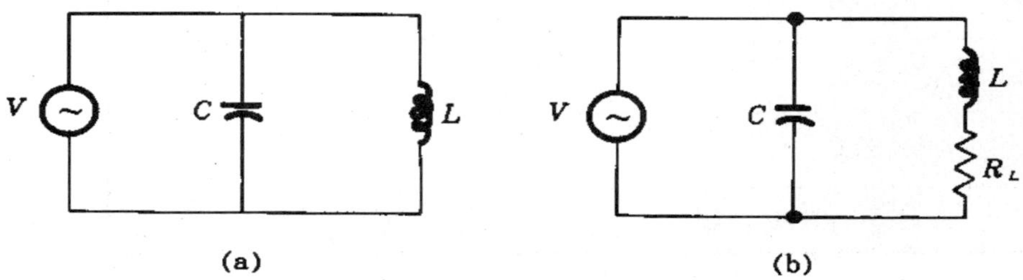


그림 1 병렬 공진회로

또 다른 병렬 공진에 대한 조건으로 병렬회로의 임피던스가 최대가 되는 주파수로서 정의하기도 한다. 또 한편 병렬 공진은 회로의 병렬 임피던스가 역률 1(unity power factor)을 갖는 주파수로 생각할 수 있다.

이와 같은 세 가지 정의에 의해 공진 주파수로서 고려할 수 있는 3가지로 서로 다른 주파수를 나타낼 수 있다. 그러나 10보다 큰 $Q$를 갖는 회로에서 이 세 조건은 서로 같은 공진 주파수를 갖게 된다. 높은 $Q$를 갖는 회로에서 공진 주파수 $f_R$에 대한 공식은 직렬 공진의 경우처럼

$$f_R = \frac{1}{2\pi\sqrt{LC}} \tag{1}$$

로 주어진다.

### 2) 전류(line surrent)

그림 1(b)의 회로를 생각해 보자. 인덕턴스 $L$에 포함된 저항 $R$이 적다면, 공진시 콘덴서의 임피던스는 유도성 선로의 임피던스 $\sqrt{R^2 + X_L^2}$ 과 같다. 따라서 각 선로의 전류는 같다고 할 수 있으나 서로 180°위상차를 갖고 있다. 따라서 선로의 전류인 그들 페이저의 합은 매우 적다. 더욱이 병렬 공진회로의 임피던스는 $Z = V/I$line로 정의되게 때문에 임피던스는 매우 크다(왜냐 하면 선전류 $I$line가 매우 적으므로). 그러나 공진시 병렬 공진회로 자체를 흐르는 전류는 매우 크다.

### 3) 주파수 응답

공진 주파수 양측 근방에 있는 주파수에 대한 병렬 공진회로의 주파수 특성을 살펴보자. $f_a$가 $f_R$ 보다 높을 때 콘덴서 선로의 리액턴스 $X_C$는 인덕터 선로의 리액턴스 $X_L$보다 $f_b$가 $f_R$ 보다 낮은 경우, 회로는 유도성이 된다.

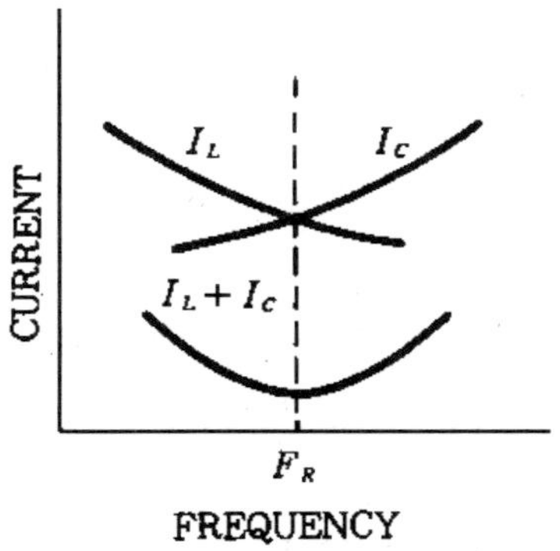

그림 2 병렬 공진회로의 전류-주파수관계

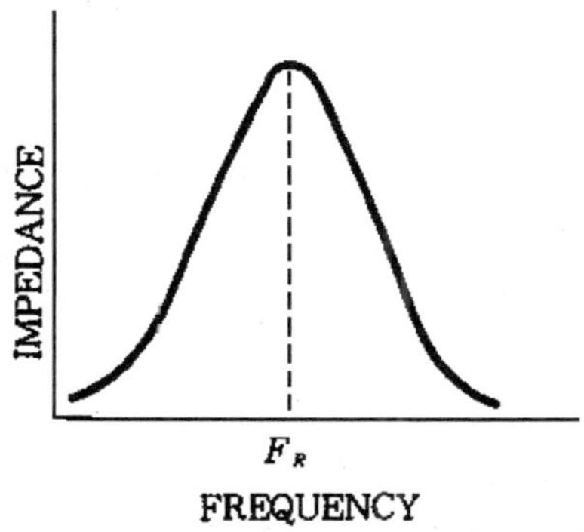

그림 3 병렬 공진회로의 임피던스-주파수 관계

그림 2 의 그래프는 이와 같은 관계를 나타낸 것이다. 이 그래프에서는 $I_L$, $I_C$ 그리고 $I$line에 대한 것을 각각 나타내었다. 공진시 선전류 $I$line는 최소이고, $I_C$와 $I_L$은 서로 같으며, $I_L$과 $I_C$는 선전류 $I$line 보다 모두 크다.

### 4) 임피던스

그림 3 은 병렬 공진회로의 임피던스와 주파수와의 관계를 나타낸 그래프이다. 이 특성은 직렬공진 특성 곡선과 비슷하다. 이 그래프에서 보는 바와 같이 공진시 임피던스는 최대이며, 공진 양측에서는 감소되는 현상을 볼 수 있다. 이 실험에서 $LC$ 병렬회로(그림 2)의 공진주파수 $f_R$을 결정하게 된다. 저항 $R$를 $LC$ 병렬회로에 직렬로 연결한다. 이 때 $R$ 양단전압 $V_R$을 측정하여 식(2)를 이용해서 선전류 $I$line를 구할 수 있다.

$$I_R = \frac{V_R}{R} = I_{\text{line}} \tag{2}$$

최소 선전류 즉 $R$ 양단전압 $V_R$이 최소인 경우에 공진을 찾아낼 수 있다. 물론 공진 양측에 대해 신호발생기를 변화시켜 찾아내는데 이 때 신호발생기의 출력을 일정하게 유지해야 한다. 이 때 $V_R$을 측정하여 선전류 $I$line를 계산하고 이것을 그래프로 그려서 선전류와 주파수와의 관계를 나타낼 수 있다.

또한 공진시 탱크회로에 걸리는 신호전압 $V_T$를 측정하여 탱크회로의 임피던스 $Z$를 다음 관계식에 의해 구할 수 있으며,

$$Z = \frac{V_T}{I_{line}} \tag{3}$$

를 계산한 $Z$값으로부터 탱크회로의 $Z$에 대한 그래프를 그릴 수 있다. 그리고 병렬 공진(탱크회로)회로에 걸리는 신호전압이 공진시 최대가 된다는 사실도 알게 된다.

탱크(tank)회로의 신호전압 진폭(크기)은 회로의 $Q$에 비례한다. 만일 탱크회로와 병렬로 저항을 연결하여 부하로 동작시키면 신호전압의 크기는 감소하게 된다. 신호발생기의 주파수를 공진 양측 근방에서 변화시키면 탱크회로의 리액티브(reactive) 특성을 관찰할 수 있으며, 이와 같은 주파수의 변화의 범위에서 회로가 유도성인지 용량성인지 파악할 수 있다.

이 실험에서 신호원으로서는 저주파 신호발생기를 사용하는데 이는 공진 주파수가 저주파 범위에 존재하기 때문이다.

## 5.13.3 사용기기 및 재료

① 저주파 신호발생기

② 오실로스코프

③ 저항(1/2[W], 33[Ω], 10[kΩ]) 각 1 개

④ 커패시터 : 0.01[μF]

⑤ 인덕터(30[mA] 초크)

## 5.13.4 실험 순서

**< 병렬 $LC$ 회로의 공진 주파수 >**

(1) 그림 4(a)의 회로를 연결한다.

(2) 오실로스코프를 조정하여, AF 신호발생기의 주파수를 10[kHz]로 하고 출력을 4[ $V_{P-P}$] 가 되도록 오실로 스코프를 이용하여 측정한다.

(3) 10[kΩ] 양단 즉, $B$와 $C$점에 오실로스코프를 연결하여 관찰한다.

(4) 주파수 $f_R$을 $R$ 양단전압 $V_R$이 최소가 되는 점까지 증감시켜 가며 조정한다. 이렇게 함으로써 $f_R$ 양측 근방에서 $V_R$이 증가하고 있음을 알 수 있다. 이 때 주파수 $f_R$을 공진 주파수라 한다. 표 1 에 $f_R$을 기록한다.

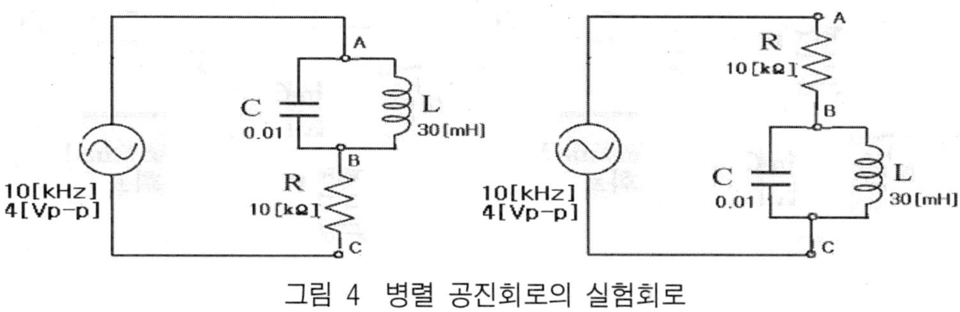


그림 4 병렬 공진회로의 실험회로

**< 병렬 공진회로의 선전류와 임피던스 >**

(5) 실험이 끝날 때까지 신호발생기의 출력전압 $V$를 4[ $V_{P-P}$]로 맞춘다.

(6) 공진시 $R$ 양단( $B$와 $C$점)전압 $V_R$을 측정하여 표 1 에 기록한다.

(7) 표 1 에 기록되어 있는 주파수에 대해 신호발생기의 주파수를 조정한다. 각 주파수에 대해 $V_R$을 측정하여 표에 기록한다.

(8) 그림 4(b)의 회로를 연결하여 실험 순서 (5)~(7)을 반복 실험하여 탱크회로 양단( $B$ 와 $C$점)에 걸리는 전압 $V_T$를 측정한다.

(9) $V_R$의 peak-to-peak 전압을 실효값으로 바꾼다. 선전류를 계산하여 표 1 에 기록한다. [ $I$line = $V_R$(rms) / $R$].

(10) 선전류 $I$line를 계산한 값으로 선전류와 주파수와의 관계를 그래프로 나타낸다.

(11) $V_T$의 peak-to-peak 전압을 실효값으로 바꾼다. $V_T$와 선전류(계산값)를 이용하여 표 1 에 있는 여러 주파수에 대한 공진회로의 임피던스 $Z$를 계산하여 표 1 에 기록한다.

(12) $Z$와 주파수와의 관계를 그래프로 나타낸다.

## 5.13.5 실험실습 보고서

실험 일자 : 년 월 일 ( 요일), 교시 ~ 교시

공동실험자 : 제 조, , , , .

학 과 : 과

학 번 :

성 명 :

## 5.13.6 실험 결과 및 검토

### 1) 실험 결과

① 실험 순서 (4)에 의한 공진 주파수 $f_R$을 표 1 에 기록한다.

② 실험 순서 (6)~(9)에 의한 측정값 및 계산값을 표 1에 기록한다.

③ 실험 순서 (10)에 의한 선전류와 주파수와의 관계를 표 2 에 기록한다.

④ 실험 순서 (11)에 의한 결과를 표 1 에 기록한다.

⑤ 실험 순서 (12)의 $Z$와 주파수와의 관계를 표 3 에 기록한다.

표 1 병렬 공진회로의 응답 특성

| 주파수 편차[Hz] | 주파수 [Hz] | $V_R$ | $V_T$ | $I_{line}$(계산) = $V_R$(rms) / $R$ | $Z$(계산) = $V_T$(rms) / $I_{line}$ | 비 고 |
|---|---|---|---|---|---|---|
| $f_R$ - 6000 | | | | | | |
| $f_R$ - 5000 | | | | | | |
| $f_R$ - 4000 | | | | | | |
| $f_R$ - 3000 | | | | | | |
| $f_R$ - 2000 | | | | | | |
| $f_R$ - 1000 | | | | | | |
| $f_R$ - 500 | | | | | | |
| $f_R$ | | | | | | |
| $f_R$ + 500 | | | | | | |
| $f_R$ + 1000 | | | | | | |
| $f_R$ + 2000 | | | | | | |
| $f_R$ + 3000 | | | | | | |
| $f_R$ + 4000 | | | | | | |
| $f_R$ + 5000 | | | | | | |
| $f_R$ + 6000 | | | | | | |

표 2 선전류 $I$line과 주파수 $f$의 그래프

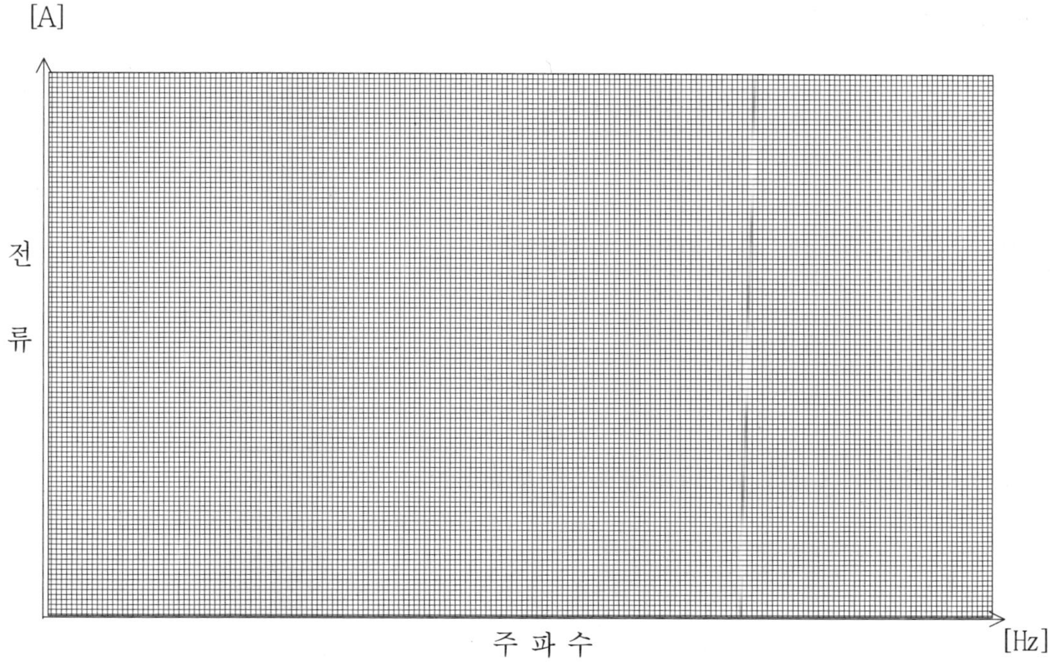


표 3 임피던스 $Z$와 주파수 $f$ 의 그래프

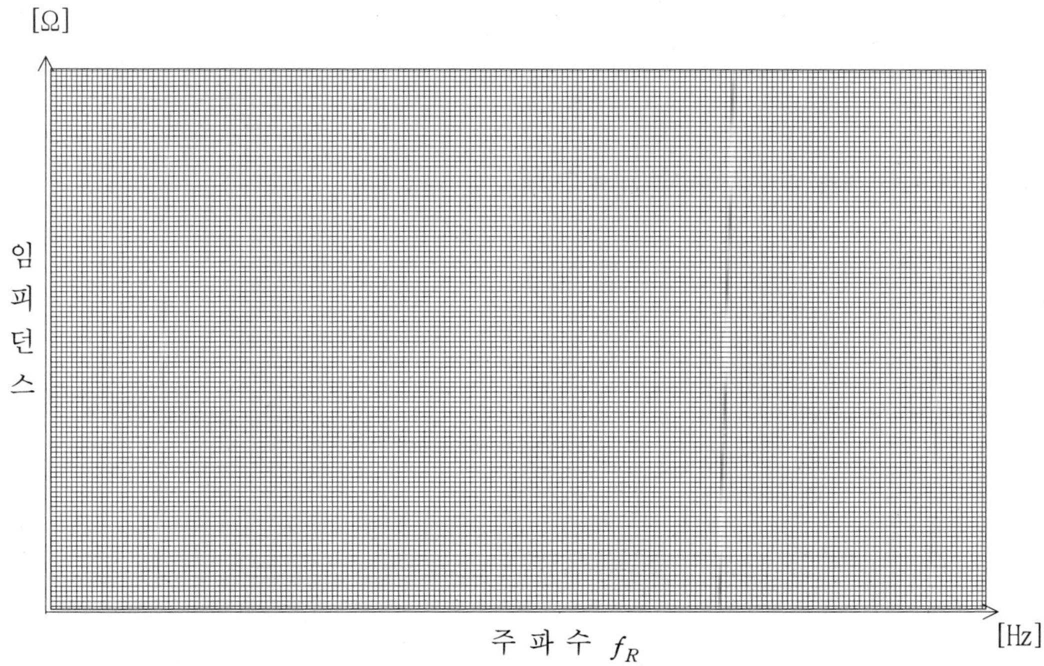

## 2) 검 토

① $RLC$ 병렬회로의 $Q$는 무엇을 결정하는가?

② $RLC$ 병렬회로의 높은 $Q$는 무엇을 의미하는가?

③ $RLC$ 병렬회로의 높은 $Q$는 대한 공진식은 무엇인가?

④ $RLC$ 병렬회로에서 주파수 변화에 대한 선전류는 어떠한가?

⑤ $RLC$ 병렬회로에서 주파수 변화에 대한 임피던스는 어떠한가?

# Part 6

# 기초 전자 실험

## 6.1 다이오드의 특성

### 6.1.1 실험 목적

(1) 전압-저항계를 이용한 다이오드의 검사방법을 익힌다.

(2) 다이오드의 순방향 및 역방향 바이어스의 특성을 연구한다.

(3) 다이오드의 DC 및 AC 저항을 결정하는 방법을 조사한다.

### 6.1.2. 관련이론

다이오드는 한쪽 방향으로만 전류를 쉽게 전도시키는 반도체 소자이다. 다이오드의 양단의 전압은 다이오드의 전도 여부에 따라 결정된다. 만약 양극이 음극보다 크면 다이오드는 전류를 전도시킬 것이며, 순방향 바이어스라고 일컫는다. 만약 음극이 양극보다 크다면 다이오드는 단지 매우 작은 누설전류만을 전도시킬 것이며, 역방향 바이어스되었다고 일컫는다.

순방향 바이어스되어 있을 때, 전형적인 실리콘 다이오드 양단의 전압강하는 약 0.7[V](게르마늄 다이오드의 전압강하는 0.3[V])이다.

이 문턱값 이하의 순방향전압에서 다이오드는 단지 미소전류의 흐름만을 허용한다. 이 문턱값은 다이오드 특성 곡선의 무릎(knee)으로써 알려져 있다. 이 영역에서 다이오드 양단의 전압과 흐르는 전류의 관계 변화는 다이오드의 저항변화이므로 다음의 식 (1)은 다이오드의 동적(dynamic) 또는 AC 저항을 계산하기 위해 사용된다.

$$r_D = \frac{\Delta V}{\Delta I}\,[\Omega] \tag{1}$$

여기서, $\Delta V$ : 다이오드 양단 전압의 미소변화이다.

$\Delta I$ : 다이오드를 통하여 흐르는 전류의 상대적인 변화이다.

특성 곡선의 어떤 점에서 정적(static) 또는 DC 저항은 ohm의 법칙을 이용하여 계산된다.

$$R_D = \frac{V}{I}\,[\Omega]$$

여기서, $V$ : 다이오드 양단의 전압이다.

$I$ : 다이오드에 흐르는 전류이다.

이 관계는 다음의 특성 곡선 다이아그램에서 볼 수 있다.

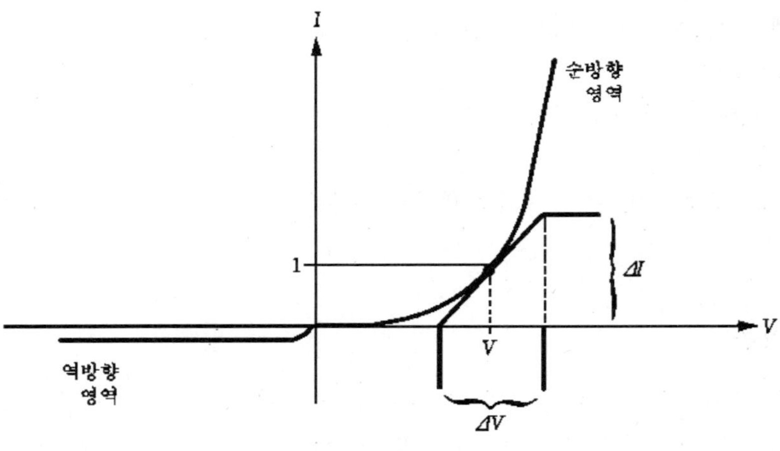


그림 1 다이오드의 $I-V$ 특성 곡선

## 6.1.3 사용기기 및 재료

① 1N4004 실리콘 다이오드 또는 등가

② 가변 DC 전력공급기(0~25[V] DC)

③ 저항 : 1[kΩ], 470[kΩ]

④ VOM 2 대(저항 측정을 위한 설치시 순방향 영역으로 다이오드를 바이어스하기 위한 충분한 전압을 가질 것)

### 6.1.4 실험 순서

(1) 본 실험에서 사용될 저항계의 단자에서 전압의 극성과 크기를 결정하기 위해 다음 그림 2의 회로를 연결한다.

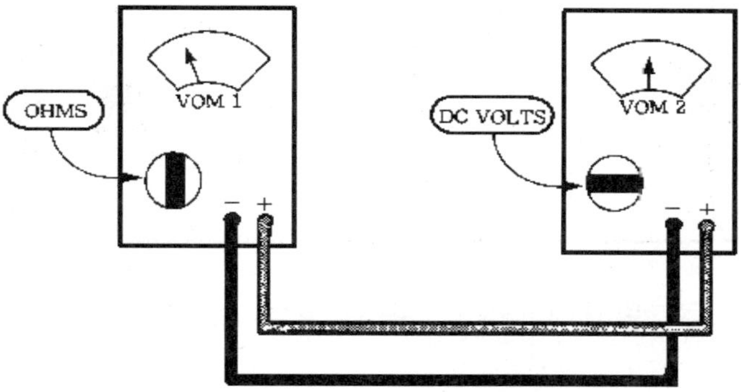


그림 2 VOM 특성 측정회로

(2) VOM 1은 다이오드의 저항을 측정하기 위해 사용된다. VOM 1이 저항측정을 위해 설치될 때 VOM 1 에 의해 제공된 전압의 극성을 결정하기 위해 VOM 2를 사용하라. 만약 VOM 1에 의해 발생된 전압과 VOM 2를 읽은 값이 최소 0.7[V] 차가 나지 않으면 VOM 1의 저항 스케일을 맞춰라. 실험 순서 (3)에서, 다이오드에 대한 내구적 위험을 방지하기 위해 0.7[V] 보다 큰 최소 전압을 산출시킨 스케일 세팅된 VOM 1을 사용하라. 전압의 극성을 판별하는 이유는 때때로 VOM이 저항측정을 위해 음전압을 이용하기 때문이다.

(3) 실험 순서 (2)에 묘사된 것처럼 저항 스케일을 맞춘 후 VOM 1의 테스트 리드(test lead)선 사이에 다이오드를 연결하라. VOM은 실제 측정하고자 하는 저항기를 통하여 흐르는 전류의 양을 측정하기 때문에 큰 편향은 큰 전류가 흐를 수 있음을 의미한다(즉 저항이 작다). 만약 이 편향의 형태가 관찰되면 다이오드의 순방향 바이어스 된 것이다. 만약 편향이 작다면 단지 소량의 전류만이 흐르는 것이다(즉 저항이 크다). 이것은 역 바이어스 된 상태이다. 이 기술은 다이오드의 한쪽 단자가 양극 또는 음극인지를 결정하기 위해 사용할 수 있다.

(4) 두 형태의 편향이 얻어질 수 있음을 증명하기 위해 VOM을 역으로 연결한 후, 다이오드 단자가 양인지 음인지를 조사하라.

(5) 다이오드의 순방향 바이어TM 특성을 조사하기 위해 다음 그림 3 의 회로를 연결하라.

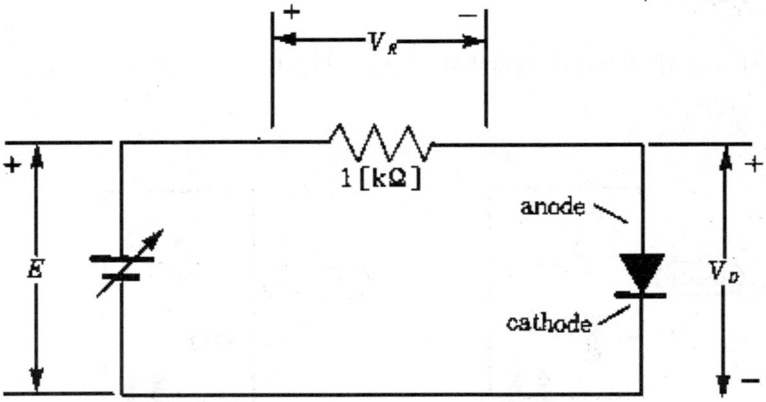


그림 3 다이오드 순방향 특성회로

(6) 표 1에서 보는 것처럼 다이오드 양단의 전압 $V_D$가 0.0[V]부터 0.6[V]까지 0.1[V]씩 증가되도록 $E$를 맞춰라. $V_D$의 증가에 따른 공급전압 $E$와 저항기 양단의 전압 $V_R$를 측정한 후 표 1 에 기록하라.

(7) 다이오드의 역방향 바이어스 특성을 조사하기 위해 다음 그림 4의 회로를 연결하라.

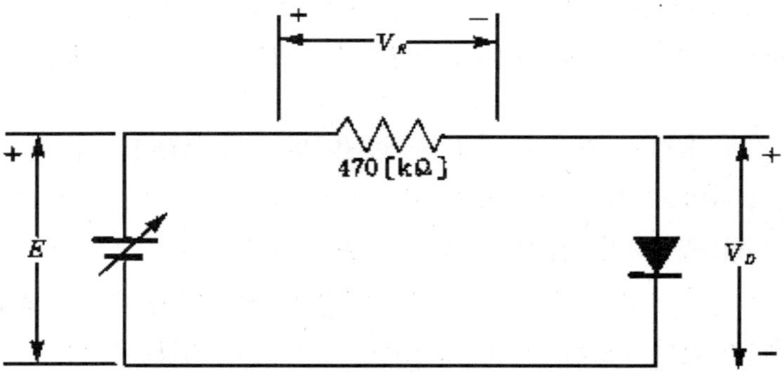


그림 4 다이오드의 역방향 특성회로

(8) 표 2에서 보는 것처럼 다이오드 양단의 전압 $V_D$가 0.0[V]부터 −25[V]까지 −5[V]씩 감소하도록 $E$를 맞춰라. $V_D$의 감소에 따른 공급전압 $E$를 측정한 후 표 2 에 기록하라.

## 6.1.5 실험실습 보고서

실험 일자 : 년 월 일 ( 요일), 교시 ~ 교시

공동실험자 : 제 조, , , , .

학 과 : 과

학 번 :

성 명 :

## 6.1.6 실험 결과 및 검토

### 1) 실험 결과

① 실험 순서 (3)에서처럼 다이오드 단자를 조사하기 위해 VOM을 사용할 때 당신은 어떠한 방법을 이용할 것인가?

(a) 높은 저항만의 측정
(b) 낮은 저항만의 측정

② 표 1에 전류값을 계산하여 기록하라. 표 1에 저항 양단의 전압 $V_R$과 전류값을 계산하여 기록하라.

표 1

| $V_D$[V] | $E$[V] | $V_R$[V] | $I=\frac{V_R}{R}$ |
|---|---|---|---|
| 0.0 | | | |
| 0.1 | | | |
| 0.2 | | | |
| 0.3 | | | |
| 0.4 | | | |
| 0.5 | | | |
| 0.6 | | | |

③ 표 1에서 얻은  및 $V_D$값을 이용하여 다이오드의 순방향 $I-V$ 특성 곡선 그래프를 그려라. 수직축에는 $I$를, 수평축에는 $V_D$를 그려라.

④ 표 1에서 얻은 $I$ 및 $V_D$ 값을 이용하여 0.1[V], 0.5[V], 그리고 0.6[V]에서 다이오드의 정저항을 결정하라.

⑤ 실험 결과 (3)에서 얻은 $I-V$ 특성 곡선을 이용하여 0.1[V], 0.5[V], 그리고 0.6[V]에서 다이오드의 동저항을 그래프로 결정하라.

⑥ 표 2에서 얻은 $I$ 및 $V_D$ 값을 이용하여 -10[V]일 때 다이오드의 정저항을 계산하라.

표 2

| $V_D$[V] | $E$[V] | $V_R = E - V_D$ | $I = \frac{V_R}{R}$ |
|---|---|---|---|
| 0.0 | | | |
| -5 | | | |
| -10 | | | |
| -15 | | | |
| -20 | | | |
| -25 | | | |

# 6.2 소신호 다이오드 회로

## 6.2.1 실험 목적

(1) 소신호 다이오드 회로의 Quiescent( $Q$)점은 조사한다.

(2) 소신호 다이오드 회로를 그래프와 해석학적으로 비교 분석한다.

## 6.2.2 관련이론

소신호란 peak to peak 값이 단지 DC 성분의 일부분인 것을 말하며, 소신호 다이오드 회로에서 전류와 전압의 변화는 다이오드 특성 곡선에서 아주 작은 위치의 변화를 발생시킨다. 다이오드는 특성 곡선의 순방향 바이어스 영역에서 동작되며, 그것은 단지 무릎특성(Knee of the characteristic)상에서 선형이다(선형영역에서, 다이오드 전압의 작은 변화는 다이오드 전류의 큰 변화를 발생시킨다). 다이오드 특성의 선형부분을 사용하기 위해 소신호에 DC 전압이 부가되어 무릎 특성을 지나 동작하도록 동작영역을 옮긴다. 다음식이 직렬저항을 갖는 다이오드 회로에서 전류를 알기 위해 이용된다.

$$E = \frac{E - V_D}{R} \text{ [A]} \tag{1}$$

여기서, $E$ : 공급된 DC 전압

$I$ : 다이오드를 통하는 전류

$R$ : 직렬저항

$V_D$ : 다이오드 양단의 전압이다.

이것은 선형방정식이며, 주로 DC **부하선**이라 불린다. 모든 가능한 전류 $I$와 전압 $V_D$의 조합은 이 선에 놓인 점에 존재한다.

$Q$(quiescent) 전류와 전압은 특성 곡선과 부하선의 상호 작용점에 대응한다. 부하선이란 명칭은 선의 경사가 회로의 저항 또는 부하에 역비례함을 뜻한다.

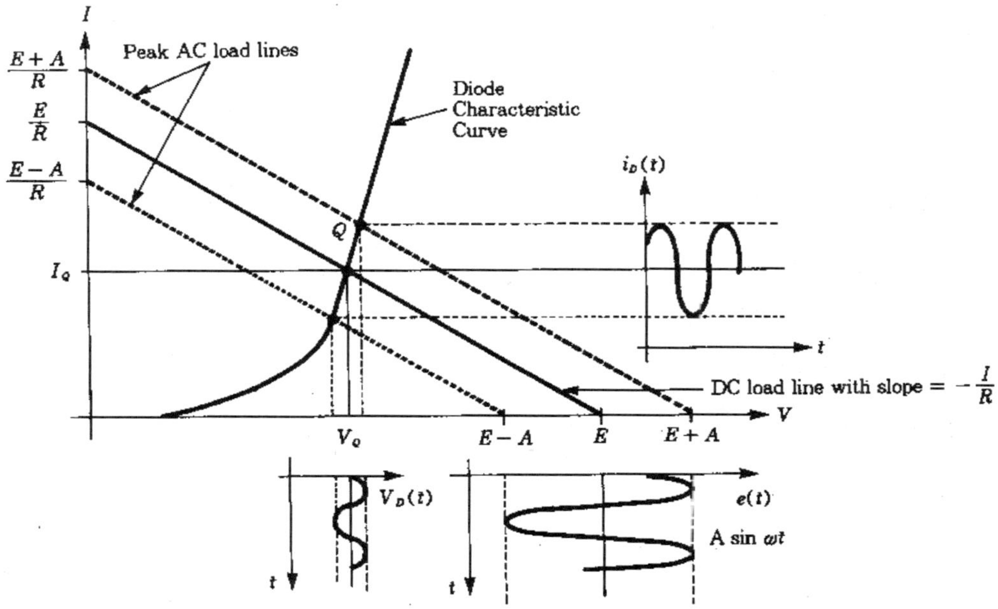


그림 1 소신호 다이오드의 특성 곡선

그림 1 은 입력전압이 작은 AC 성분을 가지고 있을 때 부하선이 어떻게 바뀌는지를 보여준다. AC 성분이 0 일 때 다이오드 전류와 전압은 그들의 $Q$ 값 $I_Q$ 와 $V_Q$를 갖는다. 다이오드의 AC 저항 $r_D$는 $Q$점에서 경사 특성의 역이 된다.

$$r_D = \frac{\Delta V_D}{\Delta I} \approx \frac{0.026}{I} \tag{2}$$

여기서, $\Delta V_D$ : 다이오드 전압의 변화

$\Delta I$ : 다이오드 전류의 변화이다.

전체 다이오드 전류와 다이오드 전압은 다음 식을 이용하여 이론적으로 계산될 수 있다(다이오드 양단에 0.7[V] 전압강하가 있는 것으로 가정).

$$i_D(t) = I + i(t) = \frac{E-0.7}{R} + \frac{A}{R+r_D} \sin wt \tag{3}$$

$$V_D(t) = 0.7 + \left(\frac{r_D}{R+r_D}\right) A \sin wt \tag{4}$$

여기서, $i(t)$ : 다이오드 전류의 AC 성분

$A \sin wt$ : 공급된 AC 전압원이다.

## 6.2.3 사용기기 및 재료

① 1N4004 실리콘 다이오드, 또는 등가

② 가변 DC 전력공급기(30[V] DC)

③ 저주파발생기(1[㎑]에 500m $V_{P-P}$sine wave)

④ 저항 : 270[Ω]

⑤ 오실로스코프

⑥ VOM

## 6.2.4 실험 순서

(1) 순방향 바이어스 영역에서 다이오드 특성을 조사하기 위해 다음 그림 2 의 회로를 연결하라.

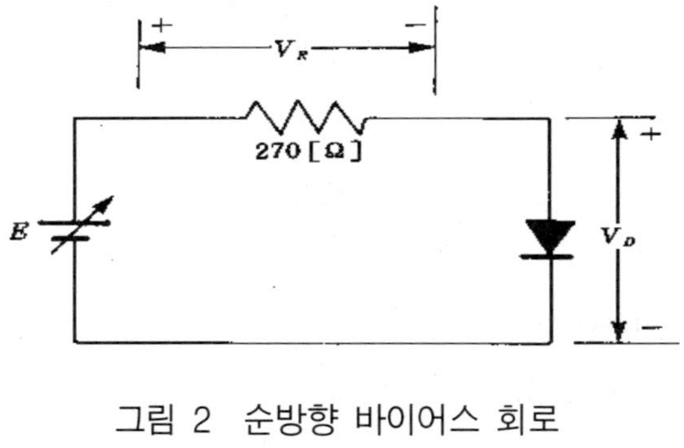


그림 2 순방향 바이어스 회로

(2) 표 1의 각 $V_D$값을 얻기 위해 공급전압 $E$를 맞춰라. 그리고 저항 양단의 전압 $V_R$를 측정하라. 표 1을 완성하라.

(3) 다음의 소신호 다이오드 회로를 연결하라.

(4) 다이오드 전류 및 전압의 $Q$(quiescent)값 또는 DC 성분을 측정하기 위해 발생기를 접지

에 단락시켜 $e(t)=0$ 으로 놓아라. DC 다이오드 전압 $V_D$와 DC 저항전압 $V_R$를 측정한 후 기록하라. 그러면 $I_Q=V_R/R$의 관계식을 이용하여 정 다이오드 전류가 계산될 수 있다.

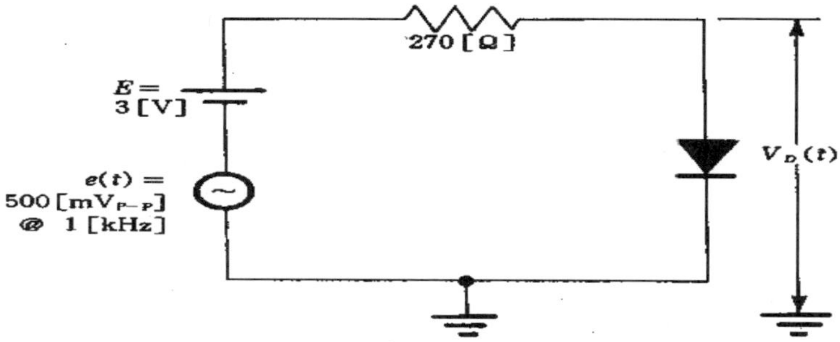


그림 3 소신호 다이오드 회로

(5) 신호발생기를 다시 연결하여 $e(t)=500[m\ V_{P-P}]$, 주파수 $f=1$[㎑]로 설정하라. 오실로스코프를 이용하여 AC 입력 커플링을 정하고 관찰한 후, 다이오드 양단의 전압 $V_D$의 AC 성분을 정확하게 그려라.

(6) 저항 양단의 AC 전압 $V_R(t)$를 측정하기 위해 다음 그림 4에서 보는 바와 같이 다이오드와 저항을 상호 교환해야 한다.

(7) 오실로스코프를 이용하여 입력 커플링을 정하고, 저항 양단의 전압 $V_R(t)$의 AC 성분을 관찰하여 정확히 그려라. 측정된 $V_R(t)$를 가지고, 전체 다이오드 전류 $i_D(t)$의 AC 성분 $i(t)$가 $i(t)=V_R(t)/R$의 관계를 이용하여 계산될 수 있다.

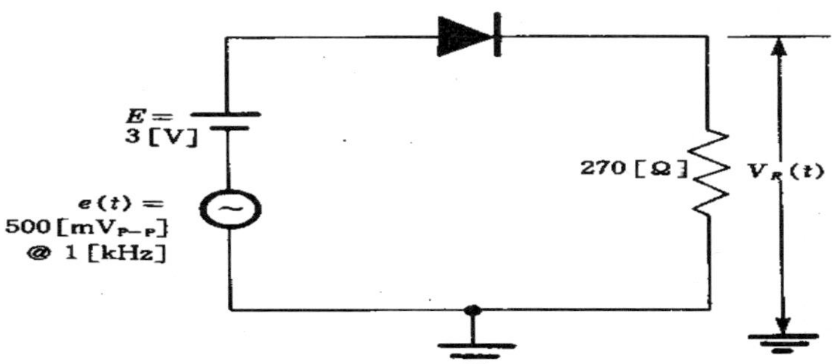


그림 4 소신호 다이오드 회로

## 6.2.5 실험실습 보고서

실험 일자 : 년 월 일 ( 요일), 교시 ~ 교시

공동실험자 : 제 조, , , , .

학 과 : 과

학 번 :

성 명 :

## 6.2.6 실험 결과 및 검토

① 표 1 에 전류값을 계산하여 기록하라. 이 결과를 이용하여 다이오드의 $I-V$ 특성의 순방향 바이어스 일부분을 표 2 에 그려라. 또한 표 1 에 다이오드의 AC 저항값 $r_D$를 계산하여 기록하라.

표 1

| $V_D$[V] | $V_R$[V] | $I=\frac{V_R}{R}$ | $r_D=\frac{0.026}{I}$ [Ω] |
|---|---|---|---|
| 0.0 | | | |
| 0.1 | | | |
| 0.2 | | | |
| 0.3 | | | |
| 0.4 | | | |
| 0.5 | | | |
| 0.6 | | | |

표 2 $I-V$ 특성 곡선

② 그림 3에서 회로의 DC 부하선에 대한 식을 경정하고 실험 결과 (1)에서 얻은 $I-V$ 특성 위에 그것을 그려라. 정점 $Q$ 즉, 부하선은 특성 곡선과 서로 교차함에 주의하라. 이러한 그래프로 얻은 $Q$점과 실험 순서 (4)에서 측정된 $Q$점과 비교하라.

③ 실험 순서 (4)와 (7)의 측정값을 이용하여 전체 다이오드 전류 $i_D(t)$에 대한 식을 쓰라.

④ 그림 1을 기준으로 하여 첨두(최대와 최소) AC 부하선을 다이오드 특성 위에 그려라. 또한 그림 1에서 보는 것처럼 다이오드 전압 $V_D(t)$의 AC 성분을 그려라. 그리고 그로 인한 전류 $i_D(t)$를 결정하라. 그리고 그래프로 얻은 $i_D(t)$와 실험 결과 (3)에서 이론 적으로 얻은 결과와 비교하라.

# 6.3 대신호 다이오드 회로

## 6.3.1 실험 목적

(1) 반파 정류기의 동작을 연구한다.

(2) 기초 논리회로에서 다이오드의 방정식을 증명한다.

## 6.3.2 관련이론

대신호 다이오드 회로는 전류와 전압변화가 순방향 바이어스 영역에서 역방향 바이어스 영역에 이르기까지 다이오드 특성의 넓은 영역에서 발생한다. 따라서 대신호 회로에서 다이오드의 동작은 선형영역으로 제한되지 않는다. 이것은 다이오드 저항이 아주 낮은 값에서부터 아주 높은 값까지 변한다는 것을 의미한다. 결과적으로, 다이오드는 스위치와 같은 동작을 한다.

대신호 회로에서 다이오드의 가장 중요한 응용 중의 하나는 교류가 직류로 바뀌는 정류기능을 수행하는 것이다. 따라서 부하전류는 단지 한 방향으로만 흐를 것이다. 그러나 다이오드는 이것을 포함하여 회로에 공급되는 전압을 약 0.7[V] 강하시킨다는 것을 주의하여야 한다. 그러므로 공급전압은 전류가 부하를 통하여 흐르게 하기 위해 0.7[V] 보다 커야 한다.

그림 1은 반파 정류기에 공급되는 전압과 그 결과 발생된 전류의 그래프를 보여준다. 디지털 논리게이트는 AND 또는 OR 같은 논리함수를 수행하는 회로이다. AND 함수에서, 출력은 두 입력이 참일 때만 참(높은 전압)이다. OR 함수에서 출력은 두 입력 중 하나만 참이어도 참이다. 전형적인 논리회로에서 AND 게이트는 입력 1과 2가 모두 5[V]이어야만 5[V] 출력을 발생시킨다. OR 게이트는 입력 1, 또는 입력 2가 5[V]이면 5[V]출력을 발생시킨다.

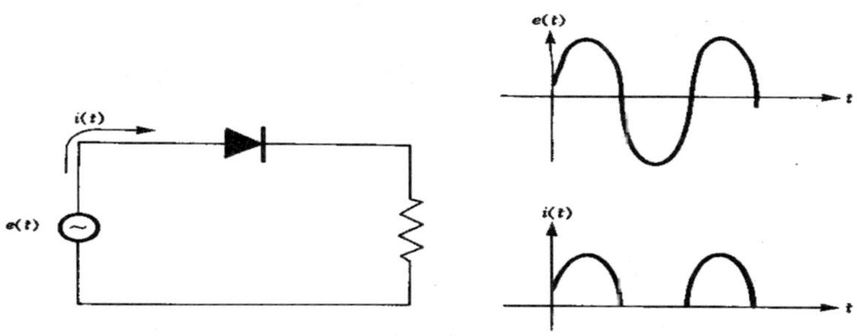


그림 1 반파 정류회로와 특성 곡선

### 6.3.3 사용기기 및 재료

① 1N4004 실리콘 다이오드 2개, 또는 등가
② DC 전력공급기(5[V])
③ 아날로그 신호발생기(1[㎑]에서 5[ $V_{P-P}$] 사인파와 구형파)
④ 저항 : 470[kΩ], 1[kΩ], 10[Ω]
⑤ 전위차계 :1~10[kΩ]
⑥ 오실로스코프

### 6.3.4 실험 순서

(1) 반파 정류회로에서 다이오드의 용도를 연구하기 위해 다음 그림 2의 회로를 연결하라.

(2) 2-channel 오실로스코프로 DC 입력 커플링을 설정하고, 입력 전압 $e(t)$ 및 출력 전압 $V_R(t)$의 첨두값을 측정하라. 두 파형을 그려라.

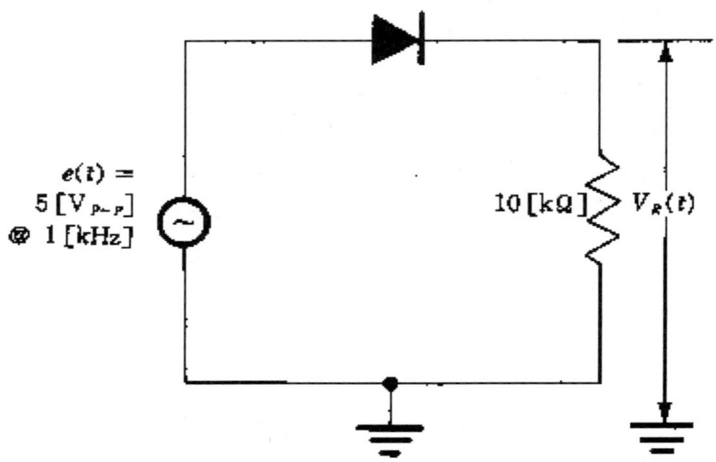


그림 2 반파 정류회로 (1)

(3) 그림 2의 고정 부하저항 $R$을 그림 3에서 보는 것처럼 직렬 연결된 470[Ω] 저항과 10[kΩ] 전위차계로 대치하라. 그것의 전 영역을 통해 가변저항을 조절해 보고 출력 파형의 변화를 관찰하라.

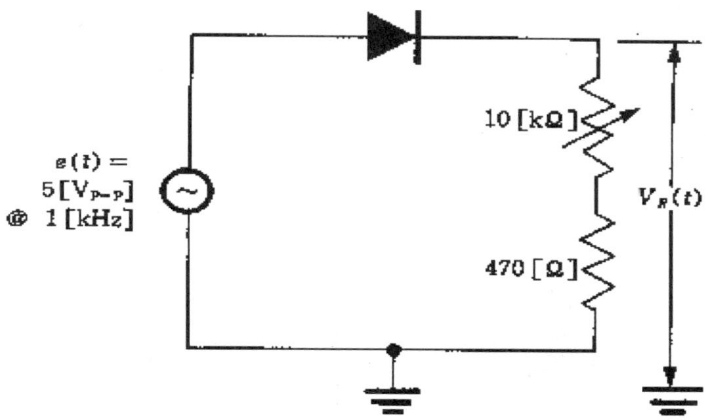


그림 3 반파 정류회로 (2)

(4) 그림 2에서 다이오드 단자를 역으로 하고 실험 순서 (2)와 (3)을 되풀이 하라.

(5) 그림 2에서 5[ $V_{P-P}$] 구형파(±5[V])로 입력신호를 바꾸고 실험 순서 (2)를 되풀이 하라.

(6) 간단한 디지털 논리게이트에서 다이오드의 용도를 연구하기 위해 다음 그림 4의 회로를 연결하라.

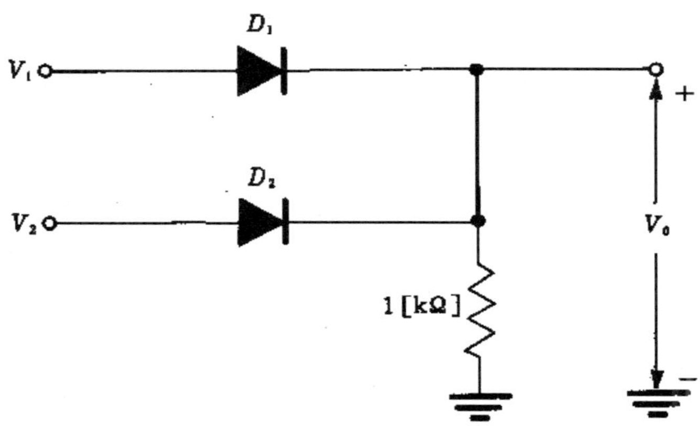


그림 4 OR 게이트 회로

(7) 표 2에서 $V_1$과 $V_2$의 각각의 조합에서 $V_0$의 값을 측정하여 기록하라.

(8) 다른 유용한 논리 게이트를 연구하기 위해, 다음 그림 5의 회로를 연결하라.

(9) 표 2 에서의 값에 대한 실험 순서 (7)과 그림 5의 회로를 되풀이 하라.

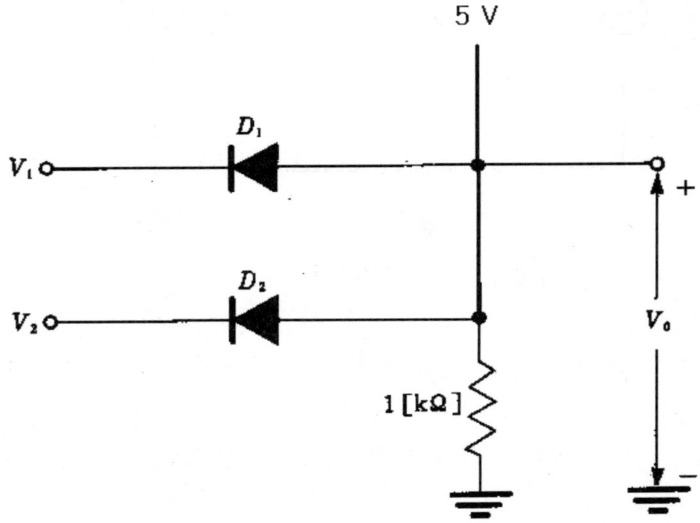


그림 5 AND 게이트 회로

### 6.3.5 실험실습 보고서

실험 일자 : 년 월 일 ( 요일), 교시 ~ 교시

공동실험자 : 제 조, , , , .

학 과 : 과

학 번 :

성 명 :

### 6.3.6 실험 결과 및 검토

① 실험 순서 (2)의 결과를 이용하여, 전류 $i(t)$의 첨두값을 계산하고 그것의 파형을 그려라. 실험 순서 (3)에서 부하저항의 변화가 $i(t)$에 미치는 영향을 설명하라.

② 실험 순서 (4)의 결과에 대해 실험 결과 (1)을 되풀이 하라.

③ 실험 순서 (4)의 회로에서 전류파형 $i(t)$의 첨두값을 계산하고 그것의 파형을 그려라.

④ 표 1과 2에서 전압 $V_1$과 $V_2$의 각 집합에 대해 각 다이오드 $D_1$과 $D_2$가 순방향 또는 역방향 바이어스인지를 결정하라. 각 다이오드가 0.7[V]의 순방향 바이어스 전압강하를 갖는다고 가정하고 $V_0$를 계산하라. $V_0$의 계산값과 측정값을 비교하라.

⑤ 그림 4의 회로에 의해 수행되는 디지털 논리함수는 무엇인가? 그림 5의 회로는?

표 1

| $V_1$[V] | $V_2$[V] | $V_0$[V] |
|---|---|---|
| 0 | 0 | |
| 0 | 5 | |
| 5 | 0 | |
| 5 | 5 | |

표 2

| $V_1$[V] | $V_2$[V] | $V_0$[V] |
|---|---|---|
| 0 | 0 | |
| 0 | 5 | |
| 5 | 0 | |
| 5 | 5 | |

# 6.4 정류기, 필터, 그리고 리플

## 6.4.1 실험 목적

(1) 반파와 전파 정류기를 구성한다.

(2) 리플을 감소시키기 위한 커패시터 필터의 사용을 조사한다.

(3) 리플을 감소시키기 위한 $RC-\pi$형 필터의 사용을 조사한다.

## 6.4.2 관련이론

직류 전원공급기의 기본소자 성분은 교류를 직류로 바꿔주는 정류기이다. 반파 정류기는 사인파 입력의 매 반주기 동안에 부하저항으로 전류가 흐르도록 한다. 전파 정류기는 매 반주기 동안 전류가 흐르지만 같은 방향으로 항상 전류가 흐르도록 설계되었다. 그림 1은 반파와 전파 정류된 파형을 보여준다. 그림 3은 4개의 다이오드를 이용하여 어떻게 전파 정류가 구성되는지를 보여준다. 그리고 그림 5와 6은 단일 다이오드로 구성된 반파 정류기를 보여준다.

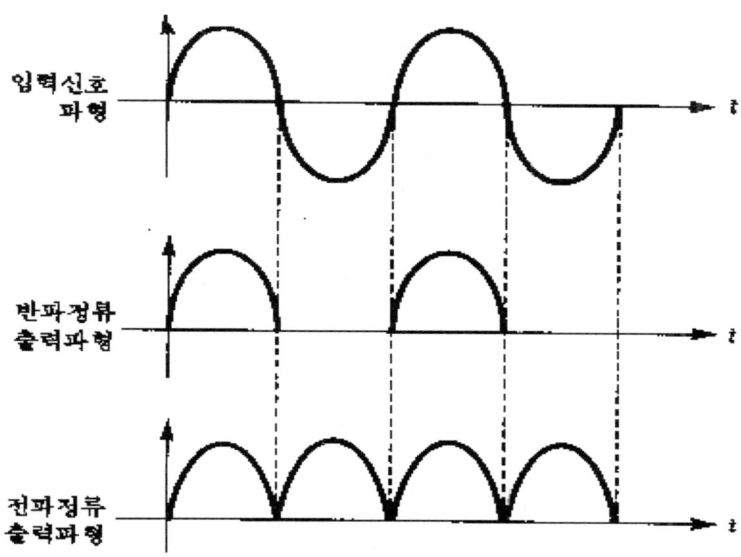


그림 1 반파 및 전파 정류 특성

대부분의 전원공급기 응용에서 정류기의 맥동 출력은 전압변동을 줄이기 위해 평탄화(필터링) 해야만 한다.

필터의 가장 단순한 종류는 정류기와 직접적으로 연결된 커패시터로 구성된다. 이것은 그림 3과 그림 4에서 보여준다. 또한 그림 5에서 보여주는 $RC-\pi$형 필터가 사용된다.

필터는 전체적으로 전압변동을 제거하지 않으며, 그 대신에 커패시터가 부하저항으로 충전과 방전의 순환에 의해 리플 파형이 생성된다.

그림 2(a)는 필터의 직류출력이 중첩된 전형적인 리플 파형을 나타내며, 그림 2(b)는 리플 파형을 톱니파형으로 근사화됨을 보여준다. 이 근사화된 톱니파형의 첨두에서 첨두전압값은 리플의 rms 값을 평가하는데 사용된다.

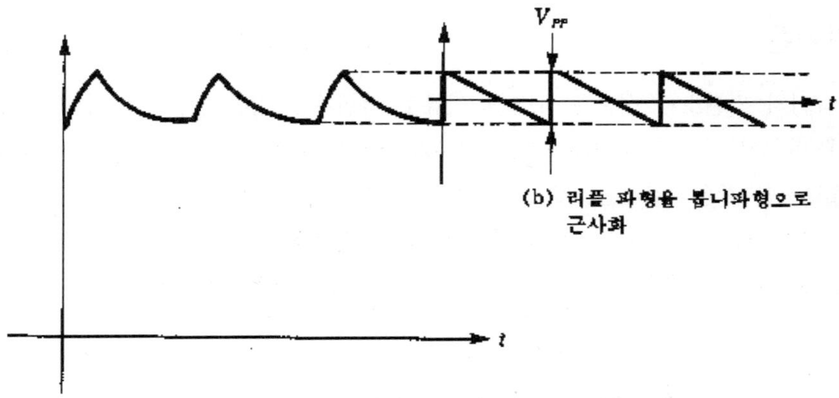


그림 2 리플 파형

$$V\,(\mathrm{rms}) \simeq \frac{V_{P-P}}{2\sqrt{3}} \tag{1}$$

필터의 효율은 필터 출력 파형에 나타난 리플의 백분율로 측정된다.

$$\%\ \text{리플} = \frac{\text{리플파형의 } rms \text{ 값}}{\text{전체파형의평균(직류) 전압값}} \times 100\% \tag{2}$$

lightly-loaded(경부하) 필터는 리필이 6.5[%] 이하인 필터이다. lightly-loaded 커패시터 필터인 경우 리플의 백분율을 평가하는데 다음과 같이 근사식을 사용한다.

$$\% \text{ 리플} = \frac{1}{2\sqrt{3} f_r R_L C} \times 100\% \qquad (3)$$

여기서, $R_L$ : 부하저항

$C$ : 필터의 커패시터

$f_r$ : 반파 정류기일 때 60[Hz]이고, 전파 정류기 일 때 120[Hz]이다.

(정류기의 입력단으로 입력되는 신호주파수는 60[Hz]라 가정.)

그림 5에 보이는 $RC-\pi$형 필터는 일반적으로 커패시터 필터보다ㅓ 나은 필터링(평탄화)을 제공한다. $R_1$과 $R_L$사이로 전압분배 때문에 전압변동률에 영향을 미치고 출력 직류값이 감소된다.

## 6.4.3 사용기기 및 재료

① 1N4004 실리콘 다이오드 4개
② 변성기 : 2차 0[V], 6[B], 9[V], 12[V]
③ 저항 : 470[kΩ] 1개, 4.7[kΩ] 1개, 10[Ω] 1개
④ 커패시터 : 47[μF](25[V]), 220[μF](25[V])
⑤ 전위차계 : 50[kΩ]
⑥ 오실로스코프

## 6.4.4 실험 순서

(1) 전원 공급기의 % 리플(리플의 백분율)로 필터링의 효과를 조사하기 위해 그림 3에 있는 회로를 결선한다. 일시적으로 필터 커패시터 220[μF]을 제거하라.

[주의] 110[V] 교류전원은 위험한다. 그러므로 전원을 인가하기 전에 모든 회로 결선은 끝나야 하며, 전원이 인가됐을 때 회로에 접촉하거나 결선된 회로를 겸하지 말 것.
회로에 새로운 소자 성분을 첨가하거나 어떤 소자 성분을 옮기기 전에 항상 전원을 끄시오. 출력측의 접지는 110[V] 교류 입력과 반드시 분리되어야만 한다.

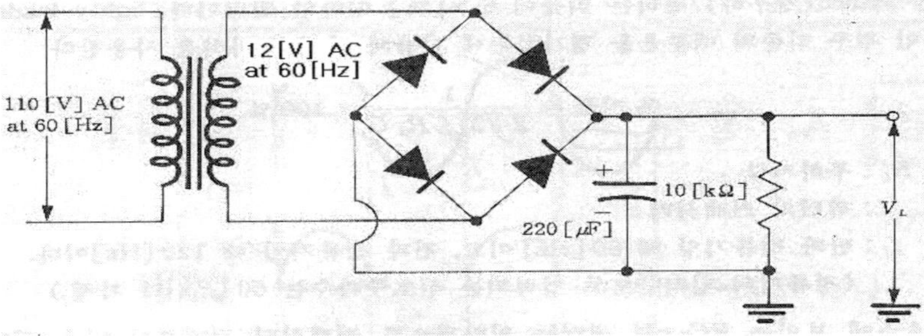


그림 3 브리지형 전파 정류회로

(2) 오실로스코프를 이용하여 10[kΩ] 저항 양단에 걸리는 전압 파형을 측정하고 도시하라. 그림에서 보는 것처럼 전원을 분리시키고 220[μF] 커패시터를 연결한 후 다시 전원을 연결한다.

(3) 오실로스코프를 이용하여 출력 전압 $V_L$의 리플 전압을 측정하여 기록하라. 또한 평균 직류 출력 전압값을 측정하여 기록하라. 오실로스코프의 AC와 DC mode을 변화시키면서 직류전압 파형과 교류전압 파형을 측정한다. 이들 값의 차이는 파형의 직류값이다.

(4) 110[V] 교류전원을 차단하고 그림 3의 220[μF] 커패시터와 병렬로 220[μF]커패시터를 첨가한다(이제 전체적으로 440[μF]이 됨). 전원을 다시 연결하고 실험 순서(2)를 반복하라.

(5) 전원공급 리플상에서 작은 저항의 부하효과를 조사하기 위해 그림 4와 같이 회로를 결선하라.

(6) 오실로스코프가 AC 입력상태에 설정되었을 때 전위차계를 변화시키면서 리플의 크기가 얼마나 영향을 받는지를 기록하라.

(7) 전위차계를 제거하고 회로를 단락시킨다(그러므로 $R_L$ = 4.7[kΩ]). 실험 순서 (3)에서 논의된 순서를 이용하여 $V_L$의 직류 전압값과 첨두에서 첨두 리플 전압을 측정하라.

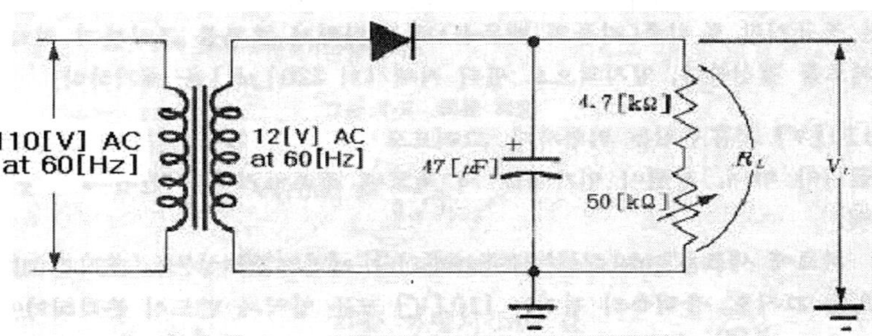


그림 4 필터회로

(8) 커패시터를 제거하고 $R_L$ 양단에 걸리는 전압파형을 도시하라.

(9) $RC-\pi$형 필터에 의한 리플 감소를 조사하기 위해 그림 5와 같이 회로를 연결한다.

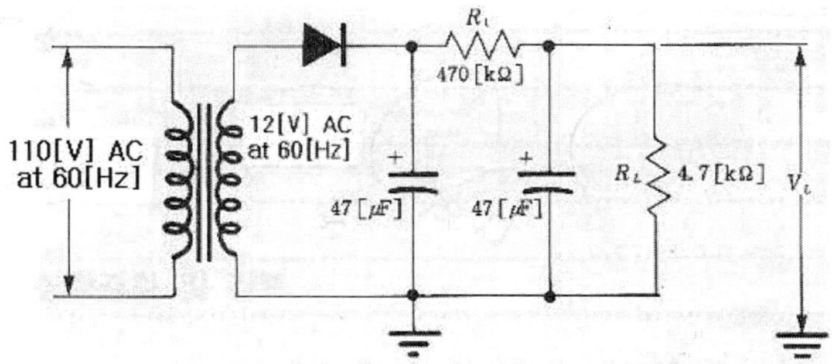


그림 5 π형 필터 회로

(10) 실험 순서 (3)에서 설명된 순서를 이용하여 $R_L$의 직류 전압값과 첨두에서 첨두 리플 전압값을 측정하라.

### 6.4.5 실험실습 보고서

실험 일자 : 년 월 일 ( 요일), 교시 ~ 교시

공동실험자 : 제 조, , , , .

학 과 : 과

학 번 :

성 명 :

### 6.4.6 실험 결과 및 검토

① 실험 순서 (3)과 (4)에서 얻어진 직류전압과 리플 전압값을 이용하여 각각의 필터 출력에서 % 리플(리플의 백분율)을 계산하라(주어진 근사식을 사용).

② Lightly loaded(경부하) 커패시터 필터의 % 리플(리플의 백분율)에 대한 이론적 근사치를 이용하여 실험 순서 (3)과 (4)에서 결선된 각 필터의 % 리플을 계산하라.

③ 실험 순서 (6)에서 관찰된 측정값을 기초로 부하저항이 어떻게 리플에 영향을 주는지를 설명하라. 또한 $R_LC$ 시정수를 참조하여 관측 결과를 설명하시오.

④ 실험 순서 (8)과 (2)에서 관측된 파형을 비교하라. 필터링의 쉬운 관점에서부터 좀더 요구되는 파형을 무엇이라 생각하는가?

⑤ 실험 순서 (10)에서 측정된 첨두에서 첨두 리플과 실험 순서 (7)에서 얻어진 리플 전압을 비교하라(양쪽 회로 모두 같은 $R_L$ 값이다). 또한 실험 순서 (10)에서 얻어진 파형의 직류 전압값과 실험 순서(7)에서 얻은 전압값을 비교하라. 각각의 전압값과 리플 전압값의 차이를 어떻게 설명할 것인가?

# 6.5 제너 다이오드

## 6.5.1 실험 목적

(1) 제너(Zener) 다이오드의 전류-전압 특성을 조사한다.

(2) 정전압기로서 제너 다이오드의 사용을 조사한다.

(3) 제너 다이오드 정전압기의 출력 저항과 line regulation을 측정한다.

## 6.5.2 관련이론

반도체 다이오드 양단에 역전압이 충분히 크게 걸린다면 이 다이오드는 역방향에서 도전상태이며, 항복(Breakdown) 상태가 된다. 역방향 전류가 다이오드의 절연파괴를 초과하지 않을 정도이면 이 항복현상은 다이오드에 위험한 상태가 아니다.

다이오드가 항복현상이 일어나는 전압은 반도체 물질의 도핑에 따른 함수이다. 제너 다이오드는 사용되는 다이오드에 비해서 상대적으로 낮은 항복전압을 갖도록 도핑농도를 크게 한다. 그러므로 제너 다이오드는 역방향 항복영역에서 동작되도록 설계된 것이다. 이 항복영역은 역방향 전류가 변화되더라도 일정 전압이 유지된다. 일정 전압이 유지되는 특성은 제너 다이오드가 기준전압으로서 정전압 응용소자로 이용되고 있다.

그림 1은 제너 다이오드가 항복전압 $V_Z$로 설계된 전형적인 전류-전압 특성곡선을 보여준다. 순방향 바이어스 특성은 일반 다이오드 특성과 같음에 주의하라.

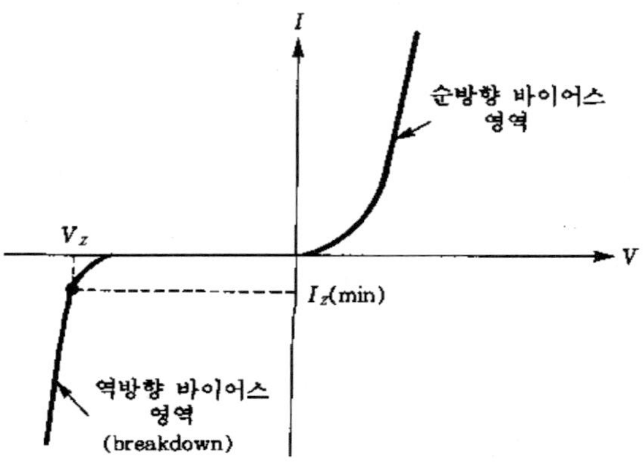


그림 1 제너 다이오드 특성 곡선

그림 1에 보여지는 특성을 갖는 제너 다이오드가 이상적으로 동작된다면 이 역방향 바이어스 영역은 완전히 수직적이다. 이 경우에 항복영역에서 전류가 변화하더라도 $V_2$는 절대적으로 일정상수로 남아 있을 것이다.

즉, 다시 말하면, $\Delta V_Z / \Delta I_Z = 0$ 임을 알 수 있다(∴ $\Delta V_Z = 0$").

항복영역에서 제너 다이오드의 임피던스는 다음과 같이 정의한다.

$$Z_Z = \frac{\Delta V_Z}{\Delta I_Z} \tag{1}$$

실제적으로 제너 다이오드의 임피던스는 0 이 아니다. 그러나 기준전압으로서 사용될 수 있을 정도로 충분이 작다. 그림 4는 제너 다이오드를 이용하여 간단한 정전압기를 보여준다. 이 다이오드는 역방향 항복영역에서 동작하며, 부하전압은 제너 다이오드 전압 $V_Z$와 같다.

이 회로가 정확히 동작하기 위해서는 다이오드로 흐르는 역방향 전류가 항복영역을 유지하도록 충분히 큰 전류가 공급되어야 한다. 제너 다이오드를 이용한 정전압기의 설계와 사용시 고려사항은 아래와 같다.

1. 입력 전압 $E$는 다이오드와 부하 $R_L$로 충분히 큰 항복전류를 항상 공급해야만 한다.
2. 부하 $R_L$은 너무 작아서 많은 전류가 흐르도록 하지 않는다. 0 부하전류가 크면 다이오드가 항복상태를 유지하지 못하기 때문이다( "예" 로서 $R_L = 0$, 단락회로이면 어떠한 전류도 다이오드에 흐르지 않는다).
3. 제너 다이오드의 전력손실 $P_Z = V_Z I$이 절연파괴 제한전력을 초과하지 말아야 한다( "예" 로서 $R_L = \infty$, 개방회로이면 입력 전압 $E$로부터 모든 전류는 제너 다이오드로 흐른다).

위 1과 2의 조건은 $E$와 $R_L$ 값이 큰 것을 요구하며, 반면에 3은 $E$와 $R_L$이 작은 값을 요구한다. 그림 4에서 직렬 제한저장 $R_S$는 위 조건을 모두 만족시키기 위한 관점에서 도입되었다. 다음은 $R_S$값의 허용범위가 부적당한 범위를 보여준다.

$$R_S \leq \frac{E_{(\min)} - V_Z}{I_{Z(\min)} + V_Z / R_{L(\min)}} \tag{2}$$

$$R_S \leq \geq \frac{E_{(\max)} - V_Z}{I_{Z(\max)} + V_Z / R_{L(\max)}} \tag{3}$$

여기서, $E_{(\min)}$과 $E_{(\max)}$ : 입력 전압의 최소와 최대값

$I_{Z(\min)}$ : 다이오드가 항복상태를 유지하기 위한 최소의 역방향 전류(그림 1 참조).

$I_{Z(\max)}$ : 다이오드의 전력손실이 절연파괴를 넘지 않는 최대 허용 역방향 전류

$$I_{Z(\max)} \le P_Z / V_Z$$

$R_{L(\min)}$과 $R_{L(\max)}$ : 부하저항의 최소값과 최대값

## 6.5.3 사용기기 및 재료

① 1N4736 6.8[V](1[W]) 제너 다이오드
② 직류 전원공급기
③ 저항 : (100[kΩ], 560[kΩ], 1[kΩ], 2.2[kΩ], 4.7[kΩ], 6.8[kΩ], 8.2[Ω], 10[Ω]) 각각 1개
④ 디지털 전압계와 직류 전류계

## 6.5.4 실험 순서

(1) 제너 다이오드의 순방향 바이어스 특성을 조사하기 위해 그림 2에서와 같이 회로를 결선한다.

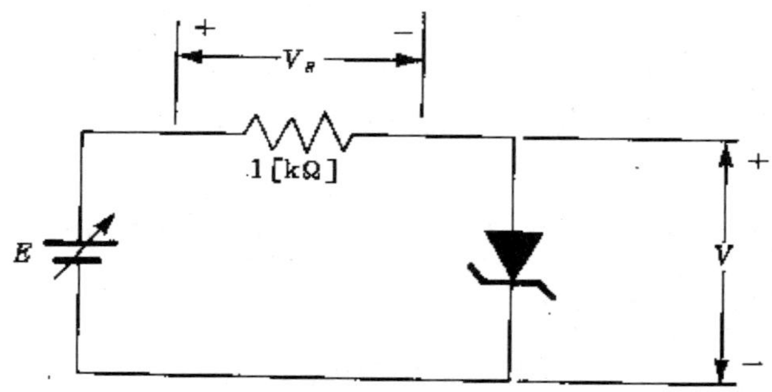


그림 2 순방향 제너 다이오드 회로

(2) 표 1에 있는 각각의 전압값이 제너 다이오드 양단 전압 $V$가 되도록 입력 전압 $E$을 조정하라. 각각의 $V$값에 대해서 부하전압 $V_R$을 측정하라( $V_R$값을 측정함으로써 제너 다이오드로 흐르는 전류를 결정하기 위해).

(3) 제너 다이오드의 역방향 바이어스의 특성을 조사하기 위해 그림 3에서 보이는 것처럼 전원공급기의 극성을 바꾸고 1[kΩ] 저항을 100[Ω]으로 대체한다.

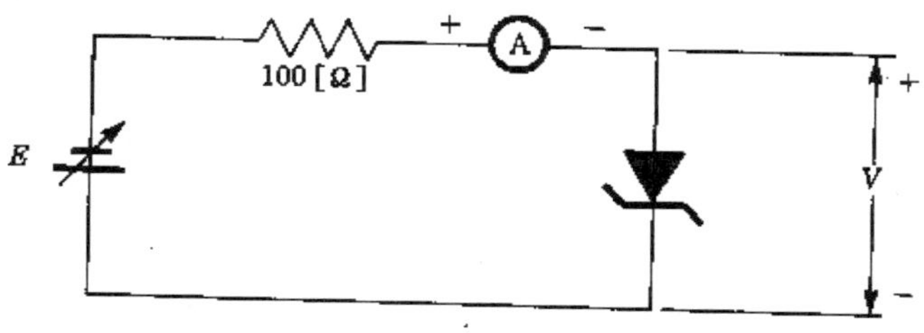


그림 3 역방향 제너 다이오드 회로

(4) 표 2에 있는 각각의 전류값이 제너 다이오드에 유입되는 전류와 같도록 입력전압 $E$을 조정하라. $I_Z$의 각각의 값에 대해서 제너 다이오드의 양단 전압을 측정하라.

(5) 정전압기로서 제너 다이오드의 사용을 조사하기 위해 다음과 같이 회로를 결선한다.

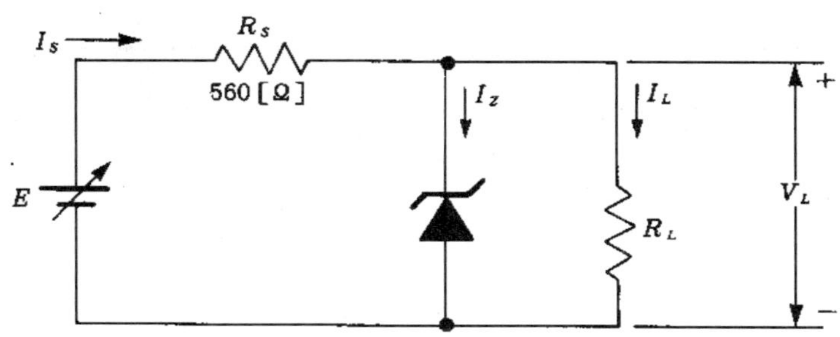


그림 4 정전압용 제너 다이오드 회로

(6) $R_L$ = 10[kΩ]이고, $E$ = 10[V]로 설정됐을 때 Line Regulation을 결정하기 위해 부하전압 $V_L$을 측정하라. 표 3 에 있는 각각의 $E$값에 대해서 이과정을 되풀이 하라.

(7) $R_L$ = $V_L$을 측정하라. 10[kΩ]이고, $E$ = 10[V]로 설정됐을 때 정전압기의 출력 저항을 결정하기 위해 부하전압 $V_L$을 측정하라. 표 4 에 있는 각각의 $R_L$값에 대해서 이 과정을 반복하라.

## 6.5.5 실험실습 보고서

실험 일자 : 년 월 일 ( 요일), 교시 ~ 교시

공동실험자 : 제 조, , , , .

학 과 : 과

학 번 :

성 명 :

## 6.5.6 실험 결과 및 검토

① 표 1과 표 2에 얻어진 값을 이용하여 제너 다이오드의 특성 곡선을 도시하라.

표 1

| $V$[V] | $V_R$[V] | $I=\frac{V_R}{R}$ |
|---|---|---|
| 0.1 | | |
| 0.3 | | |
| 0.5 | | |
| 0.6 | | |

표 2

| $I$ | $V$[V] |
|---|---|
| 50[μA] | |
| 100[μA] | |
| 1[mA] | |
| 5[mA] | |
| 10[mA] | |
| 15[mA] | |
| 20[mA] | |
| 30[mA] | |

② $I_Z$ = 5[mA]와 $I_Z$ = 30[mA] 사이의 역방향 항복영역에서 제너 다이오드의 임피던스 $Z_Z$을 계산하라.

③ 표 3과 표 4에서 얻어진 값을 이용하여 그림 4에서의 정전압기 회로에 대한 입력 전압 제한(line regulation) $\Delta V_L/\Delta E$을 계산하라.

표 3

| $E$[V] | $V_L$[V] |
|---|---|
| 10[V] | |
| 11[V] | |
| 13[V] | |
| 15[V] | |

표 4

| $R_L$ | $V_L$[V] | $I_L=\frac{V_L}{R_L}$ | $I_S=\frac{E-V_L}{R_S}$ | $I_Z-I_S-I_L$ | $P_Z=V_LI_Z$ |
|---|---|---|---|---|---|
| 10[Ω] | | | | | |
| 8.2[Ω] | | | | | |
| 6.8[Ω] | | | | | |
| 4.7[Ω] | | | | | |
| 2.2[Ω] | | | | | |

④ 표 4에서 얻어진 값을 이용하여 정전압기의 출력 저항 $\Delta V_L/\Delta I_L$을 계산하라(측정범위 외부영역).

⑤ 표 4 에 있는 각각의 부하저항에 대해서 제너 다이오드의 전력손실을 계산하라. 제너 다이오드의 전력손실값이 어느 정도일 때 절연파괴(다이오드의 손실비를 초과)가 일어나는가?

⑥ 이 실험에서 정전압기에 가해진 입력 저압과 부하저항의 범위에 대해서 근사식을 이용하여 그림 4에서 사용된 $R_S$값을 변화시켜라. 여기서 $I_{Z(\min)}$값은 실험 결과 (1)의 그림을 이용하여 결정한다.

# 6.6 배 전압회로와 필터

## 6.6.1 실험 목적

(1) 반파 정류 및 전파 정류 배전압회로의 동작원리를 이해하고 응용을 숙지한다.

(2) 배전압회로와 필터의 각점에서 입력 및 출력 파형을 관찰하고 DC 전압을 측정한다.

## 6.6.2 관련이론

배전압회로는 출력 전압이 입력 전압의 최대값의 2배를 부하에 공급할 수 있는 정류회로이다. 또한 최대 출력 전압을 2배, 3배 또는 그 이상으로 상승시킬 수 있는 전압체배회로도 있다.

배전압회로는 변압기를 사용하지 않고도 그 이상의 전압을 얻고자 할 때 이용된다.

### 1) 반파 배전압회로

그림 1은 반파 배전압회로와 출력 파형이다. 입력전원 $V_i$의 (+)반주기 동안에는 $D_1$이 도통되고 $D_2$는 차단되어 $C_1$은 $V_i$의 최대값까지 충전된다. (−) 반주기 동안에는 $D_2$가 도통되고 $D_1$은 차단되어 입력 전압과 $C_1$의 충전전압이 중첩되어 $C_2$를 충전시킨다. 따라서 출력 전압은 입력의 2배가 된다. 즉

$$V_{C2} = V_{i1} + V_{i2} = 2V_i$$
$$\therefore\ V_0 = 2V_i$$

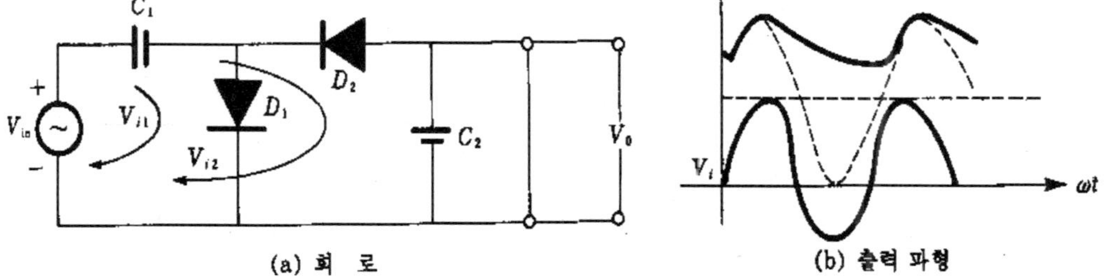


(a) 회 로 (b) 출력 파형

그림 1 반파 배전압회로

### 2) 전파 배전압회로

그림 2는 전파 배전압회로와 출력 파형이다. 입력 전원의 (+) 반주기 동안 $D_1$이 도통하여 $C_1$에는 입력 전압의 최대값까지 충전되고 다음의 반주기 동안에는 $D_2$가 도통하여 $C_2$가 역시 입력 전압의 최대값까지 충전된다. 만약 이 회로에 부하전류가 흐른다면 콘덴서 $C_1$과 $C_2$ 양단의 전압은 전파 정류회로에 의해 공급되는 콘덴서 양단의 전압과 같다.

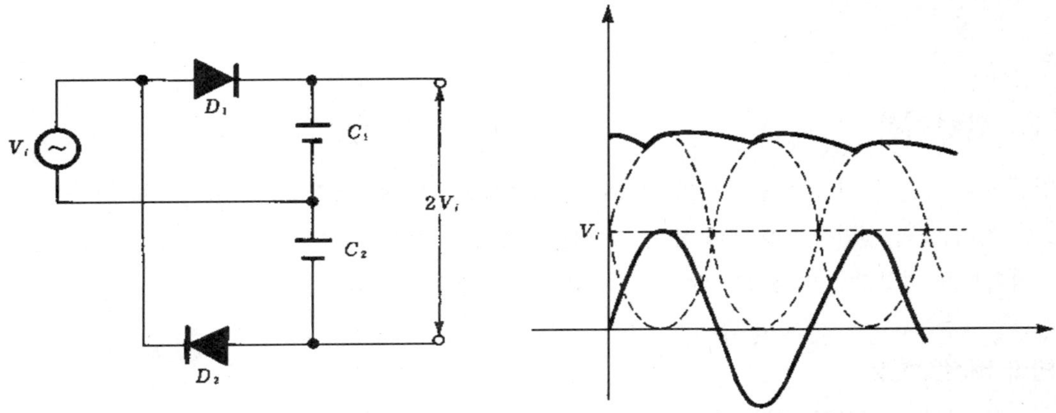


(a) 회 로　　(b) 출력 파형

그림 2　전파 정류회로

### 3) 필터회로

반파 또는 전파 정류회로의 출력은 맥류이므로 이를 적당한 방법으로 직류화해야 전원으로 이용할 수 있다. 이러한 목적으로 사용되는 회로를 평활회로(smoothing circuit) 또는 필터(filter)회로라 한다.

필터는 커패시터 필터, $RC$ 필터, $LC$필터, π 형 필터 등이 있으며, 각 필터의 출력에는 직류성분 외에 소량의 교류성분 즉 리플(ripple)이 포함되 있다. 리플계수(ripple factor)는 아래와 같다.

$$r(\text{리플계수}) = \frac{\text{리플전압}(rms)}{\text{교류전압}} = \frac{V_r(rms)}{V_{dc}} \tag{2}$$

일반적인 커패시터 필터회로를 그림 3에 나타냈다. 커패시터는 정류기의 출력 양단에 있고, 교류 출력은 부하저항 $R_L$에 나타나며, 그 파형은 그림 3(b)와 같다.

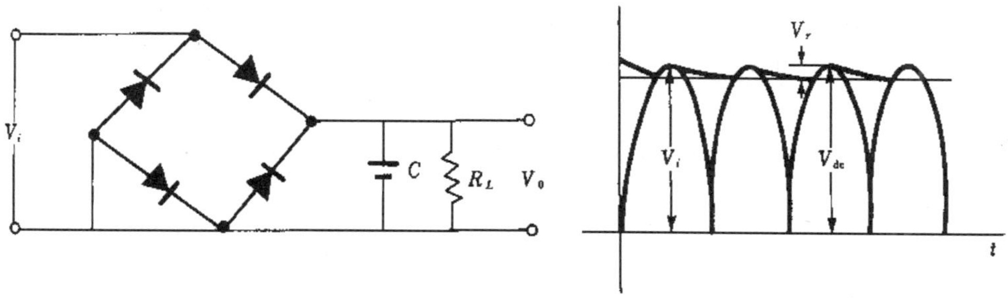


(a) 회 로 (b) 출력 파형

그림 3 커패시터 평활회로

## 6.6.3 사용기기 및 재료

① 교류 100[V]

② 저항 : 100[Ω] 2개, 500[Ω], 150[Ω], 10[kΩ](이상 5[W]), 2.7[kΩ], 5.6[kΩ] 이상 1/2[W])

③ 콘덴서 : 100[μF], 50[V] 3개

④ 정류형 다이오드 4개

⑤ VOM

⑥ 오실로스코프

⑦ 트랜스포머(1차 110[V], 2차 0[V], 6[V], 12[V])

## 6.6.4 실험 순서

**< 배전압회로 >**

1) 그림 4의 회로를 결선하라.

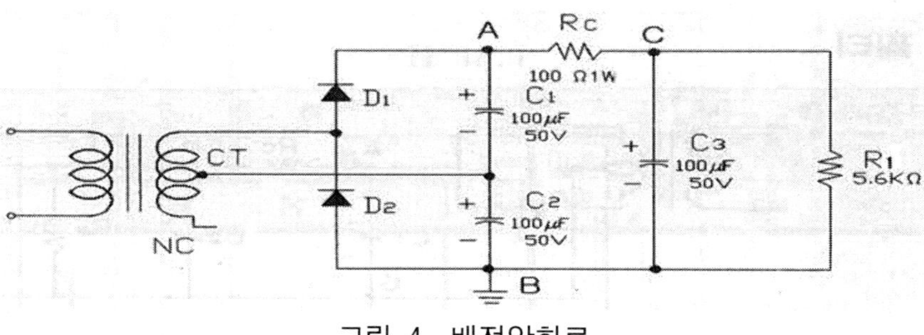


그림 4 배전압회로

2) 전원을 끄고 콘덴서를 방전시켜라. 점 $A$와 $B$간의 저항을 측정하여 저항이 5.6[kΩ]보다 작으면 회로를 검사하여 원인을 찾아 내어라.

3) 전원을 넣고 $A-B$ 및 $B-C$ 사이의 무부하 직류전압 및 맥동전압을 측정하여 표 1에 기록하여라.

4) 500[Ω]의 부하저항을 R1과 병렬로 접속하고, 실험 순서 3)을 반복하고 측정값을 표 1에 기록하여라.

표 1

| 점 | 무 부 하 | | | 부 하 (10[Ω]) | | |
|---|---|---|---|---|---|---|
| | 직류전압 [V] | 리 플 | | | 리 플 | |
| | | 파 형 | 전압 [ $V_{P-P}$ ] | | 파 형 | 전압 [ $V_{P-P}$ ] |
| $A-B$ | | | | | | |
| $B-C$ | | | | | | |

5) 전원을 끄고 모든 콘덴서를 방전시킨 후 $C_1$을 제거하고 전원을 넣은 다음 실험 순서 3)을 반복하여 표 2를 채워라.

6) $C_2$ 및 $C_3$에 대해 실험 순서 5)를 반복하라.

표 2

| | $A-B$ | | | $B-C$ | | |
|---|---|---|---|---|---|---|
| | 직류전압 | 리 플 | | 직류전압 | 리 플 | |
| | | 파 형 | 전 압 | | 파 형 | 전 압 |
| $C_1$ | | | | | | |
| $C_2$ | | | | | | |
| $C_3$ | | | | | | |

< 커패시터 필터 >

1) 그림 5의 회로를 결선하여라.

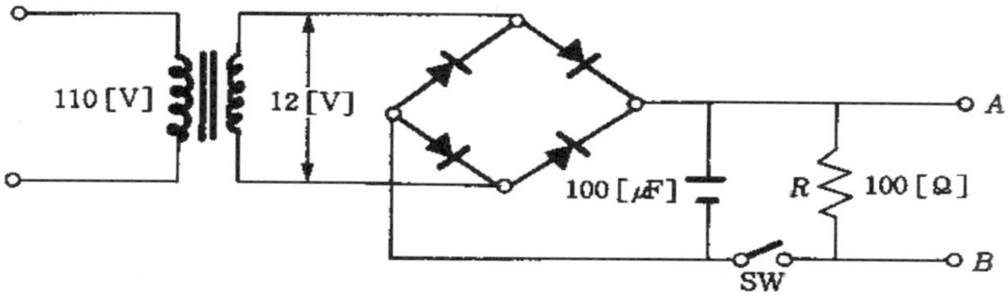


그림 5 필터 회로

2) SW을 off하고 $C$ 양단의 전압 파형과 전압을 측정하여 표 3에 기록하여라.

3) SW을 on한 다음 실험 순서 2)를 반복하여라.

4) 커패시터를 방전시킨 후 $A, B$ 양단에 2.7[kΩ]의 부하저항을 접속한 후 실험 순서 2)를 반복하여라.

표 3

| 실험순서 | 전압파형 | 전 압[ $V_{P-P}$ ] | 부하전류[mA] |
|---|---|---|---|
| 2) | | | |
| 3) | | | |
| 4) | | | |

### 6.6.5 실험실습 보고서

실험 일자 : 년 월 일 ( 요일), 교시 ~ 교시

공동실험자 : 제 조, , , , .

학 과 : 과

학 번 :

성 명 :

### 6.6.6 실험 결과 및 검토

① 그림 4에서 부하를 접속할 때 직류 출력전압은 어떻게 되는가? 그 이유는?

② 표 1의 결과로부터 리플계수를 계산하여라.

③ 그림 4에서 직류 출력 레벨이 가장 큰 영향을 미치는 콘덴서는 어느 것인가?

④ 그림 4에서 출력 리플에 가장 큰 영향을 미치는 것은 어느 것인가?

⑤ 그림 5의 결과 실험에 의한 맥동률과 계산값에 의한 맥동률을 비교하여라.

⑥ 그림 4와 그림 5의 출력을 비교하고, 어느 것이 양호한 출력 파형을 얻는지 조사하고 그 이유를 설명하라.

# 6.7 클리퍼와 클램프 회로

## 6.7.1 실험 목적

(1) 다이오드 클리퍼 회로의 종류와 동작 및 특성을 조사한다.

(2) 다이오드 클리퍼 회로의 입력과 출력 파형을 조사한다.

(3) 다이오드 클램퍼 회로의 동작과 특성 및 입출력 파형을 조사한다.

## 6.7.2 관련이론

### 1) 클리퍼

임의 파형에 대해 특정 기준전압 파형의 윗부분이나 아랫부분을 잘라내는 조작을 클리핑(clipping)이라 하며, 이 회로를 클리핑 회로, 클리퍼(clipper) 또는 리미터(limitter), 슬라이서(slicer)라고 한다.

그림 1의 (a)는 입력전압 $V_i$ 가 기준전압 $V_R$ 보다 작을 때 다이오드 $D$는 차단상태에 있으며, $V_i$ 가 $V_R$ 보다 클 때 다이오드는 도통상태에 있으므로 출력 파형은 그림 1(a)와 같게 된다.

$$V_0 = V_{in}(V_{in} < V_R) \quad \text{개방회로}$$

$$= V_R(V_{in} > V_R) \quad \text{단락회로}$$

그림 1(b)는 다이오드의 극성을 반대로 한 회로이다. 이 회로에서 $V_{in} < V_R$일 때 다이오드는 단락상태, $V_{in} > V_R$일 때 개방상태로 된다. 이 때의 출력 $V_0$는 아래와 같다.

$$V_0 = V_R(V_{in} < V_R) \quad \text{개방회로}$$

$$= V_{in}(V_{in} > V_R) \quad \text{단락회로}$$

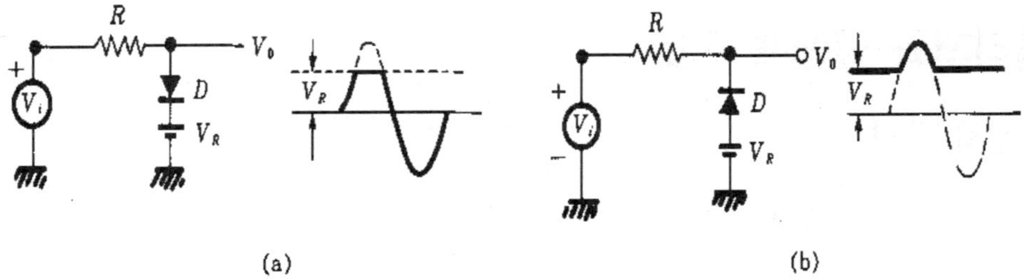


그림 1 클리퍼 회로

## 2) 클램퍼

클램핑 회로(Clamping circuit)는 입력 파형의 형태는 변화시키지 않고 어떤 직류 레벨에 고정(clamp)시키는 회로이다. 즉, 파형의 평균 레벨이 변화하는 경우로 직류 재생회로라고도 한다. 그림 2는 클램프 회로의 동작 개념을 설명하는 회로와 입력 및 출력 파형을 나타내는 회로이다. 입력신호에 의해서 정해지는 한 주기 동안에 콘덴서 양단의 전압이 peak치로 일정하게 유지될 수 잇도록 시정수 $Z = RC$가 충분히 커야만 출력 파형에 영향을 줄 수 있다.

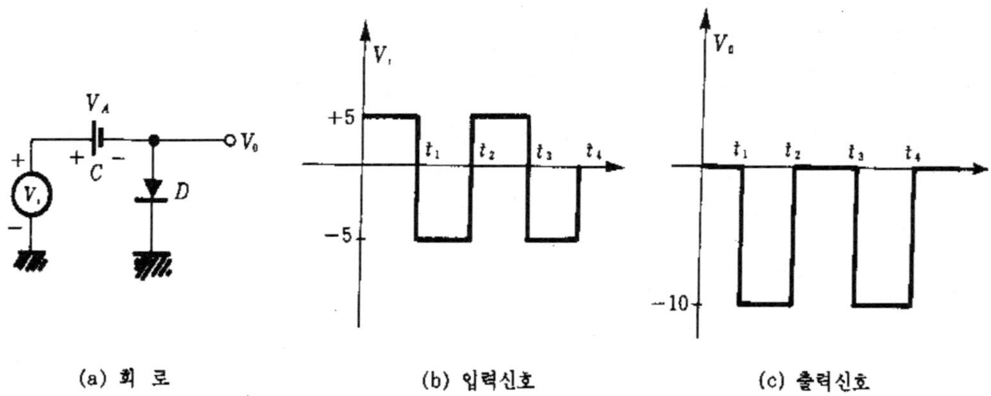


그림 2 클램프 회로

입력 전압의 반주기 동안 5[V]를 유지하고 출력 전압은 다이오드 양단에서 얻어지므로 반주기 동안은 5[V]가 된다. 입력이 −5[V]로 전환되면 다이오드는 역 bias가 되나 콘덴서의 전압은 유지되므로 출력 전압 $V_0 = -5 - 5 = -10$[V]가 되어 출력 파형은 그림 3(c)와 같이 된다.

## 6.7.3 사용기기 및 재료

① 직류 전원공급기, 저주파 발생기, 오실로스코프
② 저항 : 100[kΩ], 120[kΩ]
③ 콘덴서 : 1[μF]
④ 다이오드 1N60 2개

## 6.7.4 실험 순서

**< 직렬 클리핑 회로 >**

1) 그림 3(a)의 회로를 결선하여라.

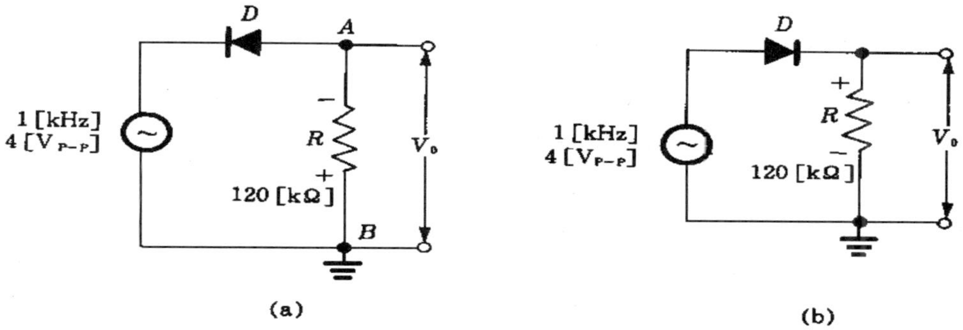


그림 3 클리핑 회로

2) 오실로스코프의 수직이득 조절기를 0.5[V/div]가 되게 하고, 수직 입력 스위치는 DC에 위치하게 하라.

3) 저주파 발생기의 주파수는 1000[Hz], 출력 전압은 4[ $V_{P-P}$ ]인 정현파가 되도록 오실로스코프와 연결하여 확인하라.

4) $R$ = 120[kΩ]로 한 후 회로상의 출력단에 오실로스코프를 연결하고 출력 파형을 관찰한 후 표 1을 채워라.

5) 다이오드의 방향을 바꿔 그림 3(b)의 회로를 결선하고, 실험 순서 3)을 반복하라.

6) 회로의 출력 파형을 관찰하고, 표 1에 그려라.

< 병렬 클리퍼 >

7) 그림 4의 회로를 구성하여라.

8) 직렬 클리퍼의 실험 순서대로 출력 전압 파형을 관찰한 후, 표 1에 그려라.

9) 다이오드의 방향을 바꾼 그림 4(b)의 회로를 결선하고 출력 파형을 관찰하여 표 1을 채워라.

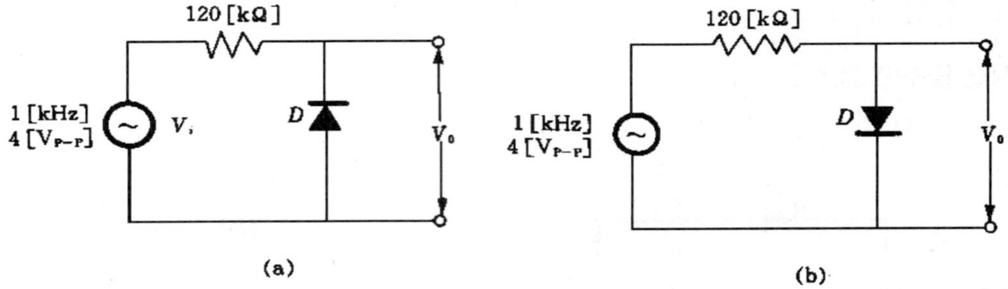


그림 4 병렬 클리퍼 회로

< 클리핑 회로 >

10) 그림 5(a)의 회로를 구성하여라.

11) 저주파 발생기의 출력을 1[㎑], 5[ $V_{P-P}$ ]의 정현파로 하여라.

12) 회로상의 입력 전압 $V_i$와 출력 전압 $V_0$의 파형을 표 2 에 그려라.

13) 저주파 발생기의 출력을 1[㎑], 5[ $V_{P-P}$ ]의 구형파로 조작하고, 실험 순서 12)와 같이 한 후 파형을 표 2에 그려라.

14) 그림 5의 (b)회로를 구성하고 실험 순서 11), 12), 13)을 반복하여 표 2를 채워라.

15) 입력 신호주파수를 100[㎑]로 할 때의 각각의 파형을 표 3에 그려라.

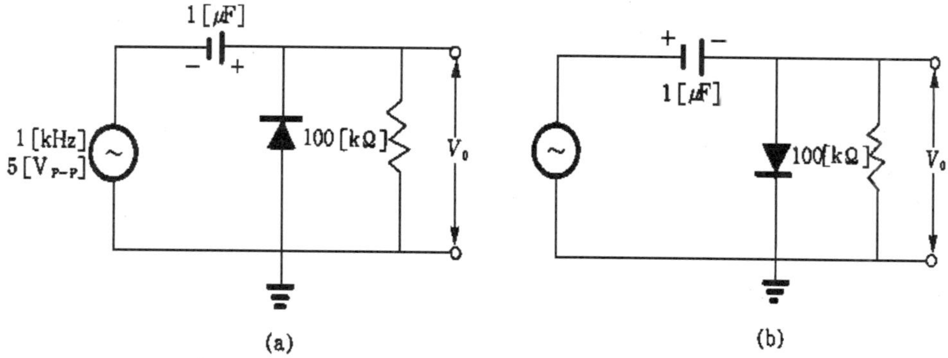


그림 5 클램핑 회로

## 6.7.5 실험실습 보고서

실험 일자 : 년 월 일 ( 요일), 교시 ~ 교시

공동실험자 : 제 조, , , , .

학 과 : 과

학 번 :

성 명 :

## 6.7.6 실험 결과 및 검토

① 직렬 클리퍼와 병렬 클리퍼의 차이점은 무엇인가?

② 직렬 및 병렬 클리퍼의 직폭 및 전압 파형을 서로 비교 검토하여라.

③ 직렬 클리퍼 회로의 단점은 무엇인가?

④ 그림 5의 클램핑 회로의 시정수 $\tau$ 를 구하여라.

⑤ 주파수 $f$ = 1[㎑], 100[㎑]일 때 주기 $T$ 를 각각 구하여라.

표 1

| | | 원래 신호 | $R$ = 120[kΩ] |
|---|---|---|---|
| 직렬 클리퍼 | 입력 파형 | | |
| | 출력 파형 | | |
| 병렬 클리퍼 | 입력 파형 | | |
| | 출력 파형 | | |

표 2 $f$ = 1[㎑]

| | | 원래 신호 | $R$ = 120[㏀] |
|---|---|---|---|
| 직렬 클리퍼 | 입력 파형 | | |
| | 출력 파형 | | |
| 병렬 클리퍼 | 입력 파형 | | |
| | 출력 파형 | | |

표 3 $f$ = 100[㎑]

| | | 원래 신호 | $R$ = 120[㏀] |
|---|---|---|---|
| 직렬 클리퍼 | 입력 파형 | | |
| | 출력 파형 | | |
| 병렬 클리퍼 | 입력 파형 | | |
| | 출력 파형 | | |

# Part 7

# 스펙트럼 분석기

## 7.1 스펙트럼 분석기 사용법

### 7.1.1 개 요

전기신호를 분석하는 것은 시간 영역이나 주파수 영역내에서 전기신호로부터 정보를 추출해 내기 위함이다. 가장 보편화된 시간영역 신호 분석기는 오실로스코프이고, 주파수영역 신호분석기는 스펙트럼 분석기이다. 시간영역이나 주파수 영역에서 전기 신호를 분석하는 것은 둘다 모두 중요하지만 어떤 경우에는 오실로스코프만으로는 신호분석을 충분히 할 수 없고 주파수 영역에서의 신호 분석이 필연적으로 필요할 때가 있다. 그림 1은 시간 영역과 주파수 영역에서 신호를 나타내고 있는 것이다. 이 그림에서 보듯이 두 가지 이상의 주파수 성분이 중첩된 신호의 경우에는 시간 영역에서 볼 때에는 두 신호가 중첩되어 각 신호의 특성을 알 수 없지만, 주파수 영역에서 보면 두 신호가 확실히 분리되어 시간영역에서 본 것과는 또 다른 정보를 얻을 수 있다.

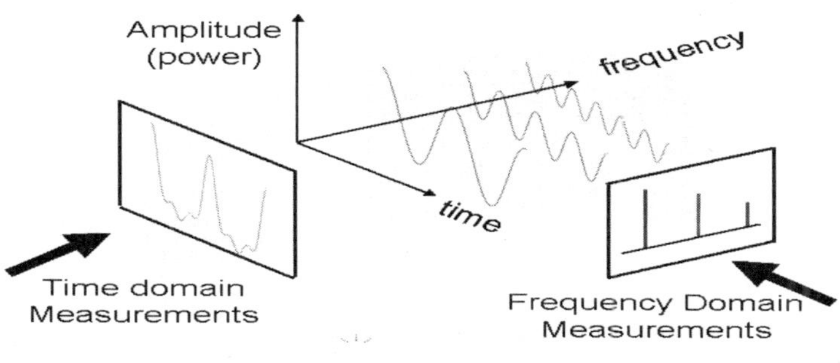


그림 1 시간영역과 주파수 영역에서의 신호

### 7.1.2 스펙트럼 분석기의 종류

전기신호를 주파수 영역에서 측정하는 방법에는 실시간(real time) 측정법, 퓨리어 변환(Fourier transform)법 및 소인 동조(sweep tune)법 등이 있다.

실시간(real time) 측정 법은 여러 개의 대역 통과 필터(band pass filter)로 구성된 고정된 대역통과 필터 뭉치를 사용한다. 모든 대역통과 필터들은 항상 입력 단에서 입력신호를 받을 수 있도록 되어 입력 신호의 주파수에 따라 CRT 상에 정해진 위치에 표시하도록 되어 있다. 이 방법은 dc~수 100 ㎑의 주파수 범위에서 사용하며, 모든 대역통과 필터들은 항상 입력 단에서 입력신호를 받을 수 있도록 되어 입력 신호의 주파수에 따라 CRT상에 정해진 위치에 표시하도록 되어 있다. 인접신호간의 분해능은 필터의 대역폭에 의하여 제한을 받는다.

퓨리어 변환(Fourier Transform) 분석기는 정해진 시간 주기에서 전기신호를 디지틀 신호처리를 통하여 주파수, 진폭 및 위상 데이터를 나타낸다. 이 기술은 주기 신호 및 비주기 신호 모두를 분석할 수 있으며 dc~약 100 ㎑의 주파수 범위에서 이용한다.

소인동조(sweep tune) 법에는 동조 필터를 사용하는 법과 헤테로다인 수신기를 이용하는 법이 있다. 동조 필터를 사용하는 스펙트럼 분석기는 가격 면에서는

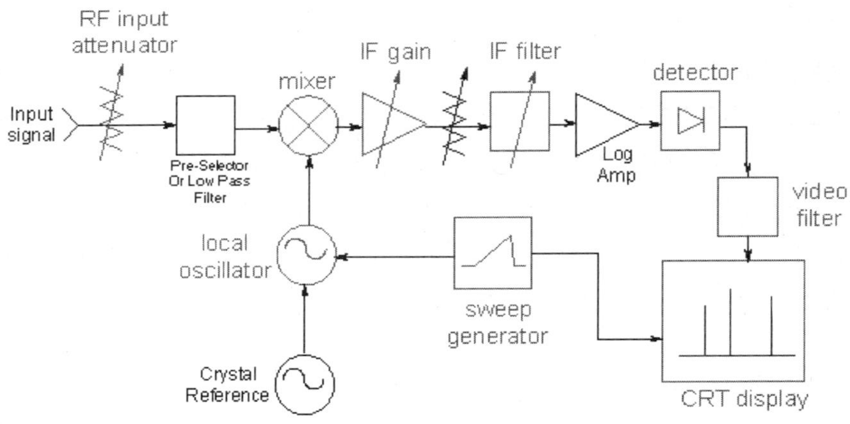


그림 2 슈퍼 헤테로다인 스펙트럼 분석기의 블럭도

저렴하지만 대부분의 신호분석측정에서 요구하는 성능을 만족시키지 못한다. 반면에 수퍼헤테로다인 스펙트럼 분석기는 다른 측정법에 비하여 주파수 분해능, 측정속도 및 가격 등에서 적정하기 때문에 고주파 영역에서 가장 많이 이용한다. 이 방법은 dc~100 ㎓의 주파수 영역에서 이용된다. 슈퍼헤테로다인 스펙트럼 분석기의 블럭도를 그림 2에 나타내었다.

## 7.1.3 스펙트럼 분석기의 구비조건

스펙트럼 분석기는 스펙트럼 분석기 상에 신호의 진폭과 주파수를 정확하게 표시하기 위해서는 모든 기능은 교정되어 있어야 하며, 다음의 조건을 만족시켜야 한다.

### 1) 일반조건

(1) 스펙트럼 분석기에 표시되는 진폭은 주파수에 무관하게 평평한 주파수응답 특성을 지녀야 한다.
(2) 모든 기능은 교정되어 있어야 한다.

### 2) 주파수 특성

(1) 넓은 측정가능 영역(tuning range)을 지닐 것
(2) 넓은 주파수 대역의 표시가 가능할 것
(3) 주파수 안정도가 좋을 것
(4) 분해능이 좋을 것
(5) 신호를 쉽게 찾을 수 있을 것

### 3) 진폭 특성

(1) 측정 감도가 좋을 것
(2) 내부 왜곡이 낮을 것
(3) 선형과 로그로 표시가 가능할 것(전압과 dB)
(4) 크기의 절대값 측정이 가능할 것

## 7.1.4 스펙트럼 분석기의 동작 원리

### 1) 스펙트럼 분석기의 전면

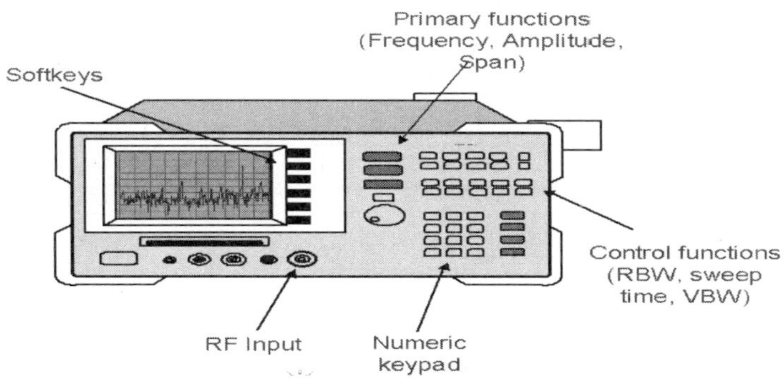


그림 3 스펙트럼 분석기의 전면

* 특히 주의할 점 : 입력 신호에서 DC 성분은 제거하여야하며, 일반적으로 30 dBm 이상의 신호는 측정하면 안된다. 그 이유는 스펙트럼 분석기의 RF 부분 전단 부에 심각한 손상을 끼치기 때문이다.

### 2) 주파수영역의 신호 측정

모든 스펙트럼 분석기는 상대 및 절대 측정을 위하여 교정되어 있다. 주파수 교정은 tuning과 Scale factor 조절에 의하여 가능하다.

주파수 척도는 FULL SPAN MODE, SPAN PER DIVISION MODE 및 ZERO SPAN MODE를 사용하여 나타낼 수 있다. FULL SPAN MODE는 가장 넓은 주파수 범위가 화면상에 나타나므로 신호의 위치를 찾기 위하여 사용된다. 이 때 MARKER 기능을 사용하여 MARKER를 화면상의 신호에 위치시켜서 신호의 주파수를 측정할 수 있다. 또한 SPAN PER DIVISION MODE는 어느 특정 신호를 자세히 관찰하기 위하여 사용할 수 있다. ZERO SPAN MODE에서는 변조 신호를 재현하기 위한 선택된 대역폭을 지니는 고정동조 수신기로 동작한다.

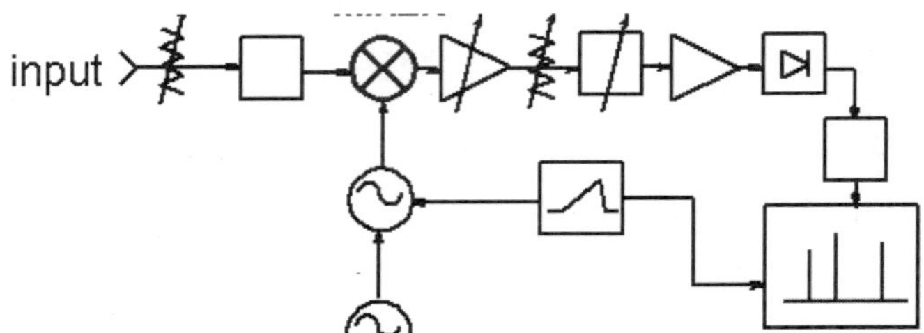


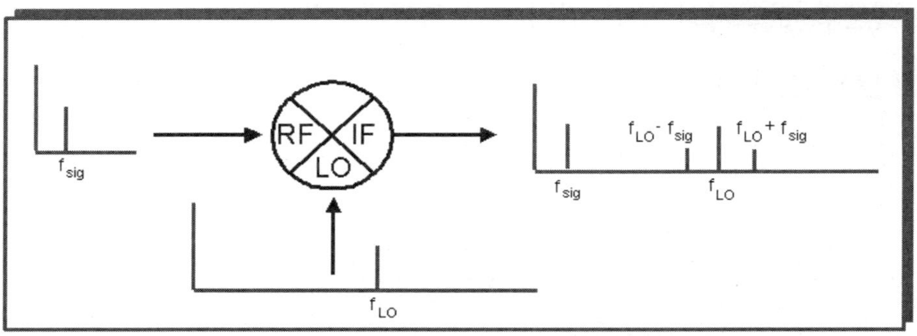


그림 4 스펙트럼 분석기를 이용한 신호 측정원리

AM의 경우는 스펙트럼 분석기 내부의 포락선 감지기에 의하여 변조신호를 재현할 수 있고, FM의 경우는 주파수 변별기와 같이 IF filter의 기울기를 사용하여 변조 신호를 재현시킬 수 있다. 그림 3-2는 AM 변조 신호를 ZERO SPAN을 사용하여 나타낸 모습이다.

### 3) IF 필터의 동작 (RBW 조정)

스펙트럼 분석기의 IF 필터는 분해능 대역폭(RBW)을 정하는 필터로, 이 분해능 대역폭은 스펙트럼 분석기의 입력에 두 신호가 들어올 때 이 두 신호를 구별해 낼 수 있는 능력을 나타내는 스펙트럼 분석기의 주요 규격 중의 하나이다. 일반적으로 3 dB 대역폭으로 정의하나 6 dB 대역폭을 택하는 경우도 있다.

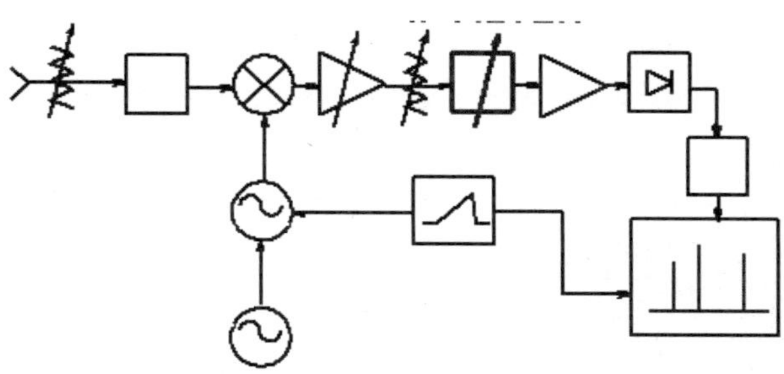

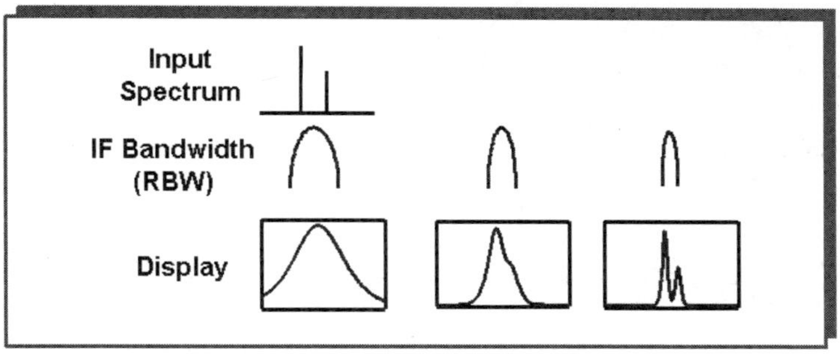


그림 5 IF 필터의 영향

### 4) 스펙트럼 분석기의 감지기 원리

스펙트럼 분석기는 입력 신호를 화면에 표시하기 위하여 IF 신호를 기저대역이나 비디오 신호로 바꾸고, 이를 포락선 감지기로 크기를 측정한다.

현대의 대부분의 스펙트럼 분석기는 디지탈 화면 표시법을 채택하고 있으며 이는, 기저대역이나 비디오 신호를 A/D 변환기로 디지탈화 하는 방법이다. 입력 신호를 화면에 어떻게 나타내는 방법으로는 여러 가지 방법이 있다.

(1) positive-peak detector mode (negative-peak detector mode)
(2) sample detection mode
(3) normal detector mode

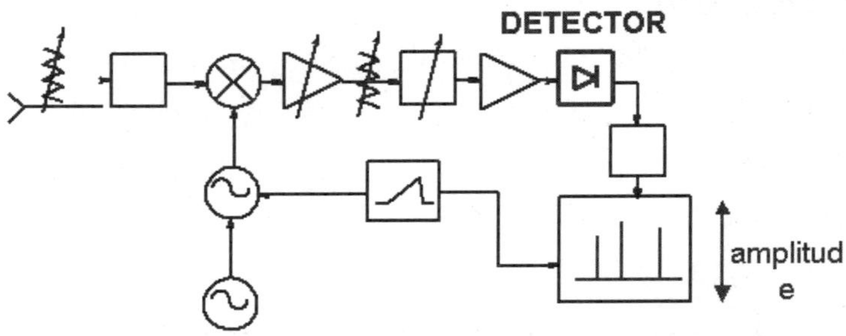


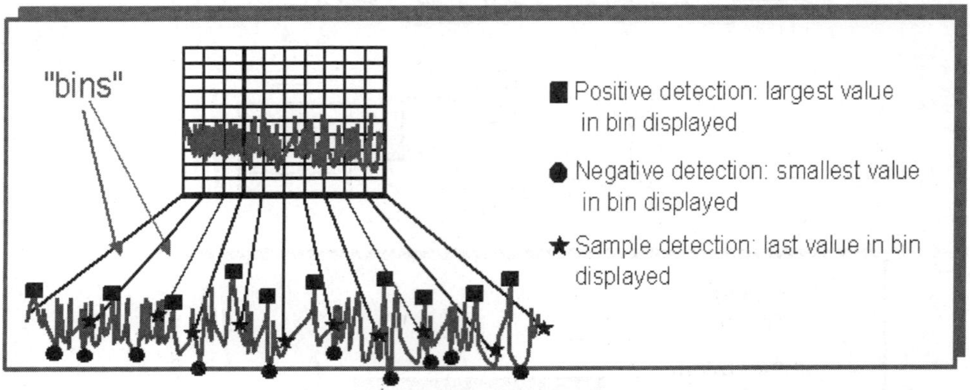


그림 6 감지 원리

### 5) 비디오(Video) 필터의 동작 원리

스펙트럼 분석기의 비디오 필터는 저역통과 여파기로 포락선 감지기와 A/D 변환기 사이에 위치하며, 이 필터는 비디오 증폭기의 대역폭을 결정하고 화면상에 나타나는 그림의 평균을 취하는 역할을 한다.

스펙트럼 분석기에 나타나는 파형에는 신호와 잡음이 동시에 나타나게된다. 만약 측정하고자 하는 신호가 잡음의 크기에 근접해 있으면 신호를 측정하기가 곤란하며 어떤 경우에는 불가능하게 된다. 이런 경우 비디오 필터를 조절하면 잡음의 변동을 줄일 수 있고, 이에 따라 잡음의 크기에 근접해있는 신호를 측정할 수 있게 된다.

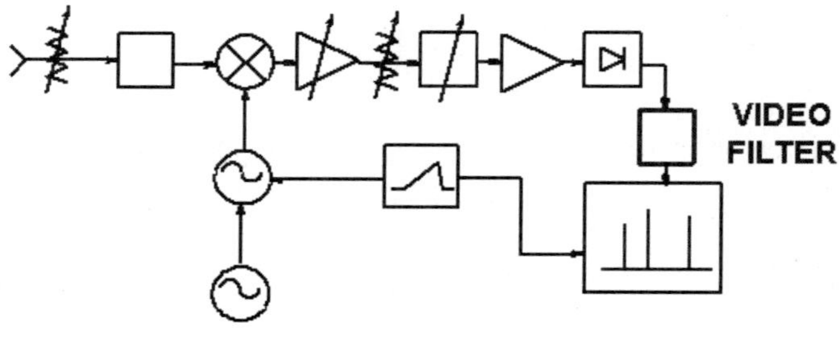

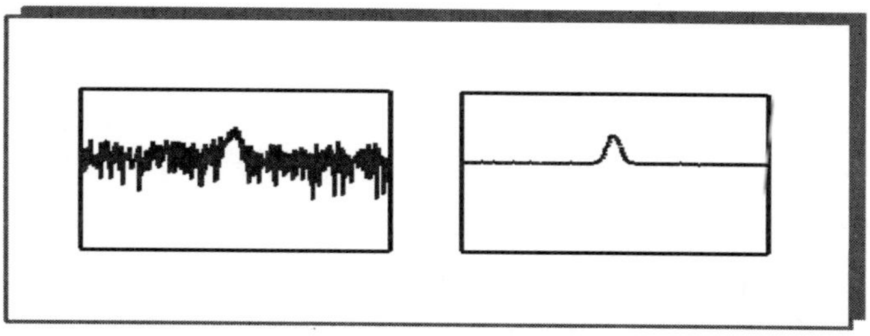

그림 7 비디오 필터의 특성

### 6) 그 외의 주요 동작 원리

펙트럼 분석기의 중요한 구성 요소 중 앞에서 언급한 것 외에 그림 8과 같은 주요 부분들이 있다.

(1) 국부 발진기(LO : local oscillator) : 이는 전압제어 발진기로 스펙트럼 분석기를 동조시키는 역할을 한다.

(2) 소인 신호 발생기 (sweep gemerator) : 램프 전압에 비례하는 주파수를 국부 발진기가 내보내도록 동조시키며, CRT 화면의 수평축 편향에 관여한다.

(3) 입력 감쇠기 ( RF input attenuator) : 스펙트럼 분석기 전단에 위치하는 가변 감쇠기로 고전력이나 광대역 신호가 입력에 들어올 때 이에 기인하는 믹서의 이득 억압이나 왜곡을 방지하는 역할을 한다.

(4) 중간 증폭기( IF gain) : 혼합기와 IF 필터 중간에 위치하여 혼합기 입력단의 신호 크기에는 영향을 미치지 않고 CRT 화면상에 나타나는 신호의 수직 위치를 조절하는 역할을 한다.

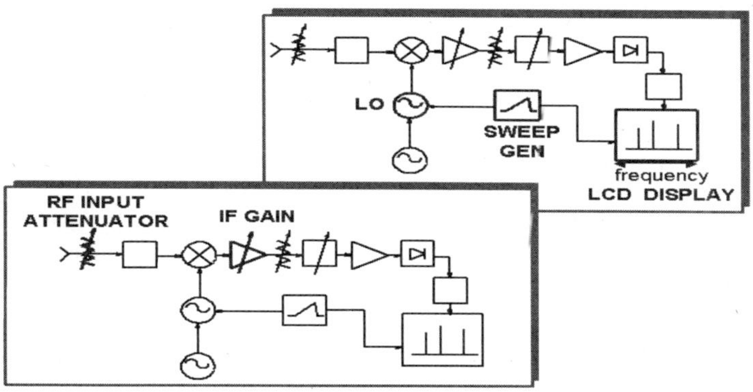


그림 8 스펙트럼 분석기의 주요기능 들

### 7) 스펙트럼 분석기의 동작 원리

그림 9는 소인 수퍼헤테로다인 스펙트럼 분석기의 동작특성을 나타낸다. 스펙트럼 분석기의 입력 신호는 감쇠기와 필터를 통하여 혼합기(Mixer)에 가해진다. 감쇠기는 입력신호의 진폭을

제한하고, 필터는 저역통과 필터로 원하지 않는 주파수 성분들을 제거한다. 혼합기에 가해진 입력 신호는 전압제어 발진기(VCO)에 의하여 발생된 국부발진 신호(Local oscillator)와 혼합된다.

램프 발생기(Ramp Generator)는 CRT 화면의 수평축을 구동하는 동시에 VCO의 주파수를 제어한다. VCO의 주파수가 변함에 따라 혼합된 입력 신호는 분해능대역폭 필터(IF filter)를 통하여 소인 한다. 이때 중간주파수는 고정되어 있다. 감지기는 IF 필터를 통과한 신호의 전력을 측정하고, 이 측정된 DC의 크기는 CRT 화면의 수직축을 구동한다. VCO가 VCO의 주파수 영역을 소인함에 따라서 CRT 스크린 상에 화상이 나타난다.

입력 신호와 LO 신호의 주파수 차가 IF 주파수와 같을 때 스펙트럼 분석기 상에 화상이 나타나는 것이다.

fs = fLO −fIF

- fs : 입력 신호 주파수
- fLO : 국부 발진 주파수
- fIF : 중간 주파수

예) (1) fIF : 3.6[GHz]

fLO : 3.6[GHz]~6.5[GHz]

⇒ 스펙트럼 분석기는 0~3[GHz]의 동조범위를 지님.

(2) fs : 1.5[GHz]

⇒ 3.6[GHz]의 fIF를 얻도록 5.1[GHz]의 LO와 혼합

⇒ 스펙트럼 분석기의 응답이 화면에 나타남.

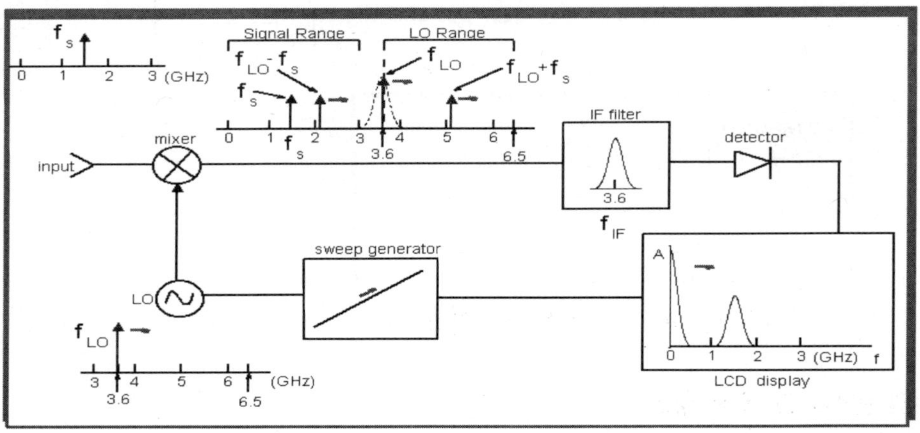


그림 9 스펙트럼 분석기의 동작원리

### 7.1.5 스펙트럼 분석기의 규격

스펙트럼 분석기를 선택할 때 생각하여야 할 기본적인 사항을 살펴보면 다음과 같다.

(1) 주파수 범위의 선택

(2) 진폭 범위 - 최대 입력 범위
- 감도

(3) 동작 범위와 주파수 분해능

(4) 측정의 정확도 - 주파수
- 진폭

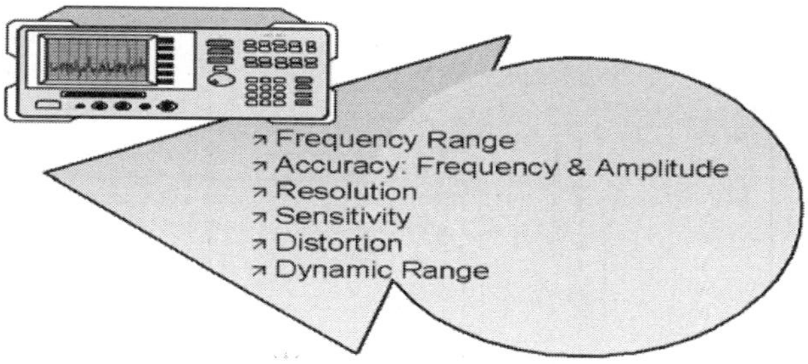


그림 10 스펙트럼 분석기의 주요 규격

#### 1) 주파수 범위

일반적으로 생각하면 스펙트럼 분석기를 선택할 때 측정하고자하는 기본 주파수(fundmental frequency)만을 고려할 경우가 많으나, 통신 시스템의 특성을 살펴보기 위해서는 고조파(harminic) 성분이나 불요(spurious) 신호등을 관찰해야 할 필요가 있다.

예를 들어 셀룰러 표준의 일부는 10번째 고조파의 측정을 요구한다. 즉, 900[MHz] 시스템인 경우 9[GHz]의 신호를 측정해야 한다.

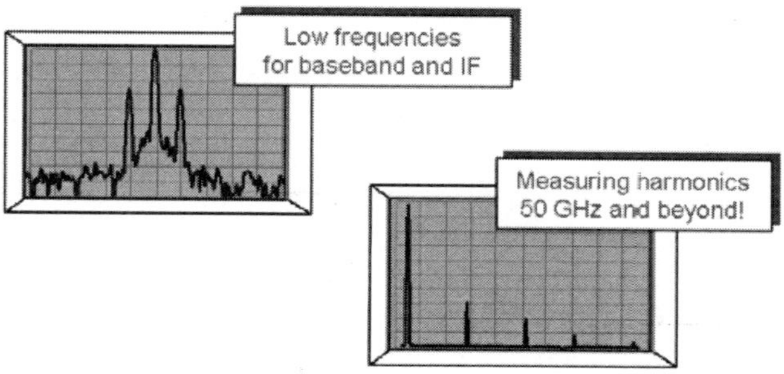


그림 11 주파수 범위의 선택

### 2) 정확도

스펙트럼 분석기의 정확도는 주파수와 진폭 측정의 정확도를 나타내며, 이 정확도에는 절대 정확도와 상대 정확도를 생각할 수 있다.

(1) 절대 측정 정확도 : 하나의 마커(marker) 기능을 이용하며, 반송파의 주파수와 전력 크기의 측정을 들 수 있다.

(2) 상대 측정 정확도 : 델타 마커(delta marker) 기능을 주로 이용하며, 변조 주파수, 채널 간격, 펄스의 반복 주파수, 반송파에 대한 옵셋 주파수 등의 측정에 이용한다.

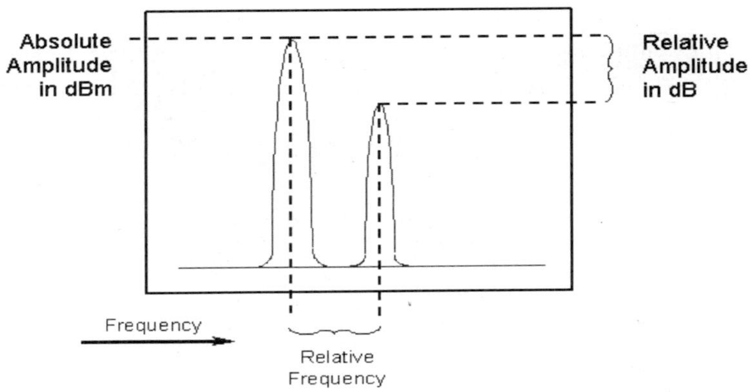


그림 12 스펙트럼 분석기의 측정 정확도

스펙트럼 분석기를 이용하여 신호의 진폭측정은 절대 크기의 측정과 상대크기의 측정으로 나누어 생각할 수 있다. 상대측정의 정확도는 CRT의 선형도와 로그 또는 선형 증폭기의 특성에 따라 좌우된다. 이러한 진폭측정의 불확도를 줄이기 위하여 대부분의 스팩트럼 분석기는 정확한 IF 대체 감쇠기를 사용하여 기준점과 측정신호를 CRT상의 같은 점에서 측정하도록 한다. 이와 같은 IF 감쇠기의 불확도는 ±0.5[dB]이하이다. 상대측정의 정확도에 영향을 미치는 다른 요소는 스팩트럼 분석기의 주파수 응답이다. 이는 스팩트럼 분석기의 입력에 있는 혼합기의 주파수 특성에 크게 좌우된다. 절대측정의 정확도를 높이기 위해서 알고 있는 진폭을 가지는 기준신호로 자체 교정을 수행한다. 기준신호는 한 주파를 사용하지만 이것으로 다른 주파수와 진폭에서 교정을 하여 사용한다.

CRT의 화면을 LOG Scale로 표시할 때에는 화면의 제일 윗 라인이 절대 교정진폭이 되고, 화면의 다른 점들은 기준선에 대한 상대값을 나타낸다. 선형 Scale로 나타낼 때에는 화면의 제일 아래 라인이 0을 나타내고 위의 선들은 칸 당 전압으로 신호의 크기를 나타낸다.

### 3) 분해능

(1) 분해능에 영향을 미치는 요소

스펙트럼 분석기상에 나타나는 신호응답의 비 이상적인 퍼짐 현상은 신호원과 스펙트럼 분석기 자체에 기인한다고 생각할 수 있다. 이중 스펙트럼 분석기의 주파수 분해능을 제한하는 주된 요인은 다음과 같이 4가지를 생각할 수 있다.

① 분해능 여파기(IF 여파기) 대역폭
② 선택도 (Selectivity, Shape Factor
③ 국부발진기의 잔여 FM
④ Noise Sideband

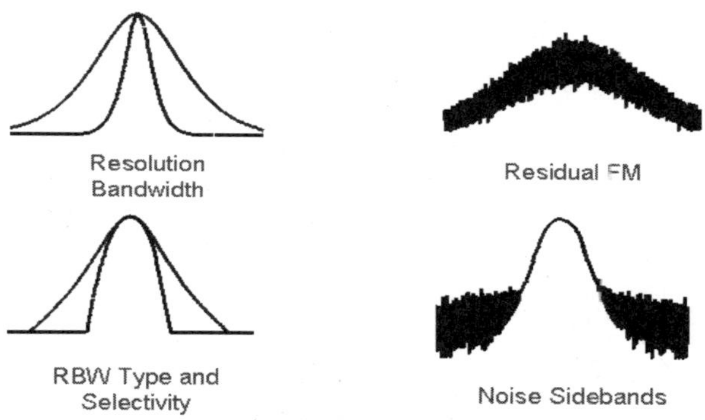


그림 13 스펙트럼 분석기의 분해능에 영향을 미치는 요소

(2) 분해능 대역폭("Res BW", "RBW")

스펙트럼 분석기에 나타나는 파형을 관찰하여 보면 그림 14에서와 같이 아주 좁은 하나의 선으로 나타나지 않고 퍼져서 나타남을 알 수 있다. 이는 화면에 나타난 파의 형태가 스펙트럼 분석기의 분해능 대역폭(IF 필터의 대역폭) 형태의 궤적이기 때문이다. 따라서 중간주파 여파기의 대역폭을 변화시키면 화면에 나타난 신호의 폭이 변화함을 알 수 있다. 대부분의 스펙트럼 분석기는 분해능대역폭을 3 dB 대역폭으로 정하지만, 어떤 경우에는 6 dB 대역폭으로 하는 경우도 있다. 이 분해능 대역폭은 같은 크기의 두 신호를 구별할 수 있는 능력을 나타내므로 매우 중요한 기능이다. 이는 스펙트럼 분석기의 입력에 가해진 두 신호의 주파수 차가 스펙트럼 분석기의 선택된 분해능 대역폭 여파기와 같거나 크게 되면 두 신호의 크기가 같을 때 두 신호를 구분해 낼 수 있음을 나타낸다. 그림 15는 IF 필터의 3 dB 대역폭이 10

kHz인 스펙트럼 분석기에 주파수 차가 10 kHz이고 진폭이 같은 두 신호가 가해질 때 IF 필터의 역할에 대하여 설명하고 있다.

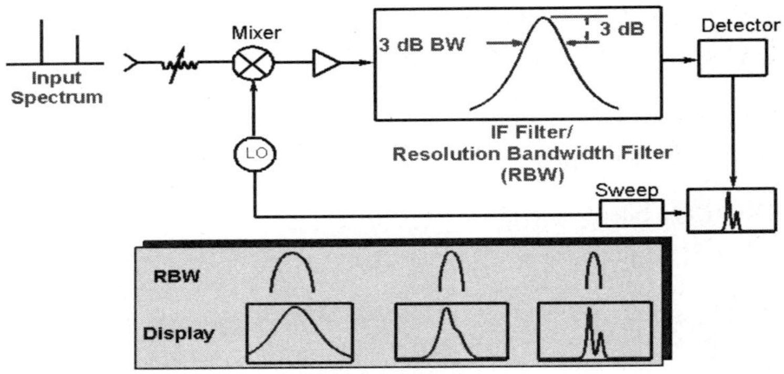


그림 14 IF 필터의 기능

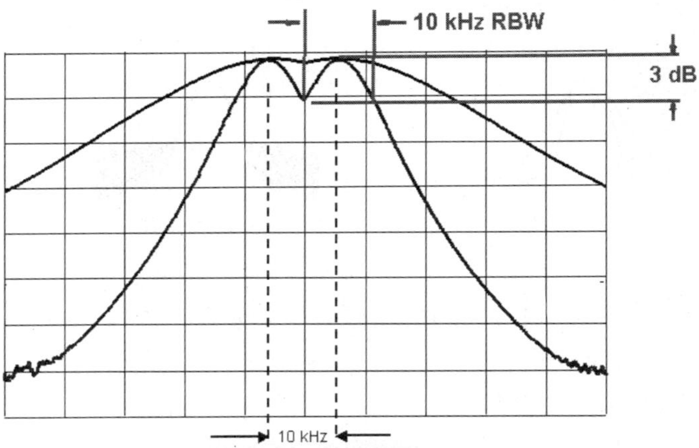


그림 15 같은 크기의 두 신호 분해

(3) RBW와 선택도

필터의 선택도는 그림 16에 나타낸 여파기의 특성에서 3 dB 대역폭(Hz)에 대한 60 dB 대역폭[Hz]의 비로서 일반적으로 나타내고 있다. 선택도가 적으면 적을수록 스펙트럼 분석기가 다른 크기의 진폭을 가지는 인접한 신호들의 분석능력이 커지게 된다. 즉, 60 dB차를 가지는 두 신호는 스펙트럼 분석기의 60 dB 대역폭의 반 이상의 주파수 차를 지녀야만 분해가 가능하다. 따라서 선택도가 15 : 1인 스펙트럼 분석기에 60 dB의 차가 있는 두 신호가 입력될 때를 생각하여 보면, 이 두 신호는 최소한 IF 대역폭의 7.5배만큼의 주파수차가 나야 분해가 가능하며 그렇지 않으면 하나의 신호로 보이게 된다.

그림 17은 선택도가 15:1인 스펙트럼 분석기에 반송파보다 주파수 10 kHz 낮고 진폭이 반송파의 진폭보다 50 dB 낮은 신호가 반송파와 같이 가해질 때 RBW가 1 kHz인 경우에는 두 신호를 분해할 수 있으나 RBW가 10 kHz인 경우에는 분해할 수 없음을 나타낸다. 이는 RBW가 10 kHz인 경우 IF 대역폭의 7.5배는 75 kHz로 10 kHz 주파수 차가나는 신호는 분해를 할 수 없기 때문이다.

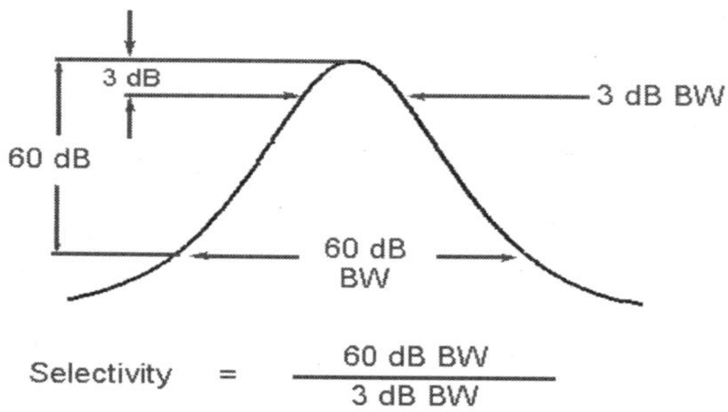


그림 16 선택도의 개념

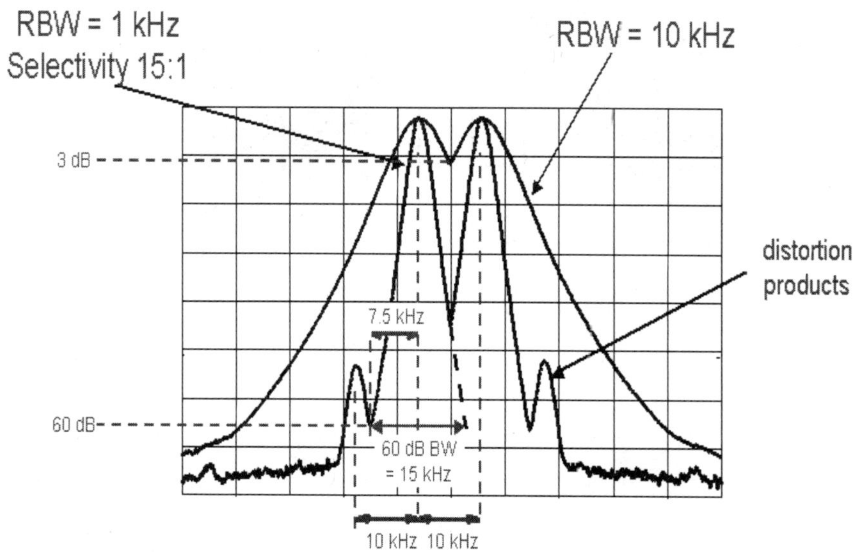


그림 17 스펙트럼 분석기의 선택도의 역할

(4) 잔여 FM의 영향

스펙트럼 분석기는 피측정 신호보다 더욱 안정되어야 함은 정확한 측정을 위해서 매우 중요하다. 스펙트럼 분석기의 안정도는 국부발진기의 안정도에 의하여 결정된다. 이에 따라 스펙트럼 분석기의 최소 분해능 대역폭이 정해진다. 만약 측정하고자 하는 두 신호의 주파수 차가 스펙트럼 분석기 국부발진기의 안정도에 기인하는 잔여 FM과 같거나 작은 경우에는 이 두 신호를 분석할 수 없게 된다. 안정도는 장기간 안정도(long term stability)와 단기간 안정도(short term stability)에 의하여 특성 지울 수 있다..

잔여 FM은 첨두치를 Hz로 나타낸 단기 안정도의 척도이다. 이 단기 안정도는 스펙트럼 분석기의 Spectral Purity를 나타내는 척도인 잡음 측파대에 의하여 특성지울 수도 있다. 잡음 측파대는 정해진 대역폭내에서 반송파로부터 dB차와 Hz로 나타낸다.

장기 안정도는 국부발진기의 주파수 drift로 나타내며 이는 정해진 시간동안에 변한 주파수 정도를 나타낸다.(즉, Hz/min or Hz/hr)

그림 18은 스펙트럼 분석기의 IF 대역폭이 스펙트럼 분석기의 잔여 FM pe마 deviation 보다 작은 경우 잔여 FM 신호에 의하여 원래의 신호를 측정할 수 없음을 보여주고 있다.

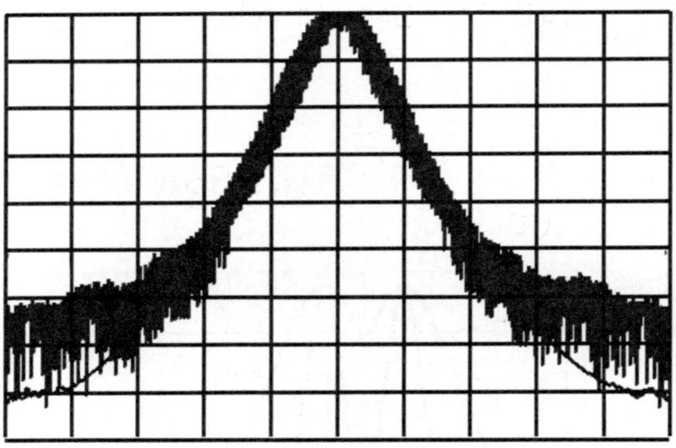

그림 17 잔여 FM의 영향

(5) 잡음 측파대의 영향

Noise Sideband들은 스펙트럼 분석기 신호응답의 바닥부분에 나타난다. 이는 그림 18에 나타낸 것과 같이 어느 신호에 근접해 있는 크기가 같지 않은 작은 신호의 분해에 영향을 미치게 된다. 이 Noise Sideband는 LO에 변조된 스팩트럼 분석기 시스템 내의 위상잡음에 기인한다.

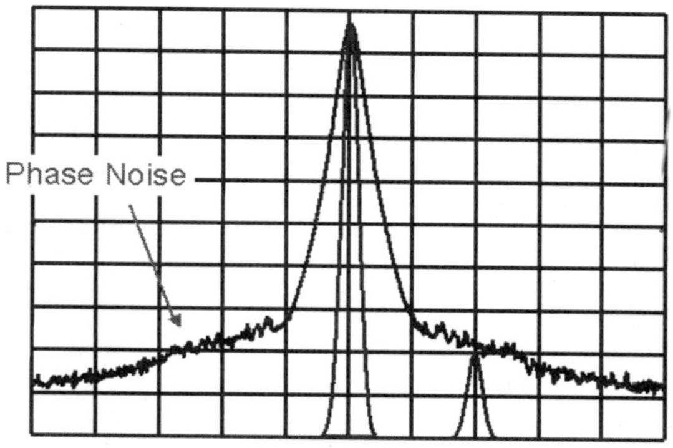


그림 18 잡음 측파대의 영향

(6) 디지틀 분해능 대역폭

스펙트럼 분석기가 디지틀 신호처리(DSP) 방법으로 IF 필터의 기능을 수행하는 경우 아날로그 스펙트럼 분석기보다 선택도가 우수하고, 측정 속도도 우수하게 된다. 예로 100 Hz의 RBW인 경우 디지틀 필터가 아날로그 필터버다 약 3.1배 빠르게 된다.

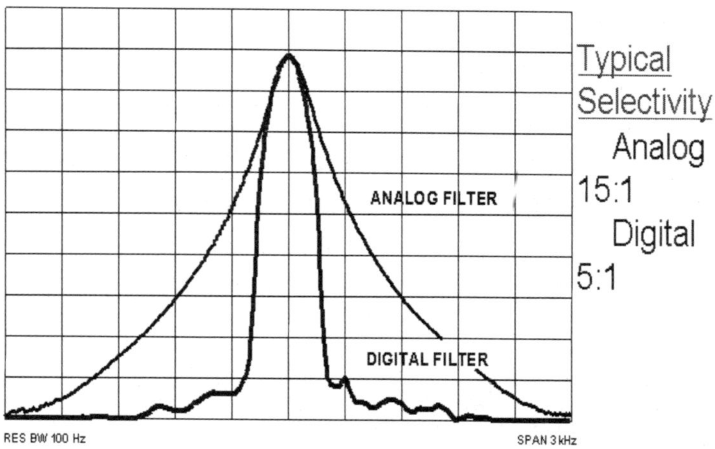


그림 19 디지틀 필터와 아날로그 필터의 특성

(7) 감도

스펙트럼 분석기의 감도는 작은 신호를 측정할 수 있는 정도를 나타내는 척도이다. 스펙트럼 분석기의 최대 감도는 스펙트럼 분석기 내부에서 발생되는 잡음전력에 의하여 영향을 받는다. 스펙트럼 분석기의 내부잡음은 열잡음과 비열잡음으로 나누어 생각할 수 있는데 열잡음전력은 다음 식으로 나타내진다.

$$PN = kTB$$

— PN[W] : 잡음전력
— k[J/K] : 볼쯔만 상수
— T[k] : 절대온도
— B[Hz] : 대역폭

| RBW | 속도 개선 효과 |
|---|---|
| 100 Hz | 3.1 |
| 30 Hz | 14.4 |
| 10 Hz | 52.4 |
| 3 Hz | 118 |
| 1 Hz | 84 |

위 식에서 보듯이 잡음전력은 대역폭에 비례함을 알 수 있다. 따라서 스펙트럼 분석기의 대역폭을 10배만큼 줄이면 10[dB]만큼 감도를 좋게 할 수 있다.
스펙트럼 분석기의 비열잡음은 스펙트럼 분석기 내부에서 발생되는 온도에 종속되지 않는 모든 잡음을 말한다. 이러한 비열잡음의 원인으로는 능동소자의 비선형성에 기인하는 불요파, 임피던스 부정합 등을 들 수 있다. 이와 같은 잡음의 존재하에서 측정감도에 영향을 미치는 몇 가지에 대하여 살펴보고, 측정감도를 개선하는 방법을 살펴보자.
펙트럼 분석기의 화면에 나타나는 내부잡음을 생각할 때 이에 영향을 주는 주된 요소로는 스펙트럼 분석기 입력단의 RF감쇠기, IF 여파기의 대역폭 및 비디오 여파기가 있다.

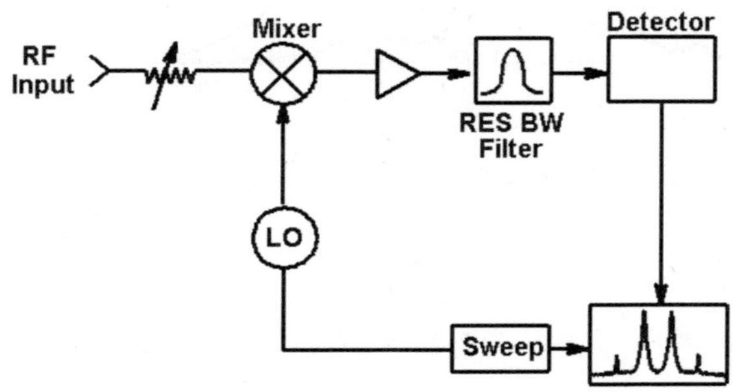


그림 20 스펙트럼 분석기에서 감도에 영향을 미치는 요소

① 입력 감쇠기의 영향

스펙트럼 분석기의 내부잡음은 혼합기(첫번째 IF단)를 거친 후에 주로 발생하기 때문에 RF 감쇠기는 잡음의 실제 크기에는 영향을 주지 않는다. 그러나 RF 감쇠기는 혼합기에서 신호의 크기에 영향을 주게 된다. 따라서 RF 감쇠기의 감쇠량을 증가시키면 입력에 내부 잡음의 크기를 증가시키고, 스펙트럼 분석기의 S/N비를 감소시킨다. 이로부터 최적의 S/N 비를 얻기 위해서는 가능한 한 RF입력 감쇠기를 낮게 하는 것이다. 이 RF 감쇠기의 영향을 그림 21에 나타내었다.

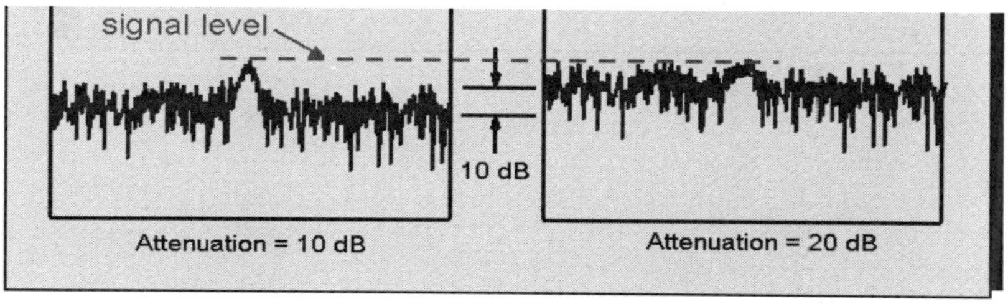


그림 21 입력 감쇠기의 영향

② RBW의 영향

스펙트럼 분석기의 내부잡음 전력의 크기는 IF 필터의 대역폭에 직접 비례하게 된다. 그 이유는 스펙트럼 분석기의 열잡음은 전 주파수 대역에 퍼져있기 때문에 IF 대역폭에 비례하여 잡음전력이 감지기에서 측정되기 때문이다. 스펙트럼 분석기의 잡음에 IF 대역폭이 미치는 영향을 그림 22에 나타내었다.

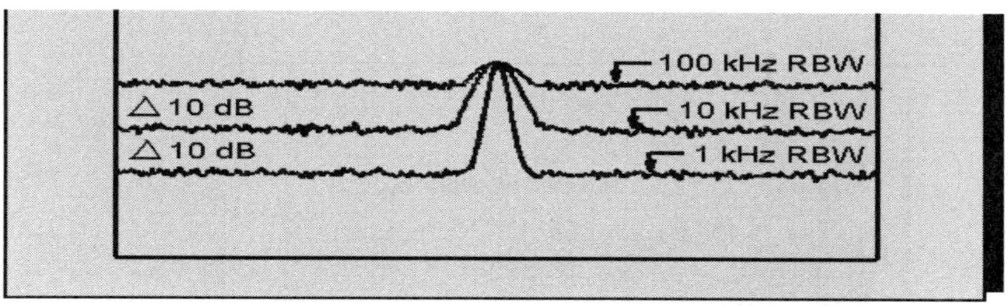


그림 22 RBW의 영향

③ VBW의 영향

스펙트럼 분석기는 신호와 잡음을 동시에 나타내게 된다. 그런데 신호의 크기가 작아서 잡음의 크기와 거의 같을 때에는 이 신호를 구별하기가 어렵게 된다. 이 경우 비디오 필터 기능을 사용하면 열잡음과 같은 무작위 잡음은 평균을 취하여 제거할 수 있다. 그러나 신호의 크기가 잡음의 크기와 거의 같은 경우에는 신호크기의 측정에 많은 오차가 포함된다. 그림 23은 비디오 여파기의 기능을 보여준다.

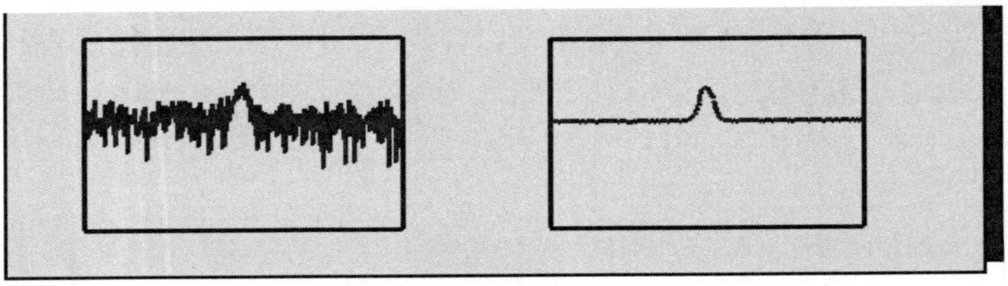

그림 23 VBW의 영향

#### 4) 동작 영역

스펙트럼 분석기의 동작 범위는 그림 24에 나타낸 것과 같이 정해진 정확도 내에서 측정 가능한 스펙트럼 분석기 입력에 동시에 가해진 두 신호의 최대 비로써 정의한다.

스펙트럼 분석기의 동작 영역 중 아래쪽은 최대 측정 감도로 제한을 받게 되고, 전력이 커지게 되면 또 다른 원인에 의하여 제한을 받게 되어 동작가능 영역은 보통 70~100[dB]정도이다. 이러한 제한요소로는 입력 감쇠기의 파괴, 혼합기의 동작영역, 증폭도의 포화 및 믹서에서 발생하는 왜곡 등을 들 수 있다.

증폭의 포화는 초단 혼합기에 들어오는 전력이 커짐에 따라 IF 출력이 선형으로 증가하지 못하고 약간 줄어드는 것을 뜻하며 모통 −10 dBm 정도에서 시작한다. 이를 그림 25에 나타내었다.

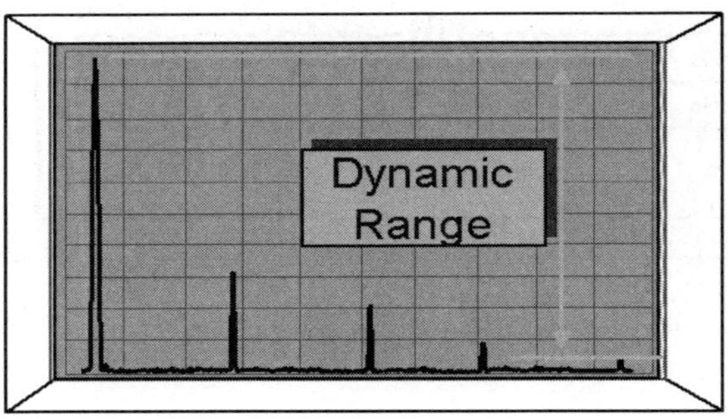


그림 24 동작영역의 정의

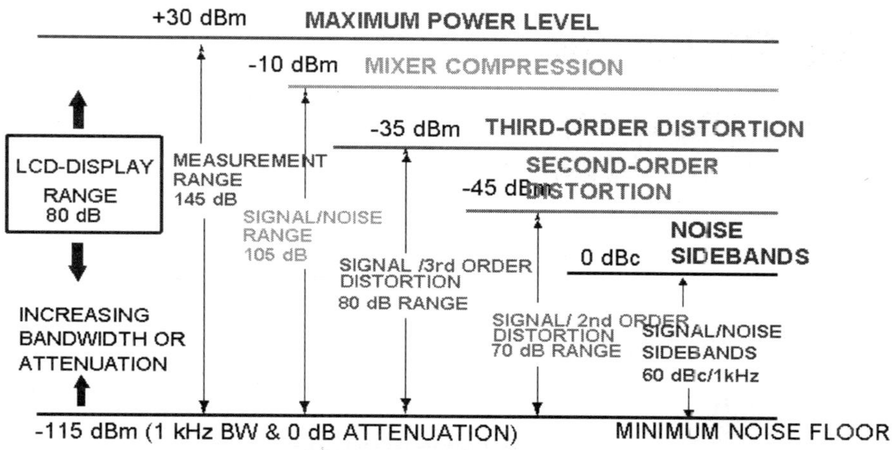


그림 25 스펙트럼 분석기의 동작 가능 영역

# 7.2 스펙트럼 분석기의 실습

**< 예 제 1> 주파수 영역 신호 측정**

(1) 스펙트럼 분석기와 신호원을 충분히 예열 한다.

(2) 신호원의 RF 출력을 "off"한 상태에서 스펙트럼 분석기에 연결한다.

(3) 신호원을 다음과 같이 조절한다.
- 주 파 수 : 100 ㎒
- 출력전력 : −10 dBm
- RF를 "on"한다.

(4) 스펙트럼 분석기를 다음과 같이 조절한다.
- 중심 주파수(Center Frequency) : 100 MHz
- SPAN : 1 MHz
- Reference Level : 10[dBm]

(5) MARKER를 사용하여 스펙트럼 분석기상에 나타난 반송파 신호의 주파수와 진폭을 측정하여 기록한다.

주파수 : ㎒

진 폭 : dBm

(6) 스펙트럼 분석기상에 나타난 파형을 그린다.

**< 예 제 2> 주파수 영역 신호 측정**

(1) 스펙트럼 분석기와 신호원을 충분히 예열 한다.

(2) 신호원의 RF 출력을 “off”한 상태에서 스펙트럼 분석기에 연결한다.

(3) 신호원을 다음과 같이 조절한다.
— 주 파 수 : 100 ㎒
— 출력전력 : 0 dBm
— 10[㎑] 신호로 80 % 변조
— RF를 “on”한다.

(4) 스펙트럼 분석기를 다음과 같이 조절한다.
— 중심주파수(Center Frequency) : 100 MHz
— SPAN : 1 MHz
— 기준레벨(Reference Level) : 10 dBm

(5) MARKER를 사용하여 스펙트럼 분석기상에 나타난 반송파 신호의 주파수와 진폭을 측정하여 기록한다.

주파수 : ㎒
진 폭 : dBm

(6) 스펙트럼 분석기상에 나타난 파형을 그린다.

(7) MARKER를 사용하여 MARKER가 지시하고 있는 주파수가 스펙트럼 분석기의 중심주파수가 되도록 한다.

(8) SPAN WIDTH를 조절하여 DIVISION당 10[㎑]가 되도록 한다.

(9) 이때의 파형을 그리고, 반송파와 첫 번째 측파대 신호와의 주파수와 진폭차를 Delta MARKER를 이용하여 측정 기록한다.

주파수차 : ㎒
진 폭 차 : dB

(10) 다음 식을 이용하여 AM 신호의 변조도를 구하라. 이 값은 신호원의 AM 변조 값 80 %와 얼마나 차이가 나는가? 다음 식에서

$E_{SB}[dBm] - E_C[dBm]$는 반 송파와 첫 번째 측파대 신호의 진폭 차로 −값을 가진다.

$$AM[\%] = 200 \times 10^{(E_{SB}[dBm] - E_c[dBm])}$$

(11) Step 6과 Step 9의 파형은 동일한 것이다. 그런데, 관찰 결과가 다르게 보이는 이유를 설명하시오.

(12) ZERO SPAN 상태에서 신호를 관찰하여 그리고, 주파수 및 최대, 최소 레벨을 측정 기록하시오.

주파수 : [MHz]
최 대 : Vmax [mV]
최 소 : Vmin [mV]

(13) 다음 식을 이용하여 AM 변조도(%)를 구하고 신호원의 AM 변조 값 80 %와 얼마나 차이가 나는가를 설명하시오.

$$m[\%] = \frac{Vmax - V\min}{Vmax + Vmin} \times 100$$

저자와의
협의에 의해
인지 생략

# 기초 전자통신실험


3판 6쇄 2020년 8월 31일

| | |
|---|---|
| 저 자 | 김장권 / 박병권 |
| 발행인 | 송광헌 |
| 발행처 | 복두출판사 |
| 주 소 | 서울특별시 영등포구 경인로82길 3-4<br>센터플러스 807호 (우) 07371 |
| 전 화 | 02-2164-2580 |
| FAX | 02-2164-2584 |
| 등 록 | 1993. 11. 22. 제 10-902 호 |

**정가 : 15,000원**

ISBN : 979-11-5906-086-1 93560

한국과학기술출판협회 회원사